新媒体内容创作与运营实训教程

网络视频节目策划

胡智锋 刘俊 ○ 主编

NETWORK VIDEO PROGRAMS

复旦大学出版社

编者的话

互联网与新媒体的蓬勃发展，彻底改变了世界，也改变了传媒。无论业界或学界，传媒业都面临被重新定义和形塑的命运，因应一个时代大课题：生存还是毁灭？

本系列——新媒体内容创作与运营实训教程——就是对这一大课题的小回应。编辑出版这套教程，基于三个设想：

第一，总结并传播新媒体领域的新实践、新经验、新思想，反哺学界；

第二，致力于呈现知识与技能的实用性、操作性、针对性，提供干货；

第三，加强学界与业界、实践与学术的成果转化，增进协作。

为此，本系列进行了诸多探索和尝试：作者群体融合业界行家与学界专家，内容结合案例精解与操作技能，行文力求简洁通俗，体例追求学练合一。

作为创新与开放的新系列，难免有粗陋疏忽之处，敬请读者诸君指正。

目录

导言 … 1

第一章 网络综艺策划 … 5

第一节 网络综艺策划概要 … 5

第二节 音乐类 … 10

第三节 游戏类 … 33

第四节 语言类 … 52

第五节 情感类 … 67

第六节 竞技类 … 83

第七节 文化类 … 96

第二章 网络剧策划 … 109

第一节 网络剧策划概要 … 109

第二节 古装剧 … 111

第三节 青春剧 … 125

第四节 奇幻剧 … 136

第五节 刑侦剧 … 143

第六节 都市剧 … 157

第七节 喜剧 … 165

第三章 网络纪录片策划 … 173

第一节 网络纪录片策划概要 … 173

第二节 社会类 … 176

第三节 人文类 … 202

第四节 自然类 … 216

第四章 网络宣传片策划 … 232

第一节 网络宣传片策划概要 … 232

第二节 时政宣传类 … 237

第三节 机构宣传类 … 258

第四节 公益宣传类 … 271

第五节 商业宣传类 … 279

第五章 网络短视频策划 … 296

第一节 网络短视频策划概要 … 296

第二节 新闻资讯类 … 298

第三节 知识传播类 … 315

第四节 文化娱乐类 … 328

第五节 生活服务类 … 341

第六章 网络视频节目运营策划 … 357

第一节 液态的格局：运营策划现状 … 357

第二节 基因与资源：运营策划主体 … 362

第三节 精准的挑战：运营策划标准 ⋯ 367

第四节 降维与升级：运营策划趋势 ⋯ 372

后记 ⋯ 376

>>> 导 言

一

网络新媒体的出现是人类发展史上的大事件,它深刻地影响到了人类社会的交流方式、组织方式、运行方式、精神方式和文化方式,迄今已经成为人类社会最重要的"第一媒介"。

伴随着网络新媒体的快速崛起,网络视频的同步出现既是网络新媒体发展的必然结果,也是促使网络新媒体释放如此巨大影响力的重要因素。如今,网络视频对人的日常生活已有高度介入,不仅成为信息传递的重要载体,更成为生活消费和文化消费的主要内容,甚至开始深度影响人的审美、精神和文化选择,在政治、经济、社会、文化和科技领域产生越来越大的影响。从传媒艺术序列来看,网络视频注定将是继电影、电视之后,人们在物质生活和精神生活中接触密度最高、接触渠道最便捷、受之影响最深的日常信息、艺术、娱乐内容。网络视频的重大影响力至少体现在如下五个方面。

第一,政治层面。网络视频已经开始深度介入当前国内国际的政治事件和政治生态。在重大政治事件中,网络视频已经成为一种主导性的资讯来源,它传递政治信息、进行政治动员、影响政治生态的功能,在相当程度上改变了人们的政治生活状态,甚至成为当代国际政治的某种"晴雨表"。

第二,产业层面。借助各类互联网平台,网络视频已经成为产业聚集点。通过大数据算法、拍摄及后期制作等技术创新,以及对草根创作和专业创作活力的激发,近年来网络视频领域创新不断,产生了各种社交产品,构造出一个庞大的产业。以网络视频为载体的内容生产、信息传播和上下游产业集群形成了相当的市场效应,互联网视频产业的产值巨大。

第三,社会层面。当前网络视频已经是形成社会交流、社会话题和社会交往的新内容来源,不断形成新的社会议题、社会群落和社会风尚。人们的情感、情绪、心理、价值状态等经由网络视频这个"集散地",形成强大的"社会流",网络视频因此成为识别和判断当下人们社会生活状态的重要来源。

第四,文化层面。网络视频给当代人带来了新的生活方式,直接影响甚至改变着人的价值观、思维方式和审美态度,这些结果都是文化释放作用的题中之义,网络视频已经在文化的意义上塑造着当代人的集体性格。伴随着互联网的发展及其影响力的释放,网络视频文化的影响愈重:影响着不同地域、阶层、职业的人,不同国度、性别、年龄的人,呈现出相当广泛群体的或相似、或对立、或差异的价值观、思维方式、生活态度和审美态度。

第五,科技层面。网络视频是科技发展的最新成果,无论从制作、传播、接受角度来看,还是从实现公共交流、私密交流等角度来看,它都是科技撬动和赋能的结果。而且,科技对网络视频的推动还在继续,伴随智能化、数字化和虚拟化技术的深入发展,网络视频将会更具互动性、交流性、创意性、多元性和开放性。网络视频发展本身也呼唤新的科技手段、方法和能力的不断支持。

二

网络视频节目是网络视频的主要支撑,本书将网络视频节目中的热点类型——网络综艺、网络剧、网络纪录片、网络宣传片、网络短视频五种形式提取出来,进行深描。目前我们看到,网络视频节目无论在生产创作还是传播运营方面都正在不断取得突破。网络视频隶属于传媒艺术家族中的新媒体艺术(网络文艺)形式,并逐渐以其影响力与传媒艺术家族的其他艺术形式(摄影、电影、广播电视艺术)相列举。

在生产创作层面,网络视频节目不仅在传统影视的基础上形成了较为稳定的网综、网剧、网络纪录片、网络宣传片和网络短视频等多种形态,同时也在不断寻找属于网络视频节目自身的生产创作方式、技巧、语法、逻辑和规律。网络视频节目的生产和创作已经成为当前传媒艺术实践中一个极为显性的领域。

在传播运营层面,传播策略和运营理念创意勃发的网络视频平台不断出现,并通过竞争和迭代形成较为稳定的结构:传统、半传统半互动、强互动性等不同类型的视频平台;传播长视频与短视频等不同样式视频的平台;内容定位于专业创作、用户创作、多元融合等不同来源的视频平台。它们不断创造出传播力更强、互动性更强、参与度更强的传媒艺术新样态。

不过,在网络视频节目的快速发展中,我们也看到了不少问题。海量、丰富、自由、开放、多元是网络视频节目的优势,极大地满足了受众、用户的视听需求。然而,这背后也存在着明显的"鱼龙混杂""浅表消费""快餐传受""娱乐至死"等问题,如海量内容给人们带来选择的焦虑,快餐的特质令受众缺乏耐心,以及网络视频在数量和体量上相当富裕,但质量和品级堪忧等。当然,问题不仅限于此,网络视频节目的生产创作、传播运营过程中也存在着大量实践和理念上的模糊、障碍和困境,这些也都亟待回应。

精神文化产品与其他类型产品的重要区别就在于,精神文化产品对用户而言常常是"没有益就有害",而且这种负面影响常常是不可逆的。因此,我们呼唤网络视频节目在不断实现自身发展突破的同时,也能够一改人们对其"量高质低"的刻板印象。我们呼唤,在保证充足体量供给的前提下,能够有更多的网络视频节目精品出现,贡献于社会与人的真善美的提升,而不是让社会与人常常陷入狂欢之后的精神疲劳和空虚。

提升网络视频节目的质量和品级，关键在于源头。"策划"正是这个"源头"。如何使网络视频节目策划在保证创造性的同时，也能在立意、制作、传播、功能、价值等各个方面都达到较高的水准，最终塑造出能够被时人认可、被历史保留的精品，这个问题亟待解决。

本书的立意也正在于此。编者曾经主持《电视节目策划学》多个版本的研究和撰写，并长期致力于电视节目策划的实践、观察和思考。在此基础之上，面对融媒时代网络视听的新现象、新格局、新生态，形成了"网络视频节目策划"的方法和理念。希望本书能够应时代的呼唤和要求，为提升网络视频节目策划的品质贡献绵薄之力。

第一章 网络综艺策划

第一节 网络综艺策划概要

一、网络综艺的基本内涵

网络综艺节目(简称"网络综艺""网综")是一种新型文艺样式。从内容生产上看,网络综艺节目由网络视频机构出品、制作,或由网络视频机构与其他互联网公司、影视传媒机构共同打造、推出;从内容传播上看,网络综艺节目由网络视频平台独播或首先在网络视频平台播放。

网络综艺脱胎于电视综艺,与电视综艺有着较深的历史渊源。但同时,网络综艺在历经多个发展阶段后不断转型升级,逐渐形成了自身独特的规律与特色、价值与功能、风格与趣味,有着自身突出的优势和巨大发展潜力。网络综艺的发展创新遵循互联网平台发展的根本逻辑、网络用户的接受特点与心理诉求和网络社交化的基本趋势等。相较于电视综艺,其创作理念更为前沿,形态元素更为丰富,创新机制更为灵活,运营推广方式更为多元。借助互联网的媒介特性,网络综艺很好地实现了内容与技术的交汇,打造出了一批运用互联网思维、依托互联网模式、体现互联网属性的内容产品[1]。

二、网络综艺的历史沿革

早期的网络综艺节目采用"小作坊式"的制作生产模式,普遍具有低成本、小制作、小众化、草根化等特点。互联网上最早上线的网络综艺之一《大鹏嘚吧嘚》便引发多档资讯类、凸显主播特色播报风格的小成本脱口秀节目出现,以其鲜明的迥异于电视综艺的制作方式和表达方式形成了一股风潮。2014 年,网络综艺节目呈现出快速发展的状态,被称为"网络综艺元年"。2015 年至 2016 年,网络综艺首次呈现井喷状态,不仅在节目数量上暴增,而且进一步突破传统生产模式,形成"大投入、大制作、大明星"的全新模式,也诞生了许多现象级网综节目。2017 年至今,网络综艺的数量发展趋向平稳,但其题材类型更为垂直精细,内容制作更为丰富精良。

自 21 世纪至今,中国网络综艺节目经历了多个发展的重要阶段,如今已是中国文艺的一支生力军。在经历行业大浪淘沙般的发展后,形成了以爱奇艺、腾讯视频、优酷、芒果 TV 等为代表的具有网络综艺节目自制能力和影响力的网络视频平台,诞生了多档"综 N 代"品牌节目。网综的本土创新能力、自主研发能力得到不断提升,甚至出现向卫视平台反向输出和原创模式海外输出的现象,以往依靠"洋模式"、跟风同质化、过度娱乐化等问题得到改观。2020 年,《网络综艺节目内容审核标准细则》的出台更标志着网络综艺节目的发展进入了高质量发展的新阶段。

三、网络综艺的类别划分

相比于电视综艺,网络综艺的题材、内容、元素更为多元,一般会融合众

---

[1] 朱传欣:《让网络综艺成为优质精神食粮》,2019 年 11 月 22 日,人民网,http://culture.people.com.cn/n1/2019/1122/c1013-31468308.html,最后浏览日期:2020 年 7 月 2 日。

多节目样态和节目元素,尤其是网络综艺进入垂直精分发展阶段后,分类更为精细,很难由一种类型加以限定。本书从便于理解和运用的角度出发,选择具有代表性的网络综艺节目,对其进行归类,主要有音乐类、游戏类、语言类、情感类、竞技类和文化类六大类。

音乐类网络综艺节目以音乐表演为核心,同时融入竞技、真人秀等内容元素,既有涉及乐队音乐、说唱音乐等垂直领域的竞演类节目,又有以打造偶像团体为诉求的养成类节目,代表性节目有《乐队的夏天》《中国有嘻哈》《创造101》《偶像练习生》《明日之子》《青春有你》《我是唱作人》《创造营》《即刻电音》等。

游戏类网络综艺节目以对游戏环节的体验为主要特色,同时融入明星访谈、悬疑推理、综艺表演等内容元素,代表性节目有《拜托了冰箱》《火星情报局》《明星大侦探》《偶滴歌神啊》《饭局的诱惑》等。

语言类网络综艺节目以谈话、辩论、演说为特色,包括多人辩论、多人脱口秀、个人脱口秀、群聊等形态,代表性节目有《奇葩说》《吐槽大会》《圆桌派》《晓松奇谈》《脱口秀大会》《坑王驾到》等。

情感类网络综艺节目以情感认知、沟通、探寻为诉求,常融合观察体验等元素,包括婚恋主题、亲子主题、公益主题等,代表性节目有《幸福三重奏》《妻子的浪漫旅行》《放开我北鼻》《忘不了餐厅》《做家务的男人》《我最爱的女人们》等。

竞技类网络综艺节目以竞赛比拼为主要形式,同时融入纪实、真人秀、访谈等内容,涉及体育竞技、表演竞技、职场竞技等,代表性节目有《这!就是灌篮》《这!就是街舞》《演员请就位》《令人心动的 offer》《演技派》《功夫学徒》《我和我的经纪人》《超新星全运会》《机器人争霸》等。

文化类网络综艺节目以文字、文学、文博、戏曲、曲艺等中华文化资源为基础,融入表演、体验、综艺、竞技等元素,代表性节目有《一本好书》《见字如面》《国风美少年》《青春京剧社》等。

四、网络综艺的策划要点

（一）策划方向层面

1. 立足青年群体，体现网络特点

互联网平台的主流用户是当下年轻群体，尤以"95后""00后"最为活跃。网络综艺的策划需要在体现网络规律特点的基础上，充分聚焦和把握当代年轻人的喜好与口味，并进一步以综艺的方式引领年轻人的审美风尚。

2. 深挖垂直领域，满足受众需求

深挖垂直领域是当下网综策划的一大趋势，指根据市场和受众需求，将自身的定位聚焦于某个特定细分领域，并不断将内容做精、做深。在网综策划中不断深挖垂直领域，既能满足当下受众的多元化需求，也能满足网综发展的差异化需求，以此不断展开对网络综艺样态的创新探索。

3. 直击社会问题，把握时代脉搏

由社会转型引发的诸多社会问题受到大众的强烈关注，诸如婚恋、育儿、代际、职场等相关问题成为时下人们生活的"刚需"，甚至成为当代人的"痛点""痒点"。在网综策划中直面这些问题，从中提炼出社会问题的综艺化、影像化表达方式，才能切中时代脉搏，得到受众欢迎。

4. 传递正向能量，形塑正向价值

网综并非"大尺度""无禁区"的代名词，网综策划依然要坚持底线意识，在坚守社会主流价值观的基础上满足受众的多元诉求，不能一味逐利、迎合市场，要不断提升内容品质、文化品位和审美品格。

（二）策划方式层面

1. 突破传统样态，凸显融合特征

网综突破了传统电视综艺的类型限定，还使娱乐和纪实的边界逐渐消失。在网综节目策划中，常常会融合竞技、综艺、纪实、喜剧、情感、公益等多元化的内容与元素，很难用一个类型来简单定位，这既满足了网综追求丰富样态和视听体验的诉求，又体现了互联网空间融合传播的突出特征。

2. 建立参照标准,把握前沿动态

如今的网综发展已经进入自主原创的全新阶段,但避免粗暴抄袭和简单移植并不意味着"闭门造车"。网综策划要以全球视频类综艺发展的前沿动态为参照坐标系,善于从世界著名节目模式中吸取精华,或在模式引进的基础上展开本土化创新,以适应新环境的新需求。

3. 探析人物内心,引发精神共鸣

网综策划常突出节目中的人物,以纪实化、故事化的方式体现生动、鲜活的人物特点。无论是以音乐、文化为核心的节目,还是以竞技、情感为特色的节目,"人"都是节目的核心,只有在策划中从人物关系入手,凸显人物鲜明特质,探析人物内心世界,传递人物核心价值,才能进一步引发受众的情感共鸣和精神共鸣,从而增强用户黏性。

4. 强化制作品质,细化视听表达

如今的网综已经从传统小作坊式的制作阶段转变为追求制作品质的阶段,内容质量成为当下网综竞争与发展的核心要素。在网综策划中,要把握视频传播的规律特点,进一步细化镜头语言,增加对细节和情节的呈现,增强节目的可视性,使其成为推进节目进程、反映人物关系、凸显画面质感的关键动力。

(三)策划技巧层面

1. 小切口主题

网综策划要善于从小切口入手,从对市场的分析中精准判断社会风向,从社会转型进程中选取受众的"痛点""痒点""嗨点"等,引发他们的共鸣和共情。

2. 真实感表达

网综策划不同于电影、电视剧的策划,也不同于电视真人秀的策划,要以"真实感"为基础,在多数类型的网综策划中,建议弱化严格限定性的台本,要创造人物表现与情节推进的促发点,而不是刻意或过度编造。特别是在选秀、情感、公益题材节目中,切忌过度作秀和煽情,以免引发受众反感。

3. 星素式搭配

在网综嘉宾的设置中，明星和素人的比例及人物关系需要配合适当。明星的风格要与节目调性一致，或着力培养自有明星，使其与节目共同成长，并形成良性互补；素人不能成为明星的陪衬，要让素人真正参与节目，推动节目进程，成为节目的亮点。

4. 交互性体验

对交互性的强调和凸显是网络综艺的显著特征。网综策划应充分体现受众的参与感和主动性，借助当下社交化媒体平台的交互性，进一步发挥粉丝效应，提升传播效果。

5. 矩阵式宣推

网综的宣推策划要遵循互联网非线性的媒介特征，打造多介质、多平台的矩阵式宣推格局。一方面，整合内部资源以实现产业链的优化重组，另一方面，借力于外部资源以实现传播优势的有效运用。

第二节　音乐类

音乐类综艺节目曾是电视荧屏上最亮丽的风景。随着近些年来网络综艺行业整体实力的大幅提升，音乐类节目又逐渐成为网综主打类型之一。音乐类综艺在网络新媒体平台焕发出新的光彩，从整体上体现了网络综艺在创意策划、编导制播、运营推广等方面的全方位提升。

以《乐队的夏天》《中国有嘻哈》等为代表的竞演类音乐节目立足青年群体和垂直领域，着力从当下年轻人喜爱的小众文化入手，以综艺小切口彰显审美大风向，体现当代青年人的态度与主张。在创意和制作上，突破传统音乐节目的单一形态，巧妙融合竞技、纪实、剧情、访谈等多样化内容元素，呈现出具有鲜明互联网感和年轻态的风格特征；突破传统网综制作模式，以大投资、大制作来提升节目内容品质与舞美效果。在运营和宣推上，以 IP 为核心打通全产业链，以非线性运营强化交互体验。

以《创造 101》《偶像练习生》《明日之子》《青春有你》等为代表的偶像养成类音乐节目聚焦泛"95 后"圈层的喜好和口味,关注偶像行业的真实状态,形成对当下青年的现实投射与精神共鸣。在创意和制作上,探索多元化创新赛制形式,融入故事化叙事,强调受众参与选择。在运营和宣传推广上,注重打造多元宣推矩阵,汇聚粉丝强大力量。

一、《乐队的夏天》

(一)案例介绍

《乐队的夏天》(图 1-1)是一档乐队竞演类网络综艺节目,由爱奇艺和米未传媒联合出品,米未传媒制作,于 2019 年 5 月在爱奇艺首播。节目集结了中国 31 支不同风格的乐队,通过不同阶段的竞演、排位,共同角逐"中国 HOT5"荣誉。经过 PK,最终新裤子乐队、痛仰乐队、刺猬乐队、Click♯15 和盘尼西林乐队成为"中国 HOT5"(分列第一至第五名),节目于同年 8 月在"乐队的夏日派对"中收官。节目投票由"大众乐迷""专业乐迷""超级乐迷"共同决定。其中,"超级乐迷"由马东、吴青峰、张亚东、高晓松、朴树、大张伟、乔杉、欧阳娜娜等组成。

图 1-1 《乐队的夏天》

作为国内首档聚焦乐队表演的网络综艺节目,《乐队的夏天》通过对中国乐队资源、乐队文化和乐队精神的挖掘与呈现,较为成功地引领了中国青年流行文化潮流,赢得了良好的口碑。节目获得北京广播电视网络视听发展基金 2019 年"优秀网络视听节目"、2019 中国视频节目年度"掌声·嘘声"发布暨论坛"年度掌声节目"、2019 年《新周刊》第二十届中国视频榜"年度节目"等奖项。

(二) 策划亮点

1. 定位

(1) 立足流行创意

节目基于爱奇艺在原创内容上立足青年群体的定位与诉求,以年轻人喜爱的乐队文化为切入点,首创乐队题材的音乐类综艺节目,以前卫的风格特征引领了当下年轻人的流行文化、审美潮流,以及青年文化的全新风向。

(2) 突破类型框定

节目不以"类型"来框定节目的形态,不以"类型"作为节目出发点,不把节目仅仅限定在"音乐类"节目范畴,而是以"人"为核心,融合多种元素,体现有趣、好玩的特色,呈现当下中国乐队文化的真实状态,也给当下音乐题材节目和网络综艺节目注入新鲜感。

(3) 凸显人物价值

节目创作的最基本出发点是突出"人"的价值,凸显乐手们的故事和价值。基于此,节目从头到尾都是将焦点对准"人物",不仅呈现音乐,而且还要呈现音乐人,讲述人物的故事,以此引发普通大众对人物和故事的审视,以乐手们最打动人心的故事去激发大众的共情点,从而提升节目的价值与内涵。

2. 选题

(1) 拓展音乐节目样态

节目以乐队文化和独立音乐人为突破口,旨在拓展中国音乐类综艺节目的多元样态与内涵,实现小众文化的综艺表达与"出圈"传播。节目以一己之力划开了一片全新垂直综艺的蓝海,引爆了圈层之外的大众热情,让每个人回忆起进步、自由的摇滚精神,同时为乐坛注入了一股强大而纯粹的精神力量[①]。

---

① 参见《新周刊》2019 年第二十届中国视频榜"年度节目"《乐队的夏天》颁奖词。

(2) 体现乐队独特风采

节目的创办初衷是做一档令人开心的音乐节目,给乐队一个被大众看到的出口,使其得到更多可持续发展的资源,有更多机会突破生存困境和大众刻板印象,展示乐队的独特价值,展现乐手们独特的人格魅力和审美主张,凸显乐队成员之间的本真状态和纯粹的情感关系[①]。基于此,节目从名字到舞美、内容、画风并没有非常直接地把满腔热情和委屈倾泻给大众,而是用更温和的方式展示着乐队的真实面貌和赤子之心[②]。

3. 创意

(1) 强大阵容彰显节目独特理念

节目组以"中国乐队圈的半壁江山"来形容乐队阵容,这是节目导演组历经近四个月的成果,从一千多支中国乐队中遴选出 31 支具有代表性的乐队。这些乐队既体现了中国乐队文化发展的年代性和传承性特征,又为撑起一场具有影响力的顶级摇滚音乐节奠定了重要基础。乐队的遴选花费了节目组长达八个月的时间,节目组基本上跑遍了市面上所有的音乐节,如草莓音乐节、麦田音乐节、简单生活节,还有市面上大大小小的 Live House[③]。随后的沟通阶段没有想象中艰难,节目组发现,大部分独立音乐人主要看重节目为摇滚音乐本身带来的价值,想法都非常纯粹,没有太多复杂的推理。节目的独特理念在赢得乐手们认可的同时,也形成了节目与众不同的气质。

(2) 独特赛制体现乐队多元生态

节目采用通过竞演选拔"HOT5"而不是"TOP1"的赛制方式,最大限度地

---

① 林夕:《专访米未 CCO 牟頔:〈乐队的夏天〉真的是由一万个细节堆出来的》,2019 年 5 月 26 日,传媒内参,http://www.chinacmnc.com/detail-1621.html,最后浏览日期:2020 年 7 月 2 日。
② 南风:《〈乐队的夏天〉或许会是乐队的春天|专访总制片人牟頔》,2019 年 5 月 25 日,搜狐网,https://www.sohu.com/a/316601659_436725,最后浏览日期:2020 年 7 月 2 日。
③ 同上。

体现当下中国乐队的多元生态。一方面,节目囊括老牌乐队和新锐乐队,涵盖朋克、金属、放克、民谣、雷鬼、摇滚、电子等多种音乐风格;另一方面,节目现场设有三类乐迷参与投票,包括以马东为代表的"超级乐迷",由音乐人、Live House 主理人和媒体人组成的"专业乐迷"和 100 位"大众乐迷",其不同的投票倾向体现出人们对乐队的多元化欣赏维度和评判标准,以及专业人士与大众欣赏乐队演出时的审美差异。

4. 制作

(1) 双舞台设计

为了更好地呈现舞台,节目的整体舞美设计打破了常态化的空间结构设计思路,结合乐队元素,运用 600 多把发光吉他架构整个空间,巧妙地将演播厅划分为 A、B 两个舞台,以及观众区、嘉宾区、控制台等功能区域。而观众区不设座位,节目组将场地交给乐迷,允许大家簇拥在舞台前,用肢体动作释放内心的感受,全身心地投入音浪中[①],成功营造出舞台上下强烈的互动感和"燃""爆"的演出效果。

(2) 强现场效果

节目邀请北京奥运会开幕式的音响师金少刚担任音响总监,成功营造了 Live House、音乐节的场景和现场体验。节目还将环绕全场的发光吉他与灯光编程相结合,随着音乐节奏进行灯光变幻,呈现出炫酷的现场效果。

二、《中国有嘻哈》

(一) 案例介绍

《中国有嘻哈》(图 1-2)是一档以说唱音乐为特色的选秀类网络综艺节目,由爱奇艺出品、制作,于 2017 年 6 月在爱奇艺独家播出。节目以说唱音

[①] 《〈乐队的夏天〉官宣　吴青峰欧阳娜娜高晓松张亚东等加盟》,2019 年 5 月 10 日,网易娱乐,http://ent.163.com/19/0510/20/EERH767R000380D0.html,最后浏览日期:2020 年 7 月 2 日。

乐和嘻哈文化为切口,将音乐、竞技、剧情、真人秀等元素有机融合,打造出以小众文化为核心、具有剧情片特质的独特选秀节目模式,引领了中国选秀类综艺节目的新潮流。《中国有嘻哈》是爱奇艺自制的国内首档嘻哈文化推广节目,也是爱奇艺当年的

图1-2 《中国有嘻哈》

"S+级"重点自制综艺,更是爱奇艺有史以来投资最大的网综头部节目。节目由《中国好声音》制片人陈伟担任总制片人,《蒙面歌王》系列总导演车澈担任总导演,《奔跑吧兄弟》前三季总编剧岑俊义担任总编剧,《跨界歌王》总导演宫鹏担任视觉导演,吴亦凡、张震岳、热狗、潘玮柏等担任"明星制作人"。节目于2017年9月9日正式收官,并荣获"2017中国综艺峰会匠心盛典"的年度匠心剪辑、年度匠心视效、年度匠心品牌营销、年度匠心编剧、年度匠心导演、盛典作品等奖项,以及《新周刊》"2017中国视频榜"的年度节目、年度选秀等奖项。

(二) 策划亮点

1. 定位

(1) 立足青年群体,传达年轻态度与主张

节目以深受年轻人关注和喜爱的说唱音乐和嘻哈文化为特色,借助这一独特领域传达当下年轻人的生活态度和价值主张,展现年轻人对前卫、时尚等元素的独特追求,满足年轻人追求潮流、张扬个性的需求。同时,自带个性和时尚元素的嘻哈领域不仅在题材方面与众不同;更是专属于年轻人的一种表达自我的方式,这正好契合了爱奇艺一直以来的平台定位[①]。

---

① 彭丽慧:《爱奇艺网综〈中国有嘻哈〉为何爆红:抛弃了传统综艺套路》,2017年9月14日,网易科技,http://tech.163.com/17/0914/07/CU9E89RJ00097U7R.html,最后浏览日期:2020年7月2日。

(2) 立足垂直领域,传播嘻哈文化与精神

节目旨在打造继《超级女声》《中国好声音》之后选秀类综艺节目的"3.0版本",创造性地选择垂直领域对选秀类节目展开差异化探索,将在中国已经发展20多年但相对小众的说唱音乐和嘻哈文化转化为综艺节目并推向大众市场。在创新综艺节目样态的同时,生成了新的社会文化现象,以独特的嘻哈文化及其精神收获众多粉丝、媒体和市场的关注,使嘻哈文化的社会认知与商业价值都产生了积极的变化。《中国有嘻哈》并不只把自身定义为一档简单的选秀节目,而是一档嘻哈文化推广节目,推广一种新的潮流心得[1]。

2. 选题

(1) 以小切口折射审美新爆点

节目将最大的力量和资源置于最精准的小切口上。节目通过对市场的判断发现,嘻哈文化影响着当下年轻人的生活态度和生活方式,无论从潮流、市场、审美等大的层面,还是从服饰、音乐、物品等微小的方面,都有嘻哈文化或其元素的呈现。但从文化和传播角度来看,嘻哈文化并没有得到主流平台的充分呈现,甚至在综艺节目领域还是空白。基于大量调研和深入沟通,节目组判断嘻哈音乐文化在当年已经到达了一个临界点,就差临门一脚,只是没有人敢踢这一脚[2]。因此,节目以舍我其谁的态度把握住了当代音乐文化、综艺文化和流行文化的审美新趋向,开发了这个独特的选题,将说唱音乐和嘻哈文化作为推广当下青年流行文化的一个独特视角和呈现方式,使小切口变为引爆点。

(2) 以零台本体现节目真实感

节目融合选秀类真人秀的基本样态,以竞演的既定规则作为节目的主

---

[1] 彭丽慧:《爱奇艺网综〈中国有嘻哈〉为何爆红:抛弃了传统综艺套路》,2017年9月14日,网易科技,http://tech.163.com/17/0914/07/CU9E89RJ00097U7R.html,最后浏览日期:2020年7月2日。

[2] 沈多:《这是我们做过最失控的节目!〈中国有嘻哈〉制片导演揭幕后真相》,2017年9月11日,品途商业评论网,https://www.pintu360.com/a36222.html,最后浏览日期:2020年7月2日。

要推动力,但为凸显说唱歌手的真实状态和嘻哈文化的独特内涵,节目采用无台本的方式以体现真实感。因为没有剧本,一切都是在既定的规则下真实发生的,而后期需要把真实发生的事以戏剧性的方式组接起来,这就要求大量的素材,所以现场使用了近100台摄像机,拍摄出了近3 000分钟的素材[1]。以这些海量素材为基础,节目组进一步展开素材的筛选和重构,以通俗易懂的方式和丰富的影像语言来还原和呈现真实的场景和选手状态。

3. 创意

(1)"控制位置后移"的全新尝试

在传统综艺节目中,导演对节目是一定要有掌控力的,从总体的流程、进度到具体的选题、表达等方面,实现全方位的控制。而《中国有嘻哈》则以"控制位置后移"[2]的理念和方式,突破传统前端控制过强可能导致的真实状态的缺失,尽力在前端让选手以最本真的状态释放。节目只在后端进行把握,判断选手是否传达了节目需求的价值取向,虽然节目中也出现了一些"失控"状态,但"失控"是基本可控的。控制位置的后移体现节目制作者对自己控场能力的自信。

(2)选秀节目赛制的创新探索

在选秀类节目的传统赛制基础上,节目组展开了进一步探索,创新设计了70组晋级赛、60秒淘汰赛、团队队内选拔赛、1v1 battle、选手 & 制作人互选、制作人公演等比赛环节和内容,呈现出既符合说唱音乐与嘻哈文化特质,又符合网络综艺节目规律的赛制方式。

4. 制作

(1)剧集式制作引发大众关注

由于说唱音乐和嘻哈文化属于小众领域,而爱奇艺的观看群体以看剧

---

[1] 沈多:《这是我们做过最失控的节目!〈中国有嘻哈〉制片导演揭幕后真相》,2017年9月11日,品途商业评论网,https://www.pintu360.com/a36222.html,最后浏览日期:2020年7月2日。

[2] 同上。

为主,节目从用户体验和用户习惯入手,首次打造出剧集式的选秀节目,用强剧情、强悬念的方式吸引用户资源,以实现嘻哈文化的大众关注。这样的模式能更好地让观众对泛嘻哈文化产生兴趣或引发共鸣,即使一部分观众不能"get 到嘻哈的点"也能把这档节目当成剧集来观看[1]。具体而言,节目是把整体 12 集节目以一个大的故事线串在一起的,每一集和每一集之间有强剧集关联,用美剧创作和剪辑的方式完成"新瓶装老酒"的制作。节目还参照户外真人秀类节目的拍摄理念和操作方法,以海量素材和全景记录为基础,保障节目画面的品质和呈现效果。节目最多的时候用到了 96 个摄像师、107 台摄像机,收录了 600 多 T 的原始素材[2]。

(2) 奇观式视觉营造炫酷效果

节目为呈现嘻哈的炫、酷、帅等风格特色,在舞台美术和视频呈现的创意设计上着力,节目组在 12 期节目里一共在 4—5 个演播厅内搭建了 13—14 个美术场景,以丰富多样、灵活多变、炫酷多姿的视觉效果彰显嘻哈文化的独特魅力。

5. 宣传推广

(1) 非线性运营增强交互性

节目基于互联网非线性的媒介特点,在同一时间上线了以嘻哈为特色的多元化网络产品,实现了以非线性为特色的推广运营。节目中有多重时空、多重剧情线,以及多平台、多介质的"混乱"场面,像电影中的非线性叙事方式打破了时空,让用户在脑海中形成了对这个节目不同剧集的理解逻辑。用户在微博上的讨论、疑问、推测和观点的交锋在同一天的同一时间集中释

---

[1] 彭丽慧:《爱奇艺网综〈中国有嘻哈〉为何爆红:抛弃了传统综艺套路》,2017 年 9 月 14 日,网易科技,http://tech.163.com/17/0914/07/CU9E89RJ00097U7R.html,最后浏览日期:2020 年 7 月 2 日。
[2] 《〈中国有嘻哈〉总制片人陈伟:三个月之前很少有人能相信这节目能有戏!》,2017 年 10 月 1 日,搜狐网,https://www.sohu.com/a/195822382_485557,最后浏览日期:2020 年 7 月 2 日。

放,形成了热搜榜当天三个小时 8 榜 36 条的奇观①。

(2) 平台联合实现相互引流

节目以平台之间的联合运营方式实现了用户资源的相互引流,扩大了节目的传播范围和影响力度。比如,节目首次打通了跨平台实时投票和双平台播放导流,真正实现了基于用户体验一站式的交互合作②。还有视频观看时的双平台播放框的双向互动等,进一步提升了用户体验。

(3) 全 IP 运营打通业务链条

爱奇艺曾提出"苹果树"商业模型,即实现同一内容 IP 下的多种商业模式,包括广告、会员、电影、动漫、游戏、电商等衍生生态链。作为头部 IP 的《中国有嘻哈》将"苹果树"理念付诸实践,把爱奇艺所有的产品业务线、生态链打通,涉及的内容平台、广告营销、VIP 会员收费、奇秀直播、泡泡圈、线下演唱会、艺人经纪、智能硬件、电商、电影、IP 增值、游戏甚至文学阅读全部围绕着节目 IP 同步进行开发,真正意义上完成了一个 IP 搭了爱奇艺所有的业务线③。

三、《创造 101》

(一) 案例介绍

《创造 101》(图 1‑3)是一档聚焦女子偶像团体选拔与成长的音乐类网络综艺节目。节目由腾讯视频、腾讯音乐娱乐集团联合出品,企鹅影视、七维动力联合研发制作,于 2018 年 4 月在腾讯视频播出。节目由黄子韬担任"女团"发起人,并邀请张杰、陈嘉桦担任声乐导师,胡彦斌担任唱作导师,罗志祥、王一博担任舞蹈导师。节目集结了 101 位选手,通过一系列的任务、训练、考核,经过竞演、公演、排名等环节,使选手们在训练和竞演的过程中

---

① 《〈中国有嘻哈〉总制片人陈伟:三个月之前很少有人能相信这节目能有戏!》,2017 年 10 月 1 日,搜狐网,https://www.sohu.com/a/195822382_485757,最后浏览日期:2020 年 7 月 2 日。
② 同上。
③ 同上。

图 1-3 《创造 101》

得到较快的锻炼与成长。最终,孟美岐、吴宣仪、杨超越等 11 位选手以"火箭少女 101"的团队名称组成全新女子团体出道,实现了偶像的养成计划。节目获得 2018 年《新周刊》第十九届中国视频榜"年度综艺奖"、2019 年第三届金骨朵网络影视盛典"年度影响力网络综艺"等奖项。

(二)策划亮点

1. 定位

(1) 关注行业痛点

国内偶像团体特别是女子偶像团体的发展遇到困境:一方面是整体市场长期低迷,无法提供足够多的优质偶像;另一方面是粉丝对本土偶像的需求没有被满足,甚至已达到"饥渴"的程度,于是开始追捧国外偶像。节目直击国内行业发展的痛点,体现出对偶像团体发展现状的高度关注,旨在通过综艺节目的方式打造互联网环境下的全新偶像团体,让观众和粉丝见证和聚焦本土偶像团体的产生与成长过程。

(2) 形成现实投射

节目组认为,最能够代表这个时代年轻人的态度和想法的人就是偶像,希望通过节目找到更能代表这个时代年轻人想法的人,呈现出她们追逐梦想的样子,同时映照出这个时代的年轻人[①]。一方面,能够勾勒出积极向上

---

① 杨茜:《〈创造 101〉导演:网传有剧本是无稽之谈,最后 22 人选谁都行》,2018 年 6 月 26 日,搜狐网,https://www.sohu.com/a/238024946_617374,最后浏览日期:2020 年 7 月 2 日。

的年轻女性群像,给观众带来美好的视听体验;另一方面,以节目场景和内容的现实性形成与社会现实的关联,形成对年轻人现实生活的投射,引发观众的精神共鸣。

2. 选题

(1) 聚焦女团实现受众拓展

虽然在大众印象中,男子偶像团体比女子偶像团体更容易产生流量,引发粉丝追捧,但通过对国内市场的研判,节目组认为,女团具有稀缺性和市场需求,以女团为节目的核心,不仅可以实现同类节目的差异化生产,而且可以产生引领市场风向和受众审美趋向的效果,打破单纯追捧男子偶像及其团体的状况,吸引更多的年轻人特别是女性观众关注女子偶像团体的发展。

(2) 高度浓缩见证偶像成长

这一节目类型被许多媒体定位为"偶像养成类",而节目组则以"成长"来凸显自身的节目特色与现实意义。节目在短短十周时间里,以选手们相处产生的情感为基本逻辑,将她们的过往、个性、成长、思考、困惑等进行高度浓缩,以切片的形式呈现出一个片段性的、浓缩的表达成长的节目[1]。

3. 创意

(1) 以独特标准体现偶像特质

节目团队从经纪公司、专业院校的 400 多个团体、13 778 名练习生中精心遴选出 101 位练习生参与节目。节目组选拔成员的最初标准是"外表美好、内心强大",选出的练习生中既有在颜值、能力方面占据优势的,也有不太符合"大众审美"的,最终选出的 11 个人代表着 11 个不可替代的方向[2]。

---

[1] 杨茜:《〈创造 101〉导演:网传有剧本是无稽之谈,最后 22 人选谁都行》,2018 年 6 月 26 日,搜狐网,https://www.sohu.com/a/238024946_617374,最后浏览日期:2020 年 7 月 2 日。
[2] 李佳:《〈创造 101〉台前幕后全曝光,用这几招找到了普通女生的共鸣》,2018 年 5 月 19 日,中国企业家杂志公众号,https://mp.weixin.qq.com/s/0br3a7tFsvDjsvur4tzq8A,最后浏览日期:2020 年 7 月 2 日。

这些方向也恰好体现出当下年轻人的风格或喜好,以独特的角度呈现年轻群体的整体形象与精神风貌。

(2) 以观众选择体现多元包容

节目遵循互联网环境下受众权利变化的规律和偶像类节目的粉丝逻辑,突破传统的专业化评判选择标准,将选择权交给观众,通过人气投票选出最能代表观众审美和喜好的全新偶像。节目组以受众为核心和基础,提炼出偶像的主要特质:一是"不一样",节目中每个高人气选手都是不同类型且个性鲜明的;二是"只求真",观众喜欢的是选手真实的一面;三是"有共鸣",也就是偶像要让观众找到可以投射的地方①。这些独特的精神气质体现了节目的多元包容,为赢得观众的精神共鸣,凝聚偶像团体的粉丝资源奠定基础。

4. 制作

(1) 以本土创新增强赛制弹性

节目引进自韩国综艺节目《Produce 101》,并在此基础上展开本土化改造,其中最重要的一个改造就是赛制上的创新。在原版节目中,节目创始人具有决定练习生去留的全部权力。而改造后的节目增加了影响练习生去留的因素,比如导师的决定权、高人气选手选择权及"勤奋C位"概念等,使评判和遴选的维度更为丰富,既增强了赛制的弹性,又提升了节目的可看度。

(2) 以故事叙事实现受众"破圈"

节目在竞演的基础上,以叙事化方式呈现出练习生们训练、成长的真实状态,同时通过对故事性内容的精心打造,形成对非粉丝型和非综艺型观众的吸引力,部分地实现了圈层化主题、定位、内容的"破圈"传播效果和社会影响。

---

① 邵毛毛:《〈创造101〉制片人邱越:年轻人喜欢什么样的偶像》,2018 年 5 月 27 日,腾讯网,https://new.qq.com/omn/20180527/20180527A02SDZ.html,最后浏览日期:2020 年 7 月 2 日。

四、《偶像练习生》

(一) 案例介绍

《偶像练习生》(图1-4)是一档以打造男子偶像团体为目标的音乐竞演类网络综艺节目。节目由爱奇艺、鱼子酱文化联合制作,于2018年1月在爱奇艺首播。节目由总监制姜滨、总导演陈刚、视觉总监唐焱等知名编导组成"金牌制作团队",分别邀请张艺兴、李荣浩担任音乐导师,王嘉尔、欧阳靖担任Rap导师,程潇、周洁琼担任舞蹈导师。节目以"越努力,越幸运"为口号,从国内外87家经纪公司、练习生公司的1908位练习生中选拔出100位练习生。经过4个月的封闭式训练及录制,最终由"全民制作人"票选出9位优胜实习生,组成全新偶像男团出道,节目"全民制作人代表"由张艺兴担任。节目还打造出国内首个跨经纪公司的优质偶像男团,节目中的100位练习生,除了8位个人练习生,其余92名练习生分别来自31家经纪公司,其中包括国内最早体系化培养练习生的乐华娱乐、王思聪旗下公司香蕉娱乐、《康熙来了》的制作公司野火娱乐,以及华谊、英皇等知名经纪公司[①]。节目于2018年4月播出总决赛,经过总决赛最后一次舞台考核,蔡徐坤、陈立农、范丞丞等9人入选最终男团名单,并以"NINE PERCENT"为名称正式出道,带着另外91%的练习生的梦想继续前行。节目荣获2019年爱奇艺尖叫

图1-4 《偶像练习生》

---

① 陈宇曦:《〈偶像练习生〉总制片人姜滨:把正能量的偶像输出给大众》,2018年5月21日,澎湃新闻,https://www.thepaper.cn/newsDetail_forward_2139479,最后浏览日期:2020年7月2日。

之夜"年度综艺节目"。

（二）策划亮点

1. 定位

(1) 体现"95 后"态度

节目以"95 后"青年群体为受众目标，与其他年轻群体相比，"95 后"的年轻人具有鲜明的态度，清楚自己想要什么，对于他们的偶像，要经过全方位了解，判断精神上能否有共振，心理是否有共鸣，会不会在价值观上给予他们引导[①]。节目最大化地呈现了以练习生为代表的年轻群体的风貌，并将其偶像成长的全过程进行记录展示，为年轻人寻找具备鲜明特质、能够引发精神共振的偶像人物提供独特的角度和方式。

(2) 调动粉丝深度参与

节目以选择、推出一批优质偶像为切入点，同时以互联网平台为基础，充分发挥粉丝的选择自主权，调动其参与积极性，旨在形成和汇聚广泛的粉丝力量，真正带动偶像产业和音乐市场的良性发展。同时，节目以"越努力，越幸运"的口号来传达正向的价值理念，充分展现练习生的艰辛奋斗之路，告诫年轻人摒弃"一夜成名"的想象，应当以踏实、努力来获得成功机会，实现自我价值。

2. 创意

(1) 以"养成式"角度切入练习生市场

节目以"养成式"为切口，以真实记录练习生的成长过程为核心，一方面呈现练习生们在舞台上的才艺表现、艺能水准，另一方面展示他们在生活中的个性表达和人格魅力，让粉丝们充分认知和理解自己喜爱的偶像。比如，正片里呈现的是选手们训练、竞技、舞台方面的表现，而"个人篇"中则记录

[①] 吴馨:《〈偶像练习生〉总导演陈刚揭秘幕后故事》,2018 年 3 月 30 日,网易号,http://mp.163.com/article/DE5B23OV0517PATA.html;NTESwebSI=35DF863A1946E49D311EB7B054BA9B26.hz-subscribe-user-docker-cm-online-sx6hk-xpxsx-ikeh7-6fd98xfrmc-8081,最后浏览日期:2020 年 7 月 2 日。

了他们的性格、生活、处事方式和内心变化,这种方式也契合"95后"年轻人对偶像的心理诉求①。

(2)将"真人秀元素"融入音乐表达

节目创造性地将自身团队擅长的真人秀节目、音乐节目的基本元素与生产方式融合起来,产生了独特的节目模式和视觉效果。节目一方面以真人秀节目制作方式展现"练习过程",凸显练习生们的独特个性;另一方面以音乐综艺的方式呈现"舞台表演",展示练习生们的精彩才艺,并将两者巧妙衔接、有机结合,使年轻练习生的艰辛成长过程以更全面、直观、生动的方式展现出来。

(3)以"全民制作人模式"汇聚粉丝力量

节目突破了传统同类节目对选手的选拔评判方式,打造"全民制作人模式",充分体现出偶像市场中粉丝的重要作用和互联网平台的独特媒介特性。比如,在爱奇艺播放页面下方设置投票专区、赛制进程、大咖导师等内容,使粉丝可以自由"pick"自己喜爱的练习生。

3. 制作

(1)打造交互模式

节目突破传统选秀类节目的制作模式,形成了自身独特的网络交互模式。在内容生产方面,以符合当下年轻人的审美为特色,形成与年轻群体的强烈关联;在内容接受方面,注重用户体验,增强节目与用户的互动,以"全民制作人"的投票方式让用户深度介入内容制作并了解节目的整体方向,打造出具有强烈交互感的立体化节目生产模式。

(2)注重细节呈现

为了全面展现100位练习生的真实生活状态,节目组动用了150多个

---

① 吴馨:《〈偶像练习生〉总导演陈刚揭秘幕后故事》,2018年3月30日,网易号,http://mp.163.com/article/DE5B23OV0517PATA.html;NTESwebSI=35DF863A1946E49D311EB7B054BA9B26.hz-subscribe-user-docker-cm-online-sx6hk-xpxsx-ikeh7-6fd98xfrmc-8081,最后浏览日期:2020年7月2日。

机位,24小时记录所有练习生的生活状态,同时对舞台后方、后景、环境、屏幕的设置甚至是地毯的高度都会严格要求①。为达到镜头分配和人物塑造的最优效果,节目以增加时长的方式来完整呈现练习生的状态,便于观众充分了解每个练习生的情况并作出选择。

(3) 巧用直拍视频

在每期节目的舞台表演结束后,节目会播放每位练习生的直拍视频,以满足观众充分欣赏自己喜爱的练习生的诉求。比如,人气颇高的练习生蔡徐坤的表演曲目《听听我说的吧》的舞台直拍视频播放量达到415.9万,其他练习生每周的舞台直拍视频播放量同样多则三百多万,少则几十万②,这种不同以往偶像养成节目的视频矩阵编排为节目增加了流量。

4. 宣传推广

(1) 打造线上宣推矩阵

节目以IP为核心打造出线上矩阵式的宣推模式。一是采用开屏动画、首页轮播推荐、精彩预告、幕后花絮等常规宣推手段;二是推出衍生产品,如衍生节目《练习生的凌晨零点》《偶像有新番》,衍生漫画《偶像游戏》,衍生同人小说《Come And Pick Me!》,衍生商品"偶像养成计划"等;三是实现社交平台互动,在泡泡社区上推出"明星来电""给偶像练习生的信""明星来了"等系列活动;四是与爱奇艺平台进行站内资源联动。节目充分利用线上优势资源,满足不同用户的多元需求,并有效增强了用户的平台黏性③。

(2) 开展线下粉丝活动

节目开播后,通过举办各种形式的粉丝见面会、应援会提升了练习生们的粉丝热度、话题热度,以最大限度地发挥粉丝效应。

---

① 宋康昊:《揭秘〈偶像练习生〉的幕后,鱼子酱文化CEO雷瑛解读爆款方法论》,2018年4月2日,搜狐网,https://www.sohu.com/a/227075274_609018,最后浏览日期:2020年7月2日。
② 同上。
③ 沐渔:《下注"偶像养成",〈偶像练习生〉把粉丝经济玩得更高阶》,2018年3月29日,搜狐网,https://www.sohu.com/a/226658900_497339,最后浏览日期:2020年7月2日。

五、《明日之子》

（一）案例介绍

《明日之子》(图1-5)是一档旨在打造未来音乐榜样的音乐类网络综艺节目,由腾讯视频、微博、企鹅影视、哇唧唧哇、东方娱乐联合出品,于2017年6月首播,至今已制播三季。其中,第一季共15期,第二季共12期,第三季(名为《明日之子水晶时代》)共10期。节目以多

图1-5 《明日之子》

元化音乐样态的呈现为特色,通过独特的"赛道制"(如前两季节目的"盛世美颜""盛世独秀""盛世魔音"三大赛道,第三季节目的"Start"和"Restart"两个赛道)和"星推""粉推"结合的评判模式,将音乐素人培养成偶像,打造"最强厂牌"。节目第一季、第三季直播阶段的主持人为张大大,第二季直播阶段的主持人为毛不易,由何炅担任第二季现场总导演。节目第一季由杨幂担任"首席星推官",薛之谦担任"才华星推官",华晨宇担任"实力星推官";第二季由李宇春、吴青峰和华晨宇分别主理"盛世美颜""盛世独秀""盛世魔音"三大赛道,由杨幂担任"厂牌星推官";第三季由孙燕姿、华晨宇、宋丹丹、龙丹妮、毛不易、孟美岐六位嘉宾共同组成"星推官"阵容。节目第一季到第三季的"最强厂牌"分别是毛不易、蔡维泽和张钰琪。节目先后获得亚洲新歌榜2017年度盛典"年度音乐综艺节目"、中国泛娱乐指数盛典ENAwards 2016—2017年度"最具价值网络综艺奖"、2017年中国综艺峰会匠心盛典"盛典作品奖"等奖项。

（二）策划亮点

1. 定位

（1）以圈层化思维打造新偶像

节目以"90后""95后"受众群体为核心,深刻把握这个圈层人群的鲜明

个性和独特风格,以圈层化思维打造属于互联网时代的全新偶像形象,这是节目的创作初衷和根本逻辑。同时,通过节目来体现当下年轻人的真实状态和鲜明态度,展示新时代年轻人的精神风貌,以此彰显节目的精神内核。

(2) 以音乐化方式传递价值观

节目旨在以音乐综艺的方式体现当下年轻人的价值观与精神状态,以舞台、作品和选手等元素构成的音乐化方式来传递正向价值观,以音乐散发的独特艺术魅力来寓教于乐地贴近年轻人,以偶像散发的独特个人魅力来潜移默化地影响年轻人。

2. 创意

(1) 多元音乐的交融碰撞

"破局""融合""错位"是节目组升级创作的行动指南,反其道而行之,通过配置的错位而产生奇妙的化学反应[1]。节目突破传统音乐类节目的单一风格和形式,融合二次元、民谣、嘻哈、摇滚等诸多音乐元素,汇聚了"抖音红人""电音大神""民谣歌手"等具有特色的素人选手,将各种音乐元素同时呈现在节目中,打造出一个多样音乐类型交融碰撞的舞台,以此适应当下年轻人的多元口味,体现节目对流行音乐文化的引领力和影响力。

(2) 多元赛制的创新探索

节目前两季以独特的"盛世美颜""盛世魔音""盛世独秀"三大"赛道"的赛制模式,使选手的分类和呈现更加个性化、精细化。"赛道"首次尝试聚焦"偶像"显著的技能和特质,深入挖掘其特定方面的潜力,进行优先选拔,让每个参与者根据自己的特点、喜好选择某一条赛道报名参赛,为年轻人提供更加多元和体现自我认可的渠道[2]。节目第三季则创新设计出"Start"和

---

[1] 《〈明日之子〉总导演黄洁:未来十年,中国需要 icon 不要 idol》,2018 年 7 月 22 日,搜狐网,https://www.sohu.com/a/242784577_100175948,最后浏览日期:2020 年 7 月 2 日。

[2] 林沛:《腾讯视频颠覆传统偶像产生模式,谁能成为"明日之子"?》,2017 年 3 月 14 日,广电独家公众号,https://mp.weixin.qq.com/s/PB9ckTqoH2mg97HxrOFehA,最后浏览日期:2020 年 7 月 2 日。

"Restart"两大赛道,以"初登舞台"和"回归舞台"的不同状态来展示歌手的独特风采。"Start"和"Restart"的设计是对"时间焦虑"四个字的提炼,通过呈现女歌手的作品和创造力,让用户和市场逐渐认可她们,使"时间焦虑"转换为推动选手成长的动力①。

(3) 多元嘉宾的角色设置

节目以"赛道制"为基础,形成了独特的多元化嘉宾设置和角色设计。比如,在三大赛道上分设三位"星推官",第三季更是邀请六位不同领域的嘉宾担任"星推官",发挥他们作为选手的"推手"和"帮手"的角色功能,而非传统的"导师"角色功能。节目还创新性地邀请何炅、杨幂和毛不易分别担任"现场总导演""厂牌星推官"和"现场主持人",凸显嘉宾的各自优势。比如,何炅对台前幕后情况的把握和超强的表达能力,杨幂的女性视角和演艺经验的优势,毛不易的反差感,都折射出当下年轻人的独特话语表达风格。此外,节目还创造全新的"粉推"模式,建立未来年轻偶像和他的粉丝之间的全新互动关系②。

3. 制作

节目基于对当下年轻人喜好的调研,采用直播方式来打造偶像培养体系的重要一环,即对抗高压、善应变能力的培养。直播这种高压形式对于素人选手们来说,就是一种强效而快速的成长方式,做过直播的选手的个人能力、舞台表现力、心理素质都比录播的选手会强很多。经历了整季 12 期直播后,他们临场反应的经验已经比较成熟③。

---

① 《〈明日之子〉的原创三年,正是一个优质 IP 衍变的三年》,2019 年 8 月 20 日,搜狐网,https://www.sohu.com/a/335002124_549923,最后浏览日期:2020 年 7 月 2 日。
② 林沛:《腾讯视频颠覆传统偶像产生模式,谁能成为"明日之子"?》,2017 年 3 月 14 日,广电独家公众号,https://mp.weixin.qq.com/s/PB9ckTqoH2mg97HxrOFehA,最后浏览日期:2020 年 7 月 2 日。
③ 《〈明日之子〉总导演黄洁:未来十年,中国需要 icon 不要 idol》,2018 年 7 月 22 日,搜狐网,https://www.sohu.com/a/242784577_100175948,最后浏览日期:2020 年 7 月 2 日。

4. 宣传推广

节目充分调动信息、社交、技术等多元化平台,打造适应互联网时代的全新宣推矩阵。一方面,充分运用内部资源,如腾讯新闻、腾讯娱乐、手机QQ、微信、全民K歌、NOW直播、腾讯直播等平台的信息资源、社交资源和技术资源;另一方面,与微博达成战略合作,充分借力其传播和粉丝优势,特别是两者受众群高度契合的优势,为节目的推广服务。

六、《青春有你》

(一) 案例介绍

《青春有你》(图1-6)是一档旨在打造男女偶像团体的音乐竞演类网络综艺节目,由爱奇艺、鱼子酱文化联合制作,于2019年4月在爱奇艺首播。节目第一季以"越努力,越优秀"为口号,凸显强烈的青春励志色彩。节目遴选出百名选手,展现其训练、考核、竞演等过程,最终选出九位训练生组成男子偶像团体出道。节目由总制片人姜滨,总导演陈刚、吴寒,视觉总监赵敏等组成制作团队,由张艺兴担任"青春制作人代表",蔡依林担任舞蹈导师,李荣浩担任音乐导师,欧阳靖担任说唱导师,艾福杰尼担任说唱教练,徐明浩担任舞蹈教练,还邀请蒋大为、黄豆豆、滕矢初、王洁实等著名艺术家组成"艺术指导团"。最终,李汶翰、李振宁、姚明明等九名训练生以"UNINE"为组合名称正式出道。节目第二季于2020年3月在爱奇艺播出,延续第一季的基本模式,以"诠释自我""不定义自我"为理念,打造"X概念"以挖掘女子偶

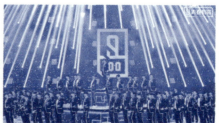

图1-6 《青春有你》

像团体的无限可能性。第二季由蔡徐坤担任"青春制作人代表",LISA 担任舞蹈导师,陈嘉桦担任音乐导师,JONY J 担任说唱导师,节目还邀请林宥嘉、汪苏泷、朱正廷、金靖、杨思维、李宇春等明星担任"X 导师"。在 2020 年 5 月 30 日的总决赛成团之夜上,刘雨昕、虞书欣、许佳琪等九人共同组成了女团"THE NINE"出道。节目第二季在录制时处在新冠肺炎疫情期间,采用"云授课""云考核"等形式展开。

(二) 策划亮点

1. 定位

(1) 凸显选手的精神品质

与以往同类节目将才艺作为训练生的主要选拔维度不同,《青春有你》将训练生的精神品质作为重要标准,同时提高对训练生专业实力的考核标准,建立了选拔培养训练生的综合性标准,既包括"礼貌""努力""职业"等基本素质,还包括系统训练后所达到的艺能、品质、精神价值等能构成榜样的标准[1]。同时,在选拔过程里,每个训练生对梦想、对成为组合成员有多大的渴望,以及他们对组合的理解,包括出道后会给粉丝、网友带来哪些积极的影响[2]等精神维度的因素,都是节目组考量的重要标准。

(2) 吸引网络主流人群

据艾漫数据对节目受众人群的统计,18—24 岁的年轻人群占观看节目总人数的 55%,成为节目的主要受众群,这与当下互联网空间以"95 后""00 后"为主流人群的情况相一致。节目旨在辐射互联网社会生态的主流人群,研究他们对互联网内容的共鸣,有针对性地把建立训练生人格魅力认知的

---

[1] 秦明:《专访〈青春有你〉总导演陈刚|不仅是新人的诞生》,2019 年 3 月 31 日,搜狐网,https://www.sohu.com/a/305076206_100175948,最后浏览日期:2020 年 7 月 2 日。
[2] 既明:《专访总导演吴寒|〈青春有你〉选的是有志向成团的训练生》,2019 年 2 月 16 日,搜狐网,https://www.sohu.com/a/295151703_535321,最后浏览日期:2020 年 7 月 2 日。

所有内容都给予观众,在互联网上生产出更有效、更科学、更优质的新人诞生机制[①]。

（3）助推行业的良性循环

节目突破真人秀节目的表演套路,以培养具有正向价值观的训练生为诉求,推动行业建立起培养和打造兼顾良好品性与艺能的艺人的良性循环模式。在帮训练生夯实演艺基础的同时,也在用"学院派"的制作态度帮行业"降躁",以优质内容倒逼产业成长[②]。

2. 创意

（1）创新探索导师模式

节目对选秀竞演类节目的导师模式进行了创新探索。一方面,打造更为严格的专业评判标准,比如在第一季首期初评时,经过优选的百名训练生竟全员无"A"。另一方面,导师阵容的设置也更具专业化、多元化特色。第一季节目设置了由青春制作人代表、导师、教练和艺术指导团组成的导师阵容。比如蔡依林、李荣浩、欧阳靖等人分别在唱作、舞蹈、说唱等业务能力上对训练生进行指导;艾福杰尼、徐明浩在具体的舞蹈、说唱领域带领训练生们练习,同时也以同龄人的身份帮助他们缓解压力;而蒋大为、黄豆豆、滕矢初、王洁实等著名艺术家则不仅能在专业领域帮助年轻训练生们提升能力,而且能在艺德、人格和人生发展等方面体现其影响力,彰显艺术的传承性。第二季节目还建立了"X导师制",邀请具有指标性意义的青年导师以独特方式为训练生们引路,节目对导师模式的创新是从节目功能的实现角度出发的,既避免了综艺感冲淡专业性,又增强了导师阵容和偶像培养的丰富度、可看度。

[①] 秦明:《专访〈青春有你〉总导演陈刚｜不仅是新人的诞生》,2019年3月31日,搜狐网,https://www.sohu.com/a/305076206_100175948,最后浏览日期:2020年7月2日。

[②] 既明:《专访总导演吴寒｜〈青春有你〉选的是有志向成团的训练生》,2019年2月16日,搜狐网,https://www.sohu.com/a/295151703_535321,最后浏览日期:2020年7月2日。

(2) 创新打造公益模式

节目将综艺元素与青春励志、社会公益等内容相结合,打造出综艺节目的独特公益模式。节目联合中国绿化基金会百万森林计划、人民日报社人民数字、中国扶贫基金会等机构共同打造以"青春有你,公益同行"为主题的系列公益活动,包括"百万森林计划""百美村宿""青春有好书""星星的孩子""为家乡代言,我可以""青春敬老,陪伴有你"等。通过参与这些活动,体现出训练生们作为新时代青年的责任担当,发挥其偶像的榜样示范作用,为践行社会公益贡献了实际力量。同时,节目的公益内容也丰富了音乐综艺节目的表现形式与推广形式,在提升节目内容丰富性和观赏性的同时,拓展了节目的社会影响力。

3. 制作

(1) 以立体结构呈现选手成长全貌

节目在海量且繁杂的素材中展开有效的信息筛选,突破传统真人秀节目的片段式剪辑方式,通过立体化的节目结构和超长节目时长,展示每位训练生的个性特质与成长轨迹,更好地体现节目的互联网特性,满足粉丝的心理期待。一方面,以海量信息和画面为每位练习生提供充分的展示空间,使其训练、成长等内容都能得到完整、真实的呈现;另一方面,给粉丝选择自己支持和喜爱的训练生提供较为明晰、突出的线索,产生一种现实投射与精神共振的效果。

(2) 以衍生内容拓展节目形式

节目以 IP 为基础,先后打造出一系列衍生性内容,比如第一季的益智游戏互动节目《青春艺能学院》,在释放更多轻松感的同时,还强调对训练生身上更多闪光点的挖掘和对团体精神的凝聚;第二季则推出衍生真人秀节目《青春加点戏》,以沉浸式角色体验为特色。

第三节　游戏类

游戏类节目是网络综艺中最早的类型节目之一,也是"综 N 代"节目中数量最多的类型节目之一。这反映了在行业大浪淘沙般的发展后,游戏类节目呈现出日益稳固的整体状态,并成为网综节目品牌化的显著标志。游戏类节目中既有以明星为主打的,也有以素人为特色的,涵盖探索新奇、推理悬疑、闲聊八卦等内容,均以独树一帜的特色树立了该类型节目创新的样板。

《拜托了冰箱》《明星大侦探》等节目在引进模式的基础上展开本土化改造,从主题立意、风格定位、创意元素、画面拍摄等方面入手,进行了创新升级。《饭局的诱惑》《火星情报局》等节目融入了许多首创性的环节内容,比如引入"真心话""狼人杀"等游戏环节,首创"推理互动""科普喜剧"等独特形式,以此来激发节目新意。

一、《拜托了冰箱》

(一) 案例介绍

《拜托了冰箱》(图1-7)是一档将明星、美食、情感、脱口秀、竞技等元素有机融合的游戏类网络综艺节目。节目引进自韩国JTBC电视台的同名节目,由腾讯视频制作、播出。自2015年12月第一季播出至今,节目已连续制播六季。每期节目会邀请两位明星嘉宾带着自己的冰箱来到现场,通过对冰箱内容的解密来呈现其个人生活,并与主持人和6位主厨分享美食生活,畅聊八卦趣事。每期将由两位主厨利用明星嘉宾的冰箱食材展开15分钟的快速创意料理对决,其后节目还从单人对战升级为团队作战。节目由何炅、王嘉尔(第六季由魏大勋代班)担任主持人,形成"何尔萌"组合,厨师团由姚伟涛、田树、胡莎莎、刘恺乐、黄研、安贤珉、小杰(陈瑞豪)、李阳、罗拉、北川、铭亮、董岩磊等组成,曾参与节目的明星嘉宾包括郑恺、陈晓、昆凌、魏晨、陈妍希、魏大勋、沈梦辰、大张伟、李小璐、薛之谦、刘昊然、杜海涛、谢娜、蔡康永、王珞丹、

图1-7 《拜托了冰箱》

姚晨、张杰、黄磊、李宇春、关晓彤等。节目荣获2016年腾讯视频星光大赏"年度网络综艺奖"。

（二）策划亮点

1. 定位

（1）主打轻量生活的定位

"年轻态"是节目的主要定位，也是其主要的风格。如何体现年轻群体的价值、理念和风貌，成为节目的一个独特的判断标准和寻求突破的着力点。比如，节目以快速、简捷、实用的美食制作与呈现来体现当下年轻人对极简生活的追求，以段落式结构满足年轻人快节奏生活中碎片化收看节目的需求等。此外，节目的制作主力也都是"90后"成员，搞笑的字幕特效、幽默直白的表达方式等都更符合年轻群体的风格气质，更切中年轻群体的心理诉求。

（2）呈现多元衍生的话题

节目旨在从"明星"和"美食"入手，满足受众的多元化需求。在这方面，节目甚至形成了特有的"冰箱心理学"——从冰箱中的食物分析人的心理和内涵[①]。首先，通过挖掘明星嘉宾的日常生活细节来满足观众的好奇心和探索欲；其次，从轻松的八卦趣闻入手，延伸到受众关心的其他话题，并进一步探讨和反思人生中诸多重要而常被忽略的议题。

2. 选题

（1）依据真实情况策划选题

节目前期会与明星嘉宾进行必要的电话或见面沟通，并根据艺人和其冰箱的真实情况来策划节目台本。节目还在主持人何炅的协助下确立了选题的选择标准，即"不炒作""不伤害他人"，既保全明星嘉宾的隐私，又从节目角度出发，生发出更为全面的内容。

---

① 黎意：《互联网思维下的网络自制综艺探究——以腾讯视频〈拜托了冰箱〉为例》，《新媒体研究》2016年第18期，第138页。

（2）从美食延伸至生活领域

节目融合了"美食"和"脱口秀"节目的特色,并呈现出新的风貌。节目选题以美食为线索,紧密围绕"美食"展开话题,呈现和还原明星嘉宾的真实生活状态、工作状态和情感状态,并在进一步的聊天分享中呈现多元的价值观念和人生追求。节目以冰箱食材的高度不确定性来增强话题的期待感和惊喜感。

3. 创意

（1）以"冰箱"为切口,探索生活情感

"冰箱"是家庭生活中不可缺少的重要电器,承载着人们的饮食习惯、生活情趣和人生态度等内容和内涵。节目以"冰箱"为切入角度,通过"冰箱"这一家庭生活中必需而又特殊的物件,延伸出明星嘉宾的更多不为人知的日常生活细节,以及有关亲情、爱情和友情的话题。一方面展现明星嘉宾作为普通人的生活内容,在满足观众好奇心的同时,建立起明星嘉宾与观众的精神关联。比如郑恺,他的冰箱很大却很空,里面仅存的一些食物几乎每一样都过期了,从中不难得知他可能近期的工作很忙,或者不太注重自己生活的细节。另一方面,节目别出心裁地通过探索明星嘉宾的冰箱,深挖明星的日常生活,引发大众关于情感互动话题的思考和广泛精神共鸣。比如陈晓,冰箱满满的食材隐藏了一些恋爱中的甜蜜故事。所以这不仅仅是一档美食节目,更是一档非常暖心的互动节目[①]。

（2）以"竞技"为亮点,创新节目模式

节目在传统美食、脱口秀类型节目的基础上融合了竞技元素,与同类节目的类型样态和呈现方式相比有所创新。每期节目邀请两位明星嘉宾带着自己的冰箱来到现场,还会有两位主厨利用明星嘉宾冰箱内的现有食材展开对决,对决内容是 15 分钟的创意料理比拼,快节奏的竞技环节契合当下

---

① 史佳烨、刘薇:《热爱的力量　专访腾讯自制节目〈拜托了冰箱〉总导演刘薇》,《数码影像时代》2016 年第 2 期,第 79 页。

网络传播和青年生活的节奏。在核心模式的基础上,节目第三季将竞技环节升级为"6+2X"模式,即在原有6位固定主厨的基础上增加了专业厨师的"踢馆"环节,并采用类似"丢手绢"的"丢手机"方式进行厨师选择;节目第四季在新增两位固定主厨的基础上创新了任务设置,使竞技模式由"单人对决"变为"团队作战";节目第五季则由主厨和主持人、明星嘉宾组队展开竞技。每一季节目在竞技模式上的创新开发都进一步增添了节目的新颖度、竞争感和观赏性。

4. 制作

(1) 采用段落式结构

节目制作采用段落式结构,分为"开场脱口秀""检查冰箱""厨艺对决"等主要环节。各环节的设置既体现出节目样态与元素的融合性,对应"脱口秀""美食""竞技"等样态和元素,又凸显了节目环节之间的逻辑性和关联性,以一条线索发散开来,实现信息的多元化释放。同时,段落式结构也为受众的碎片化收看和节目的跨屏化传播提供了便利。

(2) 采用精细化拍摄

节目时长从韩国原版节目的1小时缩减到35分钟左右,时间的浓缩使节目的制作更加复杂和精细。节目制作要有10个人物关系的讲述,首先保证内容的丰富性,同时还要突出其重点和定位的娱乐性、专业性;其次,拍摄机位变得尤其重要,节目现场共有17个机位、4部DV、6台GoPro,这也是在同等体量的节目中首次使用这么多数量的机器拍摄[①]。

5. 宣传推广

节目在常态化的弹幕发送、点赞评论形式之外,还设置跨平台的互动专题版块和活动,如专属冰箱家族"饭团"和QQ兴趣部落,与值班明星主厨聊弹幕,发布话题微博晒最爱节目画面以获取明星签名照等。

---

① 史佳烨、刘薇:《热爱的力量——专访腾讯自制节目〈拜托了冰箱〉总导演刘薇》,《数码影像时代》2016年第2期,第79—80页。

二、《火星情报局》

（一）案例介绍

《火星情报局》(图1-8)是一档融合科普、脱口秀、喜剧等元素的游戏类网络综艺节目，由优酷与天津银河酷娱文化传媒有限公司出品，旨在用综艺手法检验全民新奇发现，从科学维度解读人类社会问题。节目从2016年4月开始播出第一季至今，共制播四季节目。这是湖南卫视主持人汪涵投身网络综艺的首档节目，也是银河酷娱CEO李炜从广电系统离职后打造的首档网络节目。节目曾创下网络综艺史上首季最高冠名费纪录，并先后获得2016年中国泛娱乐指数盛典"中国网生内容榜——网络节目榜top10"、2016年"TV地标"中国电视媒体综合实力大型调研榜单"年度制作机构优秀节目（网络类）"、2017年微博电视影响力盛典"年度优秀网络综艺"等奖项。无论是在创新性、娱乐性、话题性还是与社会化环境的契合点等方面，这档节目都已成为当下最长寿的现象级网络脱口秀的标杆之一[①]。

图1-8 《火星情报局》

---

① 《〈火星情报局4〉收官，银河酷娱李炜：优质内容正进行价值的再度革新》，2018年12月28日，搜狐网，https://www.sohu.com/a/285329225_351788，最后浏览日期：2020年7月2日。

（二）策划亮点

1. 定位

（1）受众定位：聚焦活力青年群体

节目在策划制作阶段对受众有明确的定位要求，主要致力于吸引一大批年轻有活力、网络活跃度高、有正能量的受众。单看节目名称就足以将它与传统综艺区别开来，"火星"和"情报局"这两个关键词都将节目的定位指向彰显个性、崇尚新奇想法的"网络原住民"——"90后"。节目基于对网络上年轻群体喜好的探索，用颠覆性的玩法及创新性的互动，充分调动互联网基因来开辟网生自制综艺的新疆土[1]。《火星情报局》的受众作为网络的活跃群体，思想开放程度较高，对新鲜事物的学习欲望强烈，也善于接受和吸收新知识。

（2）风格定位：创新融合多样元素

节目中大量运用网络元素，包括网络用语、网络互动、实时弹幕等网民喜爱的呈现方式，体现出强烈的互联网感和年轻态。同时，在网络综艺内容中融合多元化要素，包括科学和科幻、脱口秀、游戏、喜剧、生活等元素，呈现出独树一帜的节目风格与气质。特别是节目第四季以"从火星看地球、凝聚人类命运共同体"的理念和高度来进一步创新探索，在游戏性、娱乐性的基础上强化了科普和社会维度，形成了"科普喜剧综艺"的全新风格。

2. 选题

（1）凸显新奇性、趣味性

节目选题体现了互联网生态的特点和网络综艺的特质，充满新奇性和趣味性，甚至是颠覆性和革新性，鼓励观众在愉悦的观赏和互动中探索新奇。节目讨论的话题都来自优酷土豆大数据，这也意味着节目中的内容极

---

[1] 唐平：《优酷联手汪涵打造首个"涵式"网综〈火星情报局〉》，2016年3月23日，人民网，http://ent.people.com.cn/n1/2016/0323/c1012-28221747.html，最后浏览日期：2020年7月2日。

易触发网友共鸣,间接地为网友的"脑洞大开"提供了施展平台①。

(2) 强化丰富性、知识性

节目以"高级特工"提案的方式将当今的新热点或有趣的新奇发现作为提案,引发全民的思考和讨论。与其他网络脱口秀节目不同的是,《火星情报局》每期都有3个及以上的提案话题供大家讨论,体现了话题的丰富性。"高级特工"所提的提案,有些富有科学性,有些富有知识性,更能让观众自己去实验或从知识层面去思考,在给他们带来乐趣的同时也带来了新的启发价值。

3. 创意

(1) "大开脑洞"的推理互动新模式

节目模式的创新可谓深具想象力和互联网感,首创推理互动网综新模式,通过对大数据精选话题的运用,展开革新性的脑洞推理互动。节目设计了一个定位为"某地外情报机构"的"火星情报局",由汪涵出任"局长",几位固定明星嘉宾担任"火星特工代表",他们负责定期向"局长"汇报新奇有趣的发现,并提出建设性提议,引发全民"提案"风潮。局内情报评估借用"欧洲元老院"的议事和质询形式,对有价值的情报进行探讨、审议,并派遣"火星特工"对有价值的情报进行趣味验证。最终由"局长"对新发现的提案进行裁决,通过的提案将被列入"火星历法",被所有"火星人"遵守。

(2) "花式植入"的网络广告新特色

节目采用由声音植入、情节植入、画面植入、体验植入等构成的"花式"广告植入方法,形成了鲜明独特的广告营销模式。比如,在"高级特工"提案、众人开始讨论时以诙谐幽默的方式口述赞助商广告;在适当的环节播放一段情景短片,短片以"火星"为背景,讲述一个简单的故事,短片中的所有内容都围绕着赞助商的广告;在现场舞美背景布置中摆放广告商品或标识

---

① 唐平:《优酷联手汪涵打造首个"涵"式网综〈火星情报局〉》,2016年3月23日,人民网, http://ent.people.com.cn/n1/2016/0323/c1012-28221747.html,最后浏览日期:2020年7月2日。

冠名的赞助商;"高级特工"在现场直接使用广告商品等。

4. 制作

(1) 场景布置

节目整个大场景模拟了正式开会的现场,"局长"汪涵站在中间的讲桌旁,左右各一个"副局长"站在各自的讲桌旁,两边的第一排是"高级特工"的专属位置,后面的观众也就是"初级特工",依次坐在阶梯状的开会位置中,视觉上给人以独特的感官体验。在节目第四季中,火星萌宠 MiaMia、电影视觉质感的舞美、科幻带感的火星道具等更给观众带来强烈的视觉冲击。

(2) 字幕特效

节目中,"局长"和"高级特工"的讲话内容或者 OS(内心独白)都会在后期编辑与制作时附加一些带有调侃色彩或幽默诙谐的表情符号,也会穿插一些生动形象的小动画或把说话人的表情制作成搞怪的表情包等。

5. 宣传推广

(1) 话题式营销

《火星情报局》是著名主持人汪涵首次试水的网络综艺节目,汪涵幽默且富有文采的话语风格、一定的文化底蕴和丰富的人生阅历都为这档新节目的打造奠定了基础,使《火星情报局》很快就步入人们的视线,形成受众观看的主动意识和收视期待。节目的其他几位"高级特工"也具有高网络话题度,不仅常上热搜,而且拥有固定粉丝群体,给节目引来流量。

(2) 社交化宣推

节目通过"局长""副局长""高级特工"的自身号召力在社交平台上吸引了大量的粉丝。开播以来,节目内容的大胆新颖使其在微博等各大社交平台引发议论。此外,节目的开放式结局制造了强烈的悬念感,配合"更新不靠谱,火星谁做主"的话题和相关互动活动,还使节目前后季之间实现无缝衔接,增强了节目的受众黏性和新鲜度。

三、《明星大侦探》

（一）案例介绍

《明星大侦探》(图 1-9)是一档明星悬疑推理游戏类网络综艺节目,由芒果 TV 制作、播出,自 2016 年 3 月播出第一季以来,已经连续制播五季。节目引进自韩国 JTBC 电视台的《犯罪现场》,融合了剧情、真人秀、推理等内容和元素,每期邀请六位明星嘉宾参与,分别扮演侦探、杀手和嫌疑人等角色,共同在一个虚拟场景空间中面对一起精心策划的谋杀案,通过搜集证据、相互询问、推理等方式找出真凶。节目将当下社会极具吸睛效应的热议话题、热播影视转化为本土化的经典案情,打造悬疑空间,吸引推理迷的加入,利用明星的粉丝效应锁定目标受众,借助案件侦破传播核心价值观,最终实现网综节目的 IP 开发[①]。

图 1-9 《明星大侦探》

节目的五位常驻嘉宾是何炅、撒贝宁、王鸥、吴映洁(鬼鬼)、白敬亭,"明星玩家"有乔振宇、大张伟、刘昊然、王嘉尔、魏大勋、张若昀、杨蓉、魏晨等。节目先后获得 2016 年中国泛娱乐指数盛典"网络节目榜 top10"、2017 年中国电视媒体综合实力大型调研"年度制作机构优秀节目"、2017 年中国综艺

---

① 方亨、鲁哲:《网络综艺节目创新路径解析——以〈明星大侦探〉为例》,《当代传播》2020 年第 1 期,第 69 页。

峰会匠心盛典"年度匠心编剧（节目）"等奖项。

（二）策划亮点

1. 选题

（1）剧本来源广泛

节目创意源自韩国推理类综艺节目《犯罪现场》，其在第一季的前几期节目中还存在着模仿原版的痕迹。但实际上从选题/剧本创作的角度看，由于节目融合了剧情和推理元素，原版已播出的节目无法在引进后继续采用，且推理类节目与一般网综对嘉宾的依赖不同，对剧本内容的要求更高。每期的剧本/案件设计要独立、缜密，具有人物性、情节性、逻辑性等特征，同时还要做到时间线索明晰、上下集呼应、吸引度高、反转性强等。节目在第一季制作时曾邀请韩国团队来现场指导，但后期的剧本创作和节目创意来源则凸显出多元性，主要有侦探小说和悬疑故事、推理类影视剧和网络征稿等，比如《名侦探柯南》、阿加莎推理小说、东野圭吾推理小说，以及《忌日快乐》《楚门的世界》等电影。同时设有由导演组、推理专家和推理业余爱好者等组成的编剧团队，多样化的创作主体和渠道使节目剧本的品质不断提升，节目的特色也不断凸显，甚至挣脱原版节目的局限，避免了同质化的问题。

（2）选题立意的提炼

在满足节目剧本/案件的故事性、专业性和观赏性的同时，节目对选题进行了立意的提炼与拔高，在释放娱乐价值时体现一定的社会价值。节目组在构思故事时首先确定的是一个故事用什么元素去打动人以及故事背后对人的启发，因此，每个选题故事都会有一个落脚点，包括社会立意的落脚点和人性立意的落脚点等[①]，以站位较高的选题立意传递正向价值观。比如，《酒店惊魂》关注校园霸凌，《暗黑童话》剖析人性，《深夜麻辣烫》深思良

---

① 《〈明星大侦探3〉总导演揭秘良心综艺的"玄机"》，《华西都市报》2019年4月5日，第A8版。

心,《周五见》倡导杜绝网络暴力,《恐怖童谣》呼吁关爱孩子等。

(3) 选题尺度的把握

节目组对尺度的把握也很有分寸,邀请了法医、律师、警察等圈外顾问[1],就选题故事的真实性、专业性、分寸感等问题与社会权威人士进行沟通。

2. 创意

(1) 独树一帜的悬疑推理特色

节目以悬疑推理为创意特色,形成了独树一帜的风格和表现手法,其强大而独特的悬疑感、逻辑性和推理力是节目创意的一大亮点。剧情中设置的虚拟平行时空双线、双时空对话方式,让观众得以用"编剧视角"宏观观察玩家的全局盘算,从而拼凑线索,联合推理,感受强大推理力和逻辑力的激烈碰撞[2]。

(2) 寓教于乐的正向价值传递

节目以寓教于乐的方式促使观众关注并反思现实热点话题,传递出社会核心价值与正能量。每期节目围绕一个社会话题展开,涉及网络暴力、校园暴力、理智追星、微笑抑郁症、自然资源保护、疾病检控防疫、天文与空间科学、公民与道德教育、童话的启示、理性整容等,还推出十余期"明星大侦探公益特辑",通过表演和游戏来践行法律普及、社会公益等。节目在主要角色和嘉宾设置、环节设置等方面也体现出社会责任意识,如法学专业和法制节目出身的撒贝宁被邀请作为"大侦探",凸显了知法守法的重要性。节目第四季中与案情相关领域的专业人士也会在每期向侦探提供参考意见或在片尾小剧场进行梳理讲解,"外援辅助"类嘉宾的呈现促使节目在专业性、学理性、知识性上迈进,是网综节目在角色安排上的有力突破[3]。节目片尾

---

[1] 《〈明星大侦探3〉总导演揭秘良心综艺的"玄机"》,《华西都市报》2019年4月5日,第A8版。
[2] 海文:《综艺节目如何常做常青》,《人民日报》(海外版)2019年2月2日,第7版。
[3] 方亨、鲁哲:《网络综艺节目创新路径解析——以〈明星大侦探〉为例》,《当代传播》2020年第1期,第70页。

还设有"侦探能量站"环节,从"玩家"角度出发来传播观点和建议。

3. 制作

(1) 精致的实景化拍摄

节目采用实景化拍摄手法,呈现出精致的场景配置、画面效果,包括演播室主题场景的搭建和精细小道具的选配等。比如,第三季第一案《酒店惊魂》耗时一个月实景搭建 4 000 平方米的玫瑰酒店,第一案就花费整季节目制作预算的三成,在网综节目中独树一帜[1]。

(2) 独特的专属性特效

每期节目会根据剧情的独特性设计出专属性的视听特效。比如《花田醉》的特效就是一个动漫花旦,《酒店惊魂》里电梯打开,赵星儿冲出来时,添加了鬼鬼当时惊吓过度的反应的表情和花字,避免让观众一直沉浸在恐怖的氛围中[2]。专属性特效营造出不同的环境气氛,调和了节目进程的节奏和主题。

4. 宣传推广

(1) 打造社交化垂直传播

受众可以通过网络留言、跟帖、弹幕等方式参与节目讨论,在公众号上阅读推理故事,加入线上推理游戏等。在百度贴吧、豆瓣小组、知乎等社交媒体平台上,聚合着节目粉丝的智慧和能量,以持续的话题互动和悬疑推演保持了节目的热度。

(2) 推出交互性衍生内容

节目推出"互动微剧"短视频、社交推理 App"我是迷"等节目衍生内容版块,以此创新探索节目互动新模式。采用电影化的画面表现手法和叙事手法,将复杂的人物关系、悬疑的故事情节、丰富的侦探线索放置其中,引领了

---

[1] 方亭、鲁哲:《网络综艺节目创新路径解析——以〈明星大侦探〉为例》,《当代传播》2020 年第 1 期,第 70 页。
[2] 纪炫羽、孙梦晨:《虚构与差异——浅析真人秀节目〈明星大侦探〉的策划艺术》,《视听》2018 年第 10 期,第 67 页。

一场线上线下、荧屏内外互动的侦探推理风潮[1]。

四、《偶滴歌神啊》

（一）案例介绍

《偶滴歌神啊》(图1-10)是一档将音乐竞技和悬疑推理等元素相融合的音乐游戏类网络综艺节目，由爱奇艺制作播出，于2015年8月首播，至今总共制播三季。其中，节目第二季在爱奇艺和深圳卫视先后播出，创造了网络综艺反向输出卫视平台的先例，开启了台网合作的新模式。

图1-10 《偶滴歌神啊》

节目定位为"非大型、不靠谱、伪音乐"，实际上是将悬疑推理的游戏方式融入音乐竞技节目。每期邀请一位专业明星歌手，观看现场六位参赛选手的表演竞技，并参考"鉴音团"的意见，推断出参赛选手中的"歌神"和"音痴"，最后与"歌神"选手共同完成对唱表演。节目以"装什么，来玩"为口号，被称为"最不像音乐节目的音乐类节目"和"全网首档解压综艺"。节目由谢娜担任主持人，"鉴音团"评委有张大大、瑶瑶、李斯羽、陈俊豪、徐浩等人，为每期明星嘉宾辨别"音痴""歌神"提供具有"迷惑性"的建议。

---

[1] 海文：《综艺节目如何常做常青》，《人民日报》(海外版)2019年2月2日，第7版。

（二）策划亮点

1. 定位

(1) 差异化风格取向

节目风格定位为"非大型、不靠谱、伪音乐"，显示出颇具网感的戏谑式、自嘲式风格，也展现出与传统电视综艺和同类网综的差异化风格取向。节目发挥了爱奇艺在大数据方面的优势，充分把握观众口味和用户需求，其所谓"伪音乐"的定位为节目融入悬疑推理、喜剧综艺等元素建立了心理预设，在音乐专业展示和娱乐综艺诉求之间找到了一个巧妙的平衡点和缓冲带。

(2) 年轻化受众定位

节目的受众定位于以"90后""95后"甚至"00后"为代表的年轻群体。当下年轻人的特点之一是勇于"自黑"和"自嘲"，把自身的缺点和不足勇敢地展示出来，呈现出独特的精神风貌。节目立足于网络空间的年轻群体，找到了节目风格与互联网和新生代气质间的契合点。

(3) 高品质内容打造

节目打破了之前以"眼泪、冠军、梦想、故事、专业"等元素为吸睛点的音乐节目方式[①]，虽然其风格定位强调一种新的风格气质，但在内容生产上依然呈现出较高的专业音乐水平和综艺水准。在以悬疑性、竞技性吸引观众，以喜剧性、综艺性给观众带来欢笑之外，节目还助力年轻人在综艺舞台上展示自己、实现梦想甚至改变人生。比如节目第二季曾邀请12位人气选手重返舞台，展现他们因节目和音乐而产生的变化。

2. 创意

(1) 以"意外"贯穿始终

节目以"意外"贯穿整体，并将其作为节目创意制作的主导思想。在选

[①] 张慧彬：《音乐，梦开始的地方——专访〈偶滴歌神啊〉节目总导演金骏》，《数码影像时代》2016年第4期，第69页。

手选择方面,通过节目的设计降低大家对实力选手的期待值,用各种方式去提高观众对"音痴"的期待值,反差越大,得到的节目效果越好。在主持人方面,节目组选择谢娜独有的"破坏性"主持方式也是一种"意外",当节目已经营造出某种"氛围"时,她很擅长用一种特别的方式去破坏这个"气场",同时又在不断重建新的"气场",可以在大悲大喜之间毫无预兆地突然间转换,并让节目画风突变,显得自然而有趣[①]。

(2) 以"融合"体现创新

节目突破了传统单一的以明星、话题、游戏为核心的网综形态,打破了传统单一的以音乐竞技为核心的台综样态,融入诸多看似不相关联的内容和元素,比如引入了看似与音乐竞技不相关的悬疑推理元素、喜剧综艺元素,形成了全娱乐型的音乐综艺风格。同时,节目体现出明星与素人、专业性与业余性、美妙歌声与疯狂魔音、严肃话题与戏谑话题、音乐观赏与轻松解压等元素之间的融合。

3. 制作

(1) 打造纯网风格

节目在舞美、环节、选手和明星嘉宾等内容的设计上呈现出与传统台综、网综迥异的路径。节目融入"说学逗唱"等综合性元素和内容,打破了传统音乐类节目的高端、严肃和深沉,同时采用"竖屏直播"的方式以适应新的移动互联传播环境,实现了在内容制作和传播方式上的多样态创新。

(2) 打造独特画面

节目的每期录制需要 4—5 个小时,现场使用了 16 台摄像机以及若干台 GoPro,基本以固定机位为主,同时大量使用游机增加镜头的丰富感;不按照常规的综艺节目切换方式,而是大量使用特写,刻画人物性格,增强节目氛围[②]。节目为主持人、鉴音团和明星嘉宾各安排一个机位,以精准、全面地

---

① 张慧彬:《音乐,梦开始的地方——专访〈偶滴歌神啊〉节目总导演金骏》,《数码影像时代》2016 年第 4 期,第 69 页。
② 同上,第 70 页。

捕捉人物的细节变化。同时,为避免因大量机位可能导致的穿帮等状况,节目组还做好了机位的科学安排和画面的严格推理工作。

五、《饭局的诱惑》

(一) 案例介绍

《饭局的诱惑》(图1-11)是一档融合明星访谈和益智游戏的网络综艺节目,由企鹅影视和米未传媒联合出品,米未传媒制作,腾讯视频播出,从2016年9月开始,已制播两季。节目主持人由马东、侯佩岑、蔡康永担任,每期邀请明星嘉宾、《奇葩说》节目优秀选手、游戏玩家等共同组成"最强饭局团",常驻嘉宾有肖骁、颜如晶、大王、金靖、利晴天、王博文等人。节目为首档融合"狼人杀"游戏的网络综艺节目,每期节目分为访谈环节和游戏环节。节目用"饭"与"局"两个环节分别对每期做客明星展开"身与心"的诱惑;整场饭局将"任性"作为基本调性,谈话和美食作为基石,用游戏来贯穿始终,深度挖掘每个人的真实内心和表演天分[①]。节目还打破常规,采用网络直播和录播相结合的"双播"模式,除在腾讯视频独播外,节目录制时的游戏环节还在斗鱼TV平台以直播形式播出。节目先后获得2016年中国泛娱乐指数盛典"中国网生内容榜——网络节目榜top10"、2016年《南方周末》年度盛典

图1-11 《饭局的诱惑》

---

① 《马东携〈奇葩说〉原班人马打造〈饭局的诱惑〉》,2016年8月24日,腾讯网,https://xw.qq.com/cmsid/20160824027336/ENT2016082402733600,最后浏览日期:2020年7月2日。

"年度创新案例奖"、豆瓣"2016 最受关注的大陆网络综艺 Top4"、"暴娱 2016 年度十佳网络综艺"等奖项。

(二) 策划亮点

1. 定位

(1) 垂直领域的创新性拓展

节目以鲜明的互联网感和年轻态为风格定位,别出心裁地对当下年轻群体喜爱的"美食""明星"等强势垂类内容展开创新升级,还创造性地将"狼人杀"游戏性内容进行了影像化改造,体现了对受众目标群体的精准定位,展示出创新网络综艺的独特视角与手法。

(2) 社会需求的综艺化表达

节目以中国社会独特的"饭局"现象切入,以综艺化、网络化的手段对"局"的核心内涵展开延伸性的改造和表达,在饭局中融入访谈和脱口秀元素,在游戏局中融入影视、综艺元素,呈现出环环相扣、局中藏局的逻辑结构,在整体内容中释放出现代人渴望真实交流、减压放松的内心诉求。

2. 选题

(1) 由"美食"诱导的明星话题

节目组对所请明星身上的"话题"进行研究,针对网友最想了解的八卦信息以及其他传统媒体未曾涉及的敏感话题向他们提问,"大尺度""吸睛性""不做作"的话题深受年轻受众的喜爱[1]。节目话题不一定新颖,但如何引导明星嘉宾爆出新料则是节目话题选择与策划的关键。有着丰富聊天经验的马东与蔡康永擅长把"坑"挖出来,让别人跳进去,讲一些或劲爆、或走心的内容出来,加上《奇葩说》选手们的神助攻、神补刀,《饭局的诱惑》轻轻松松在外表颇具诱惑力的同时,也在内容方面引人入胜[2]。

---

[1] 樊士聪:《浅谈网络综艺节目的创新之路——以〈饭局的诱惑〉为例》,《视听》2018 年第 5 期,第 66 页。
[2] 三石一声:《〈饭局的诱惑〉:套路之下,人性微微闪光》,《新京报》2016 年 9 月 27 日,第 C2 版。

(2) 由"游戏"引发的互动话题

节目的"狼人杀"环节凭借游戏在语言上的推动力、思辨力,以及强烈的互动性、益智性等特点引发话题互动。节目游戏环节的参与者都拥有较强的语言表达能力,不论是主持人、《奇葩说》里的优秀选手,还是专业游戏玩家均是如此。这个游戏中的每个人都是演员,因为这个游戏的精髓在于自己要会"说谎",并能够从其他人真假难辨的言语中分析出真相,帮助自己的团队获胜[①]。这种由"游戏"引发的互动话题也使节目产生较强的代入感。

3. 创意

(1) 引入"真心话"环节,以美食促发新意

节目的访谈环节突破了传统访谈脱口秀节目的单一形式,以"饭桌"取代演播室或舞台,形成一种特殊的谈话场域和氛围。节目紧密围绕每位明星嘉宾的实际情况,为其量身定制"美食故事"。在为每位明星嘉宾精心准备的符合其口味的美食背后,别有深意地呈现与明星有关联的信息。通过由主持人主导的"真心话"环节,在满足明星美食欲望、刺激其味蕾的同时,"诱惑"其说出大众关心的需要澄清的"坊间传闻"或明星内心对某些事情的真实想法等,在传递"猛料"的同时,呈现出明星嘉宾的真实一面。比如在"匹诺曹谎话时间"中,利用"正话反说"这一反差模式诱惑受访嘉宾吐露心中的"难言之隐",深度挖掘明星背后不为人知的苦与乐[②]。

(2) 引入"狼人杀"环节,以游戏激发新意

节目以首创性的姿态将"狼人杀"游戏引入综艺节目,主持人和固定嘉宾等与当期明星嘉宾"过招",在智慧的拼杀和游戏的激发中,进一步展示明星的真实状态与罕见表现。"狼人杀"游戏对语言表达能力、临场反应能力和心理战术等方面的独特要求也成为节目对游戏综艺化、影像化呈现的创

---

① 樊士聪:《浅谈网络综艺节目的创新之路——以〈饭局的诱惑〉为例》,《视听》2018年第5期,第66页。
② 任梦洁、吴梦媛、江冉:《从〈饭局的诱惑〉看游戏的视听化表达》,《智库时代》2018年第24期,第222页。

新要求，节目综合运用故事暖场、场景设置、影像叙事、视听包装等手法打造出了游戏类网络节目的全新模式。

4. 制作

(1) 多机位、分屏化

节目采用多机位拍摄，呈现不同角度和不同景别，全方位捕捉节目嘉宾的细节信息，为节目内容的丰富度、精彩度奠定素材基础和创作基础。同时采取分屏技术，呈现多位玩家的同步反应，帮助受众把握游戏的全局，增强游戏的戏剧性表达。

(2) 快节奏、强视觉

节目以快速剪辑的方式增强节目的观赏性、紧张感和刺激度，比如游戏玩家在"刀人"时的剪辑速度明显加快，以此营造紧张激烈的氛围和效果。同时采用花字包装形式以实现展示现场细节、调节环境气氛、强化节目风格等作用。

5. 宣传推广

节目借力直播平台，拓展了互动形式。与绝大部分综艺节目采用录播形式不同，《饭局的诱惑》节目以网络直播和录播相结合的"双播"模式播出，借力网络直播平台体现了游戏环节在传播上的独特性。一方面，这一模式增强了节目的关注度和影响力；另一方面，网络直播平台的强大交互性，满足了受众的多样化互动需求，比如随时点赞、即时弹幕、实时参与等形式，使受众同步参与节目直播的全过程。

第四节 语言类

作为网络综艺中最早的类型节目之一，语言类节目以其鲜明的互联网感、思辨色彩、个性化表达等特征赢得了年轻网民的喜爱，契合和呼应了当下年轻人的风格与诉求。语言类节目的形态多样，包含多人辩论、多人脱口秀、个人脱口秀、群聊等形式。

以多人辩论形式为特色的《奇葩说》通过对新锐、独特的选手气质的凸显,准确把握住了"90 后"受众的特点与需求,以更为现实的话题、更为张扬的个性、更为大胆的表达,促进了思想的交流与碰撞。

多人脱口秀形式的《吐槽大会》融合了互联网"吐槽文化",对美式脱口秀展开了本土化创新探索,以强话题性的嘉宾、强限定性的内容奠定了节目的模式特征,形成了网络话语表达的独特场域。

个人脱口秀形式的《晓松奇谈》以生活化的形象和自然随性的风格定位,将现象、趣闻和热点事件等作为话题切入点,体现了精英话语和大众话语的融合、文化与娱乐的融合。

以群聊为形式的《圆桌派》深耕网络节目的文化领域,深挖网络综艺的文化功能和价值,倡导话语、观点的多元汇聚和平等表达,同时以仪式化场景设置、电影化视听语言等形式提升了节目品质。

一、《奇葩说》

(一) 案例介绍

《奇葩说》(图 1-12)是一档融入论辩元素和竞技元素的说话达人秀节目,由爱奇艺和米未传媒联合出品。节目由马东担任主持人,并邀请高晓松、蔡康永、李诞、薛兆丰、罗振宇、张泉灵等人担任导师,旨在寻找华语世界"最会说话的人",呈现给观众五花八门的观点和丰富多彩的价值观。节目

图 1-12 《奇葩说》

主创者期望通过这档节目传达年轻人的语言方式、内心世界和价值主张,并通过娱乐的形式来传递价值、沉淀文化[①]。节目自2014年11月在爱奇艺独家播出至今,已连续制播六季,成为网络综艺节目中具有指标性意义的一档语言类节目。2018年获得"爱奇艺尖叫之夜"年度IP综艺节目,优秀选手有马薇薇、黄执中、肖骁、邱晨、颜如晶、胡渐彪、陈铭、花希、范湉湉、包江浩、艾力、姜思达、王梅等人。

(二) 策划亮点

1. 定位

(1) 精准化的受众目标

节目旗帜鲜明地提出"讨好90后""在90后的陪同下观看"等理念,主要受众定位是"泛90后"人群,对收看群体的目标聚焦非常精准集中,突破了传统电视综艺"老少咸宜"的受众定位。同时,发挥"90后"善于"安利"(推荐)和"网络社交"等特点,让"90后"成为节目的代言人,便于进一步打开受众覆盖面。

(2) 年轻态的节目风格

以年轻群体为定位,节目的话题选择和表现方式等都深具互联网感和年轻态。互联网改变了传统的传受身份界限,提升了普通人的话语权。节目鼓励真实表达"另类"观点,张扬批判性和个性,契合和呼应了互联网时代年轻人的表达欲求。节目话题选择贴合年轻人关注的现实热点,聚焦于情感、家庭、事业等方面。节目选手的话语风格、个性气质也深受当代年轻人喜爱,一些选手还成为互联网时代的意见领袖。

2. 选题

(1) 开放多元的选题来源

节目选题/辩题的主要来源有两大方向。其一是社交网络的问题资源。

[①] 冯遐:《〈奇葩说〉以娱乐传递价值》,2015年9月6日,搜狐网,https://www.sohu.com/a/30651600_115428,最后浏览日期:2020年7月2日。

节目组会从百度知道、知乎、玲珑、新浪微问数据后台中选取广受网友关注的问题,并通过投票调查来深入了解网友对问题的参与程度,网友参与度最高的问题才能进入节目选题范围。其二是节目导演组讨论会。导演组对何种选题符合节目调性有着更为精准的把握。选题导演确定选题后,会在米未传媒大群中投放,能引起热烈讨论的选题再拿到选题团队进行模拟辩论,选题导演们针对某个观点进行激烈交锋以验证问题的可行性,达到"撕"的状态的选题才能被确定。

(2) 引发共鸣的选题内容

相较于传统电视节目,网络节目的选题范围更宽、尺度更大。《奇葩说》在保证选题爆点的同时,做到不低俗、不触底线。更为重要的是,它能较为精准地"get"到当下年轻人的笑点、泪点、痛点、痒点和嗨点,能够引发年轻群体的广泛情感共鸣。节目选题涉及民生、人文、情感、生活、商业、创业等领域,如"没有爱了要不要离婚""爱上好朋友的恋人要不要追""结婚在不在乎门当户对""份子钱该不该被消灭""人到30岁是做稳定的工作还是追求梦想"等,从恋爱、婚姻到事业、理想,恰恰应和了所有年轻人在现实生活中正面对的选择,促发其产生积极的人生思考。

(3) 新锐独特的选手气质

节目确定选手时有两大方向:一是说话讨人喜欢,二是有自己的风格。或以逻辑思辨风格取胜,或以综艺风格取胜。选手既要能在短时间内成功吸引观众的注意力,又要能够有理有据地表达;不仅要传递新锐独特观点,还要引领大众展开理性思考,为人们提供看待问题的更为多元的视角。

此外,候选选手们会被要求同陌生人聊天,同对手论辩,甚至向主持人、导师等权威挑战,从而产生出类拔萃者。节目会安排培训老师帮助选手理顺逻辑,给出表达方式上的建议,但不会让选手按设定方式表现;或是挖掘他们背后的煽情故事等,尽量呈现出选手原汁原味的状态。选手观点的表达以知识和理据为基础,同时融合辩论技巧、生活阅历、实践经验、理性思辨、感性体悟等多方面内容。优秀的选手会使解读选题的方式更具新颖度和多元度,为观众带来别样的视野和角度,与节目之间产生奇妙的化学反应,与观众产生思想的交流碰撞。

3. 创意

(1) 节目形式:多元观点的汇聚

节目借鉴传统辩论赛的基本形式,恰当融入竞技性和娱乐性元素,改变传统真人秀因意外和冲突产生矛盾的方式,以论辩中形成的话语空间来增强节目的内在张力。节目辩论的话语权不在个人手中,而产生在话语权的微妙转换中,每个人只能抓住有限机会,在表达和交锋中充分释放自己的语言魅力和人格魅力。节目从传统脱口秀的"个人秀""段子秀"变成新型的"多人秀""观点秀"形式,打造出多元观点、多样态度精彩碰撞的话语场。

(2) 节目赛制:多样形式的融合

节目基本赛制分为四大部分:一是海选,每位选手自选话题进行阐述,同时与导师聊天论辩;二是淘汰赛,晋级选手分成正、反方展开辩论,每轮失败方将淘汰一名选手;三是积分赛,最终遴选出的优秀选手与外请辩手团队继续展开辩论;四是决赛,选手针对同一论点分三次交替发言,并回答导师提问,决赛弱化了辩论色彩,却在观点陈述的逻辑层次方面提出更高要求,更能展现选手实力和魅力。此外,节目先后邀请男女明星大咖助阵,集结新老"奇葩"辩手组成战队展开竞赛,采用导师参与辩论和导师带队比拼等形式,以此丰富、拓展节目赛制和论辩样态,其选题也在深度、广度和锐度上不断提升。

4. 制作

(1) 突破网综小作坊式的生产模式

节目制作团队来自央视的年轻导演团队,导演组成员平均年龄只有20多岁,曾制作央视知名喜剧综艺节目《喜乐街》,其制作过的项目招商过亿,具有专业、独特的综艺节目制作理念与经验。不同于多年前大量低成本、小制作、草根性的网络节目和网综小作坊式的节目生产模式,《奇葩说》的投资制作规模、各项环节摄制和节目内容样态等都更为专业化,通过大明星、大投入、大制作，打造出现象级网络综艺，突破了网综和台综在规格上的界限与差别。

(2) 突破传统语言节目的单一呈现

节目改变了往常以单一主持人或嘉宾为主的脱口秀节目样态，融入辩论、竞技、喜剧等多样化元素，以此增强节目的娱乐性。节目通过"分屏"来避免语言节目的单调感，丰富画面呈现形式，将传统以全景或远景镜头来包容更多人物的方式改造为多个人物中景的分屏汇聚，以增加画面的信息量，提高清晰度。通过字幕、动画、特效等形式来调整节目视觉节奏感，提升画面的丰富度；通过对重点信息和笑点进行梳理和强调，营造趣味十足的节目风格。

5. 宣传推广

在宣推营销方面，节目未做大面积媒体投放，尤其是几乎放弃传统媒体，转而在"90后"广泛聚集的豆瓣、贴吧、论坛、微博和微信公众号上着力，聚拢以"90后"为主的年轻粉丝群体。依托节目内容本身的"强话题性"生成网络话题，以微博热搜榜单的热度进一步提升粉丝的社群聚集和用户黏性，同时以社交平台为基础，进一步拓展节目在其他人群中的关注度[①]。

二、《吐槽大会》

（一）案例介绍

《吐槽大会》(图1-13)是一档融合互联网"吐槽文化"的喜剧脱口秀节目，由腾讯视频、上海笑果文化传媒有限公司联合出品，于2017年1月在腾讯视频播出，至今已制播四季，每季共10期。节目以"吐槽，我们来真的！"

---

① 本部分的一些内容参考方婷：《〈奇葩说〉背后的故事："撕"出来的爆款节目》，2015年5月25日，第一财经公众号，https://mp.weixin.qq.com/s/BMeEIDzQVCRidlTbmnwGrw，最后浏览日期：2020年7月2日；《那些我口中的〈奇葩说〉：制片人牟頔专访》，2015年9月9日，i媒联盟公众号，https://mp.weixin.qq.com/s/YMc-Kb2ODJMVUx7LHG9YWw，最后浏览日期：2020年7月2日。

图 1-13 《吐槽大会》

为口号,每期邀请一位名人作为主咖嘉宾,接受其他几位副咖嘉宾的吐槽,主咖最后登场进行吐槽和自嘲。当期节目表现最好的嘉宾将会获得"Talk King"称号。

节目一开始由王自健、后由张绍刚担任主持人,嘉宾分为主咖嘉宾和副咖嘉宾。节目主咖嘉宾请过王力宏、张韶涵、张靓颖、张艺兴、唐国强、倪萍、凤凰传奇、李湘、papi 酱(姜逸磊)、金星等。《吐槽大会》编剧团成员和固定卡司有李诞、池子、王建国、史炎、呼兰、庞博、王思文、Rock、程璐等。节目先后获得中国泛娱乐指数盛典 ENAwards 2016—2017 年度"最具价值网络综艺奖"、2017 年中国综艺峰会匠心盛典"年度匠心编剧节目"奖等。

(二)策划亮点

1. 定位

(1)美式脱口秀的本土化创新

《吐槽大会》的节目模式来源于美国喜剧中心有线电视网推出的《喜剧中心吐槽大会》(Comedy Central Roast)。其节目风格定位区别于中国国内的传统喜剧类和谈话类节目,在吐槽对象在场的情况下,展开具有对抗性、讽刺性、竞争性的话语表达与对垒,形成了与众不同的节目样态和气质。

节目创作团队曾制作《今晚 80 后脱口秀》节目,在喜剧脱口秀领域具有较为丰富的经验,一直致力于对美式脱口秀的推广与开拓。《吐槽大会》从节目形式到内容,既保持了美式脱口秀犀利、幽默的风格,又展开本土化创新,在节目价值诉求、语言风格、喜剧特质、人文关怀等方面呈现出独特的本土性,在吐槽之后达成和谐与和解,在欢笑之余引起观众的共鸣与反思。

(2) 网络吐槽文化的理念重构

来源于互联网空间的吐槽文化已成为当下年轻人的一种重要互动交流的理念和方式。《吐槽大会》的核心定位和主体内容是吐槽,其策划和制作带有鲜明的互联网思维和特征。中国社会讲究人情关系,在公共场合更要维护面子。节目以喜剧脱口秀的方式重新建构网络吐槽文化。一方面,对名人嘉宾身上的"槽点"展开带有幽默调侃意味的批判,其表达既到位、有锐度,又在解构中实现对紧张的释放;另一方面,通过节目诠释真实理念,呈现当下中国人在人际沟通上的全新观念、视角和态度,鼓励年轻人敢于表达内心的真实想法,呈现出真实的自我。

2. 选题

(1) 强话题性的节目嘉宾

节目组根据明星的话题热度划定邀请范围,并逐一进行沟通。对于可以接受吐槽的明星再进一步深入了解其可以接受的吐槽心理界限,最终确定的是乐意直面问题、笑对吐槽的嘉宾。节目主咖嘉宾有影视演员、喜剧演员、歌手、运动员、网络红人等,既有老一辈的艺术家,又有新生代的艺人。主咖嘉宾身上某种程度上的新闻性、热点性、标签性甚至争议性,成为节目吐槽的话题资源,自然而然地带着需要嘉宾们直面以对的问题,成为全场话题的焦点。

(2) 高限定性的话题内容

对于喜剧脱口秀节目而言,内容是核心元素,也是吸引观众的重要因素。《吐槽大会》设有固定的编剧团队负责台本创作,节目对所有内容、表演方式都给予限定,不给明星即兴发挥的空间。这首先是为保证吐槽内容的质量和段子的饱满喜剧效果。编剧会为每个嘉宾的吐槽设计 20 个左右"段子",以达到密集的笑点呈现效果。其次是为准确把握好吐槽的限度和话语的分寸,避免人身攻击和低俗恶搞,在确保节目内容安全性的基础上进一步展开创新性发展。

3. 创意

(1) 强化"主咖吐槽"核心

节目的核心流程是每期邀请一位话题明星作为主咖,在节目中接受其他几位明星副咖的吐槽,明星自己则在最后登场时进行吐槽和自嘲。节目组通过吐槽的交流过程,将流传于坊间的流言蜚语摆到他们面前,由主咖和吐槽嘉宾共同直面问题,在戏剧化的冲突中卸下明星的防御外壳,带来搞笑的段子,让明星呈现出抛去属于明星的单一标签后更加立体、多维度的自己,展现自己真实的人生态度[1]。在核心流程的基础上,节目进一步发展出"加码红毯""隔屏吐槽""深度专访"等环节以创新丰富节目样态。还尝试以多种主题专场的形式,邀请不同行业的人物参与,拓展嘉宾和话题范围,传递更为多元的价值观念。

(2) 形成"素人卡司"阵容

节目在编剧团基础上,发掘、培养出李诞、池子、王建国、史炎、呼兰、庞博、王思文等多位素人脱口秀演员,他们不仅成为节目的固定阵容,而且成为节目的品牌形象,形成了"节目培养新卡司、卡司成名后反哺节目"的良性生产机制。

4. 制作

节目在制作上没有过多投资和奢华的舞美,甚至也没有复杂环节和装置。围绕与主咖的吐槽交流,节目在舞美上设计了主咖和嘉宾座位对峙的演播格局,后又改为主咖和嘉宾在弧形席位上相聚而坐的演播格局,在吐槽之外营造出融洽、轻松的氛围。同时,节目也注重以微博话题、弹幕评论等方式与观众展开互动交流[2]。

---

[1] 吴卫华:《〈吐槽大会〉对网络脱口秀节目发展的启示》,《当代电视》2019 年第 2 期,第 96 页。

[2] 本部分的一些内容参考朱柒柒:《我们来吐槽〈吐槽大会〉:它能撕开虚伪的口子吗?》,2017 年 12 月 29 日,参政消息网,http://www.cankaoxiaoxi.com/culture/20171229/2249923.shtml,最后浏览时间:2020 年 7 月 2 日。

三、《圆桌派》

(一) 案例介绍

《圆桌派》(图 1-14)是一档文化类群聊节目,由优酷视频出品、独播,隶属于优酷"看理想"文化视频节目系列,强调"不设剧本,即兴聊天,平等视角,智慧分享",旨在深耕网络综艺的文化领域,打造互联网平台的高品质文化节目。节目于 2016 年 10 月在优酷视频播

图 1-14 《圆桌派》

出,至今已连续制播四季。主持人为窦文涛,他曾主持近 20 年的电视谈话类节目,转战互联网后的《圆桌派》延续了"窦式"风格,主要固定嘉宾有马未都、梁文道、许子东、马家辉、余世存等,每期节目还会邀请其他名人嘉宾参与聊天,陈坤、周迅、蒋方舟、王晶、周轶君、武志红、张亚东、严歌苓、汪海林、金宇澄、李玫瑾、陈晓卿等各界名人都曾参加节目录制。节目网络播放量和社交平台评分均在同类节目中处于高位,被称为"下饭综艺""网络综艺节目的一股清流""全民娱乐时代少有的精神食粮"。

(二) 策划亮点

1. 定位

(1) 聚焦文艺青年,凸显文化品位

《圆桌派》与优酷"看理想"节目群同属一个系列,又自成体系、别具一格。节目既延续"窦式"脱口秀的风格气质,又凸显高端文化品位。节目受众目标精准聚焦于文艺青年,邀请的嘉宾和讨论的话题符合当下文艺青年与精英群体的期待和需求。节目广泛邀请各领域的专业人士和精英人士参与,以其自身丰富独特的人生阅历、知识储备和专业水准提升节目的文艺品位和精英品位。节目深耕网络节目的文化领域,深挖网络综艺的文化功能

和价值,推出真正有意义、有内涵的内容,以真正优质的内容来树立节目品牌、增强用户黏性、提升节目档次,更好地满足当代人的文化诉求与渴望。

(2) 营造平和氛围,体现多元交汇

节目以"圆桌"为名,在理念层面设定了聊天者在圆桌席上的平等,并追求以"派"生发出无尽信息和多元观点。节目以中华传统文化中的"和谐共生"理念为谈话诉求,倡导话语、观点的多元汇聚和平等表达。节目并不在意各家观点是否针锋相对,而是以一种聊天的方式进行,相对轻松平和,使观众以一种虚拟参与聊天的方式收获知识和愉悦身心[1]。主持人窦文涛起到了独特而关键的把控节目全局、推进谈话进程的作用,使节目的谈话氛围呈现出轻松、舒适、有趣的状态,充分展现嘉宾的个人风格和独到见解。

2. 选题

(1) 精英文化与大众文化的融合

节目选题主要涉及社会、文化、娱乐等领域,其中又包括个人感悟、两性情感、伦理道德、饮食文化、社交文化、艺术文化、历史文化、武侠文化、匠人文化、娱乐现象、娱乐人物等众多细分话题。节目善于从热门话题引入,采取"以小见大""由浅入深"的谈话路径,从个人视角看社会整体,从单纯热点出发来观照更深层次、更复杂的社会问题,体现出鲜明的将精英文化与大众文化、精英话语与大众话语相融合的倾向与特色,从而突破了单纯词语和热点事件的局限,将专业性、知识性的选题内容以更具生活态、时代感的方式呈现出来,达到通俗易懂、雅俗共赏的境界,引发受众广泛的精神共鸣。这也是一个表面上"老式"的谈话节目模式在互联网时代依然获得较高关注和口碑的原因所在。

(2) 现实热点与文化内涵的结合

每期节目的主题/选题通常以单个词语的方式呈现,使选题极具趣味性

---

[1] 魏鸿灵:《浅析文化类网络综艺节目的策划与创新——以〈圆桌派〉为例》,《今传媒》2019 年第 9 期,第 113 页。

和吸引力,并体现出鲜明的网络热点性和现实贴近性,极易引发受众共鸣,如"菜市""独居""失眠""租房""网红""八卦""相亲""逆袭""高配""人设""佛系"等,但节目的交流维度却令其充盈着丰富多元的文化内涵与社会价值,实现了选题和信息的增值。《圆桌派》的话题着眼点并非信息的简单传递与分享,它运用理性化、多元化、深层化的解读,有效地帮助网络与生活中的知道分子们交换着谈资与学识,并使各种官方消息和民间话语找到一个相得益彰的表达出口[①]。

3. 创意

(1) 群聊模式的创新升级

节目进一步创新升级了群聊方式,基于互联网平台打造出融合"谈话"和"互动"的创意模式,呈现出更为随性和包容的交流状态。每期节目的配置采用"主持人+常驻嘉宾+专业领域嘉宾"的模式,体现嘉宾的跨界、跨代际特点,并保证谈话的多元视角和多样风格的搭配。节目嘉宾均为社会各领域的精英,既有老一辈的文化名家,又有年青一代的新锐人物;既有文化杂家,又有专业领域的学者教授,还包括知名度高的影视界名人等。节目虽然是轻松随性的多人漫谈风格和模式,其谈话主体内容和结构看似松散,但实则具有较为严密的逻辑结构性,形成了"形散而神不散"的特色。比如在"师徒"话题中,节目从"公约还是私约""饮水思源还是契约精神""师徒关系还是消费关系"等逻辑关系中探讨现代师徒关系的价值。

(2) 话语观点的多元融合

节目规避了单一的线性表达和灌输式思维,在谈话交流中融合了叙事、说理、抒情和议论等多样化表达方式,还注重在恬静闲适中春风化雨般地传播思想和知识,在平和的话语往来中呈现思想的锋芒。比如,以最新的人工智能为语境探讨传统的过年议题,涉及"家庭矛盾往往在过年过节期间发

[①] 魏鸿灵:《浅析文化类网络综艺节目的策划与创新——以〈圆桌派〉为例》,《今传媒》2019年第9期,第113页。

生""国人出国避年""父母逼婚,子女租对象回家过年"等。节目谈话的目的不是追求得到问题的唯一正论,而是追求思维的多元无限发散、信息的饱满充分呈现。比如李玫瑾教授曾在节目中从专业的犯罪心理学、性别文化等角度探讨"渣男"话题,极具启发意义。

4. 制作

(1) 仪式感十足的场景设置

节目现场设置一张圆桌,周围放置一些精美古朴的道具,如书柜、茶具、香炉等。"一桌四椅、燃香饮茶"的仪式化场景设置营造出老友品茗闲谈、观者静心聆听的整体环境与氛围,也进一步凸显了节目的文化品位和恬静内涵。节目以主持人点香的方式开场,让谈话在袅袅沉香中展开,为节目中的谈话重构了时间和空间。节目以主持人和嘉宾碰杯的方式结束,镜头也伴随聊天声逐渐拉远,留下谈话的审美余韵。节目最后还设有"圆桌辞典"版块,将节目嘉宾在谈话中涉及的重要名词以片段方式摘取出来,并配以图文解读,以极富仪式感的方式完成节目的整体性架构。

(2) 电影感强烈的视觉呈现

相比传统谈话节目,《圆桌派》在视觉呈现方面释放出强烈的电影感,体现在画面质感、镜头组接、整体色调等方面。节目视觉部分由摄影艺术家吕乐指导,令节目的场景、道具、灯光、摄影等都体现出一种强烈的电影感,探索和建构了一套独具风味的网络谈话节目的视听语言体系。比如用一种电影式的镜头给嘉宾以特写,更关注人细微的反应,让观众看到语言之外的信息;整体色调采取沉稳的暗色系,主打权威高雅、文化厚重之感;多使用短而碎的镜头组接,辅以摇、推镜头,讲求形式变换,避免一成不变的镜头所带来的审美疲劳效应等[①]。

[①]《下饭综艺〈圆桌派〉回归! 看谈话类节目的守正创新》,2019 年 6 月 21 日,清博大数据百家号,https://baijiahao.baidu.com/s?id=16369111266329255579&wfr=spider&for=pc,最后浏览日期:2020 年 7 月 2 日。

四、《晓松奇谈》

(一) 案例介绍

《晓松奇谈》(图1-15)是一档知识文化类脱口秀节目,于2014年6月开播,2017年1月收官,每集节目40分钟左右。节目由爱奇艺旗下"高晓松工作室"为高晓松本人量身打造,以"奇闻说今古,谈笑有鸿儒"为口号。节目延续了《晓说》的基本风格,每期设置不同话题,由主持人高晓松以轻松幽默的聊天方式与观众分享见闻感受,节目谈天说地、纵古论今,呈现出宏阔的视野和独特的趣味。节目还设置动画版块、网友问答等环节,以丰富表现形式和互动方式。节目近三年的网络播放量超过9亿次[①],在社交平台也保持着较高的热度和口碑,成为具有标杆意义的网络脱口秀节目。

图1-15 《晓松奇谈》

(二) 策划亮点

1. 定位

(1) 个人化节目气质

节目为高晓松量身定制,体现出鲜明的个人化特质。高晓松在身份背景、知识结构、阅历经验等方面的特质进一步增添了节目风格的独特性。高晓松出生于知识分子家庭,毕业于知名大学,具有海外留学经历。其个人工

[①] 参见《爱奇艺〈晓松奇谈〉明年将停播 近三年播放量9亿》,2016年12月19日,新浪财经,http://finance.sina.com.cn/stock/t/2016-12-19/doc-ifxytkcf8056292.shtml,最后浏览日期:2020年6月30日。

作、生活经历丰富,做过音乐人、导演、演员、编剧、作家、主持人等,既有大量文史书籍的阅读积累,又有理工科的缜密逻辑与独特视角。这些都成为节目风格与品牌形成的重要支撑和保障。

(2)垂直化受众定位

节目的受众定位具有鲜明的小众化倾向,以军事、政治、体育等话题聚合着具有较高文化程度、独立思想、文化消费意识和网络活跃度的群体,在性别上更倾向于男性群体。同时,高晓松本人的话题度和粉丝效应也影响着节目受众群体的构成。

2. 选题

(1)凸显文史品味

节目选题以历史文化类为主,大致分为历史、时事、军事、体育、趣闻、海外风情等主题内容。如中国历史类的"南明悲歌""两岸秘史"系列、海外风情类的"扒一扒美利坚""扒一扒韩国"系列、体育类的"旗妙物语世界杯"系列,还有实景探访类的"探访星战圣地""匠心之旅"等,选题涵盖古今历史、中外风情,体现了节目选题遴选上的独特品味和"读万卷书,行万里路"的节目理念,较为成功地将网络脱口秀的垂直化细分推向文化领域。这几大类选题内容奠定了《晓松奇谈》人文气息浓郁、信息量大以及观点与故事同步输出的传播风格,打破了网络节目庸俗化特点明显的现状[①]。

(2)注重热点和趣味

节目依托爱奇艺的大数据和社交平台的支撑,进一步深入了解受众趣味和需求,遴选他们喜爱和期待的内容,适时推出兼顾话题性和丰富信息量的节目内容。比如聚焦时尚话题的"2016颁奖季:格莱美与奥斯卡"、基于热门电影的"大众记忆之北京老炮儿"等,既深入挖掘娱乐性话题的文化内涵,也将严肃深奥的知识性话题通俗化。

---

① 于晴:《对网络脱口秀走红原因的思考——以〈晓松奇谈〉为例》,《新闻爱好者》2016年第4期,第82页。

3. 创意

（1）创新漫谈风格

在节目中，高晓松常以生活化的形象和自然随性的风格出现，以不疾不徐、风趣幽默的话语风格奠定了节目漫谈式的整体基调。他以通俗口语化的表达，恰当地融入方言、古语、俗语、网络流行语等来增强语言表现力和信息丰富度，以接地气的表达营造轻松的谈话氛围，拉近与观众之间的距离。

（2）创新内容表达

节目善于打破常规思路，以现象、趣闻和热点事件作为话题切入点，讲述过程讲究起承转合，以生动的表达与呈现赋予节目视听美感与快感。节目注重将文化与娱乐紧密结合，在轻松幽默的娱乐化表达和呈现中保持文化品质和深刻内涵。如在"世界杯"系列话题中，以"国旗"作为观察视角，将国旗、足球发展和国家历史等内容有机地结合在一起。节目内容上既有历史厚重感，又有精彩传奇性；表达上既有宏大的结构性，又有细微的趣味性，体现出对选题涉及信息的较强整合力、表现力和掌控力。

（3）创新生产模式

节目在网络视频节目的内容生产模式上展开创新探索，为高晓松设立"工作室"，以个性化的独立创作平台凝聚人才与智慧，保证创作自由和内容品质。

第五节　情感类

情感类节目是近几年来网络综艺创新发展的一大亮点，主要呈现出两大面向。一是以情感认知与沟通为切口来观照现实生活。这些节目聚焦社会现实问题，直击当下社会痛点，以较强的人文关怀和社会服务精神引发观众的情感共鸣，起到很好的社会启迪和社会动员作用，促进了社会的发展进步。比如《忘不了餐厅》节目，聚焦中国的认知障碍老人群体，促发观众对疾病、遗忘、人生等现实问题的思考。《幸福三重奏》通过"明星生活实验"来呈现不同的婚姻相处方式与价值观，产生关于婚姻生活的启迪价值与思考空间。

二是普遍采用以观察、体验为核心的慢综艺样态为节目呈现形式。这些节目一方面将纪实、美食、旅行等内容和元素融入综艺表达,呈现出极具烟火气的生活场景与情感氛围,使观众在沉浸式的独特体验中感悟生活和情感的真实内涵;另一方面融入婚姻、亲子、代际等内容和元素,将对真实生活的记录、呈现与演播室内的观察、沟通进行跨越时空的有机结合,体现中国人独特的婚恋观念、亲情观念、生活观念等。

一、《幸福三重奏》

(一) 案例介绍

《幸福三重奏》(图1-16)是一档以情感生活为特色的实景观察类综艺节目。节目由企鹅影视、杭州合心影视传媒有限公司制作,腾讯视频播出,于2018年7月播出第一季,2019年10月播出第二季。节目每季选择三组明星夫妇作为固定嘉宾,邀请他们共同前往一处为其专门定制的生活空间,使其在远离现实喧嚣的"二人世界"中享受难得的独处时光。节目通过对明星夫妇最自然的生活状态的真实记录与细致观察,还原和再现明星光环之外的平凡幸福的婚姻生活,呈现多种不同的夫妻相处之道和婚姻智慧,在引发观众精神共鸣和情感认同的同时,产生关于婚姻现实问题的启示价值和思考空间。节目第一季固定嘉宾是大S(徐熙媛)和汪小菲夫妇、蒋勤勤和陈建斌夫妇、福原爱和江宏杰夫妇,第二季固定嘉宾是邓婕和张国立夫妇、陈意涵和许富翔夫妇、吉娜·爱丽丝和郎朗夫妇。

图1-16 《幸福三重奏》

（二）策划亮点

1. 定位

（1）直击情感生活痛点，满足社会刚需

腾讯视频通过多年对用户的洞察，结合相关调研报告数据发现，中国社会中的夫妻关系面对着新的现实问题。比如，据《国民夫妻婚姻情感指数白皮书》的调研数据，超过80%的夫妻同时表示，在婚姻情感中希望和自己的另一半有两个人独处的时光。同时，工作压力的排解、家庭琐事的处理、抚育孩子的责任、赡养双亲的义务等因素成为降低夫妻感情分数的主要原因。节目中的一句"你们有多久没有单独在一起了"直击当下许多夫妻的感情痛点，情感的维系和经营也成为许多夫妻的刚需。节目以明星夫妻为观察对象，通过影像化、综艺化的方式展开夫妻单独度假的"实验"。虽然在现实生活中，完全从各种干扰中抽离出来是不太现实的，却应和了当下许多夫妻的内心需求和愿望，通过观察明星夫妻来投射当下年轻人的内心状态，在引发婚恋话题探讨的基础上形成精神共鸣和情感认同。

（2）开启情感生活实验，传递正向能量

节目的定位是对"亲密关系"的实景观察，也是一次以情感为内容的"社会实验"。节目传达的是从细节中渗透出的极具烟火气的幸福感，节目组希望从生活细节中捕捉到夫妻两人的情感交流，希望观众能够在三对夫妻的身上找到与另一半的相处之道，让大家在繁杂的生活琐事外也能关注彼此、珍惜爱情[①]。这是节目在综艺表达之外对家庭生活和婚恋价值观的聚焦，传递着积极的社会正向能量。

2. 选题

（1）嘉宾的代表性

节目的核心是三对明星夫妻，对他们的选择首先体现着代表性。通过

[①] 李淼、邓伯霜：《〈幸福三重奏〉：情感类综艺打出"真实"牌》，《中国新闻出版广电报》2018年8月8日，第7版。

三对夫妻在不同指标因素上的不同,尽可能地还原和呈现婚姻状态的全貌,从而以代表性达到普适性标准,引发观众更为广泛的情感共鸣,也为不同情况和状态的观众提供镜鉴。首先是年龄上的代表性。节目嘉宾中有"50 后"的邓婕和张国立夫妇、"70 后"的蒋勤勤和陈建斌夫妇,还有"80 后""90 后"夫妇。其次是感情阶段和感情状态的代表性。比如在两季节目中,福原爱与江宏杰、郎朗与吉娜属于新婚夫妇,许富翔与陈意涵夫妇是新手爸妈,大 S 与汪小菲正处于"七年之痒",陈建斌与蒋勤勤、张国立与邓婕则是老夫老妻。此外,嘉宾中还有"跨国婚姻""跨代际婚姻"等情况,覆盖面较广。

(2) 嘉宾的反差性

从可看度和戏剧性等方面考虑,节目对嘉宾的选择和呈现体现出明显的反差性。除了年龄和婚龄上的反差等基本因素外,节目中不同夫妻的居住环境与生活风格、个人形象与性格特征、婚姻与生活价值观等方面也呈现出鲜明的反差。比如,大 S 与汪小菲的生活小屋主打现代简约风,福原爱与江宏杰的是温馨淡雅风,而陈建斌与蒋勤勤的则是典雅复古风,以小屋风格的不同呈现明星居家状态和个人喜好的不同。再如,陈建斌在电视剧中常扮演皇帝的角色,但在生活中却是个"老小孩",形成反差萌;汪小菲有时不解风情,有时又温柔体贴等。

3. 创意

(1) 独特的观察式模式

节目突破情感类节目的"速配""游戏""访谈""表演"等固定程式,以观察类慢综艺为定位。节目没有固定台本,不设目标,不给任务,弱化表演,以影像化和综艺化的方式将明星夫妇从现实生活的干扰中抽离出来,还原和再现其最生活化、烟火气的一面,给予观众最真实的观感。

(2) 独特的"三重奏"结构

节目选择三对明星嘉宾,其年龄、婚龄、性格、风格、价值观都不同。节目以"三"生发出无限景观和可能:三对明星夫妇体现着三种婚姻生活的呈现方式,代表着三种婚姻生活乃至人生价值观的表达方式,传递着三种不同婚姻生活的相处之道与人生智慧。比如,邓婕与张国立展现的是中国传统式的夫妻相处方式和独特的生活幽默,陈意涵与许富翔之间展现的是朋友式的相处方式和独特的婚姻默契等。与此同时,三种不同的婚姻状态和生活方式也给观众特别是当下的年轻人带来思考和启示,诸如如何建立和维系长久的婚姻关系,如何打造新型夫妻关系,如何度过"七年之痒"等。节目通过平行蒙太奇和交叉蒙太奇的方式强化着"三重奏"式的独特叙事结构,呈现出近距离观察明星夫妇婚后生活的全新视角,也给观众带来有关亲密关系的多维思考空间。

4. 制作

(1) 精细的实景记录

通过实景记录中的细节打动人是节目最核心的考虑部分,节目组不断地捕捉细节和放大细节,通过细节带给观众最真实的感受和最动人的瞬间[1]。

(2) 灵活的剪辑手法

基于"三重奏"式的节目结构,节目整体采用平行蒙太奇的剪辑手法,在准确呈现三组嘉宾相处之道的同时,奠定节目的整体风格与节奏。同时,节目也辅以交叉蒙太奇手法,比如首期节目中,在夫妻们遇到蜜蜂以及丈夫们切到手指两个事件中就进行了交叉剪辑,使三对夫妻的不同反应形成了鲜明对比[2]。

(3) 独特的花字呈现

节目通过独特的花字补充信息,帮助观众理解背景信息与节目逻辑。同时,通过文字的提醒、补充、强调、评论,"人为"地建立起嘉宾的"人设",在

---

[1] 李淼、邓伯霜:《〈幸福三重奏〉:情感类综艺打出"真实"牌》,《中国新闻出版广电报》2018年8月8日,第7版。

[2] 同上。

潜移默化中影响观众的判断[1]。

二、《妻子的浪漫旅行》

（一）案例介绍

《妻子的浪漫旅行》(图 1‑17)是一档融合夫妻关系和旅行等内容的情感观察类网络综艺节目。节目由芒果 TV 自制播出,于 2018 年 8 月播出第一季,至今已连续制播三季。每季节目邀请固定明星嘉宾参与节目,采用夫妻"隔空对话"的方式,由丈夫为妻子独家定制专属旅行方案,并在棚内远程观察妻子旅程；妻子则在"浪漫之旅"中呈现生活的另一面。在隔空对话中,明星夫妻对婚姻关系展开重新审视,与观众共同探寻治愈婚姻、享受幸福的方法。节目第一季的固定明星嘉宾有谢娜、张杰、应采儿、陈小春、颖儿、付辛博、程莉莎、郭晓东等,第二季有谢娜、汪峰、章子怡、张智霖、袁咏仪、包贝尔、包文婧、买超、张嘉倪等,第三季有谢娜、霍思燕、杜江、李娜、姜山、杨千嬅、丁子高、唐一菲、凌潇肃等。节目还特设"懂事会",其成员在棚内观察明星表现并作出评点,主要成员包括金靖、陈璟珂、蔻蔻、张雪峰、陈昌凯等。节目第一季到第三季分别由陶晶莹、李静、李艾担任主持人。节目获得 2019 年第三届金骨朵网络影视盛典"年度受欢迎网络综艺奖"。

图 1‑17 《妻子的浪漫旅行》

---

[1] 曾于里：《〈幸福三重奏 2〉：不只是嘉宾选得好,还要给他们加鸡腿》,2019 年 10 月 21 日,搜狐网,https://www.sohu.com/a/348495870_617374,最后浏览日期：2020 年 7 月 2 日。

(二) 策划亮点

1. 定位

(1) 以明星为标本,探索婚姻智慧

每季节目选择四对明星夫妻,呈现出他们在婚姻不同阶段和状态下的相处模式,以综艺的方式探讨夫妻相处之道和婚姻智慧,为观众解决婚姻现实问题提供多元化的参考标本。同时,节目组希望借由节目唤起人们在恋爱中的浪漫回忆,唤起人们对婚姻的向往感,通过美好的爱情给人以向上的力量和勇气①。

(2) 以女性为核心,深耕垂直综艺

节目团队曾参与多档女性和情感垂类节目的制作,《妻子的浪漫之旅》是该团队对女性垂类综艺的又一次创新探索。节目试图通过女性的独特视角,探讨有关婚姻、生活、消费乃至人生的诸多话题,并提供多元思考维度。节目还特别聚焦新时代职业女性和家庭主妇等具体形象,观察她们在婚姻生活中的独特角色和真实状态,关怀中国女性的自我成长。

2. 选题

(1) 嘉宾的启迪作用

节目精心选择了具有差异性的嘉宾阵容,以此呈现婚姻不同阶段和不同状态的真实样貌,通过对嘉宾特色的凸显来组成现代婚姻关系的全景图。比如节目中有结婚 11 年的程莉莎、郭晓东夫妇,结婚 8 年的应采儿、陈小春夫妇,结婚 7 年的谢娜、张杰夫妇,结婚 1 年的颖儿、付辛博夫妇等,嘉宾的个性特征、人生阶段、相处模式等也各不相同,有新婚甜蜜中的颖儿、付辛博,有正处"七年之痒"的谢娜、张杰等,各具代表性。明星夫妻嘉宾成为观察夫妻相处之道和婚姻智慧的独特样本,可以使观众在感受强烈代入感的同时,为自身解决婚姻现实问题提供独特的视角和方法路径,释放出因治愈

---

① 封亚南:《专访〈妻子的浪漫旅行 2〉制片人李甜:我希望大家对婚姻有向往感》,《电视指南》2019 年第 10 期,第 21 页。

而带来的浓浓暖意和爱意。

（2）嘉宾的真情释放

节目没有台本和编剧，为呈现明星嘉宾在生活中的真实感，节目组通过真诚对待嘉宾获得其对节目的信任感，通过双方的正向互动增强节目的正向动能。比如，每一组艺人都会有一位"follow PD"（跟拍导演），他们的工作就是与艺人建立和保持"亲人般"的朋友关系。正因为彼此互相信任，所以在节目中艺人可以更加真实地流露感情，节目组也会为艺人周全地考量，尽量不会让她们受到伤害和攻击[1]。

3. 创意

（1）采用隔空对话模式

节目采用明星夫妻隔空对话的模式，呈现出团体旅行和棚内观察相结合的样态：妻子一方组团旅行，丈夫一方留守棚内；妻子在浪漫之旅中呈现真实生活的风貌，丈夫在远程观察妻子的一言一行。通过独特的跨越时空的对话，使夫妻从日常互动中抽离，重新审视彼此的关系和婚姻状态，以不同形式共同探寻幸福婚姻生活的真谛。

（2）创新旅行互动形式

随着节目季播的不断推进，节目的基本模式也有所创新升级。比如节目增加了"闺蜜的浪漫之旅""老公们集体出走""夫妻交换旅行"等环节，使明星嘉宾通过交换观察来进一步深入了解彼此。为了增强节目的观赏性，节目在旅行地的选择上也不断升级。比如，节目第二季、第三季的旅行路线先后延伸至澳洲、北欧、东南亚等地，展示出丰富多彩的风景风情，为节目主题增添了别样魅力。

4. 制作

（1）采用旁观视角

如何让艺人在旅行过程中更为真实地表达自我情绪和观点想法，节目

---

[1] 封亚南：《专访〈妻子的浪漫旅行2〉制片人李甜：我希望大家对婚姻有向往感》，《电视指南》2019年第10期，第21页。

组采取了不干预的旁观视角记录旅行,具体如尽量选择摄像跟拍或远距离监控,为艺人们营造一个"安全且独立"的旅行空间①。

(2) 体现互动关联

为凸显节目的主题和诉求,节目不断强化户外旅行和棚内观察之间的互动性和关联度,避免造成松散的节目结构,影响节目内涵的表达。比如,在妻子的旅行地点和体验项目上,全权交由丈夫们决定和准备等②。

三、《放开我北鼻》

(一) 案例介绍

《放开我北鼻》(图 1-18)是一档成长观察类网络综艺节目,由上海东方娱乐传媒集团有限公司和腾讯视频共同推出,腾讯视频独播,第一季于 2016 年 6 月首播,至今已经播出三季。节目以"不会奶娃娃的小鲜肉不是好偶像"为口号,聚焦非亲子关系的明星与萌娃之间的互动。节目以影像和综艺的方式建构了一个明星"大哥哥"和素人"小北鼻"共同生活、共同成长的"童话世界",经过 500 个小时的生活挑战和 RPG(role-playing game,角色扮演游戏),见证年轻的明星嘉宾和素人萌娃们的养成全过程。节目通过科学的教育知识、充满责任感的社会公益实践,结合大胆新颖的创意思路、真实又妙

图 1-18 《放开我北鼻》

---

① 封亚南:《专访〈妻子的浪漫旅行 2〉制片人李甜:我希望大家对婚姻有向往感》,《电视指南》2019 年第 10 期,第 20 页。
② 同上。

趣横生的内容,给孩子们传递了积极健康的价值观,也给予了年轻父母更多育儿启发①。

节目第一季固定明星嘉宾为马天宇、于小彤、刘宪华、侯明昊,第二季固定嘉宾为易烊千玺、林更新、于小彤,飞行嘉宾为马天宇、薛之谦,第三季固定嘉宾为陈学冬、黄景瑜、王嘉尔、周震南。节目中的小萌娃有周嘉诚、哈琳、冯雪雅、噗噗、小葱花等。节目获得2016年中国泛娱乐指数盛典"网络节目榜top10"、2017年中国综艺峰会匠心盛典"年度匠心剪辑节目"等奖项。

(二)策划亮点

1. 定位

(1) 回应社会关切

《放开我北鼻》的创作灵感来自2016年国家全面放开二孩的政策,当时还没有一档互联网儿童题材综艺节目,而现实生活中很多年轻的父母,尤其是作为独生子女成长起来的父母其实有越来越多的育儿经验需求②。因此,节目以观察类真人秀的方式,以明星和萌娃的共处形式,聚焦如何陪伴孩子、如何让孩子健康快乐成长、如何与孩子相处等父母关心的话题。

(2) 抓准核心受众

节目以年轻女性群体为收看的核心目标,旨在通过颇具流量价值的"鲜肉萌娃"来吸引女性群体的关注。据大数据分析,《放开我北鼻》的女性用户数量约为男性用户的两倍,其中,17岁以下受众占比22.4%,18—24岁区间达到39.4%③。与此同时,节目也通过童年、成长、育儿等强势垂类话题,进一步凝聚更为广泛的年轻父母群体等,引发大众的童年回忆和集体记忆。

---

① 晨泽:《延续陪伴 关注成长——浅谈真人秀节目〈放开我北鼻〉》,《数字传媒研究》2017年第6期,第35页。
② 同上,第33页。
③ 《综艺黑马〈放开我北鼻〉取胜暑期档 "鲜肉+萌娃"全程零差评》,2016年9月23日,人民网,http://ent.people.com.cn/n1/2016/0923/c1012-28736314.html,最后浏览日期:2020年7月2日。

2. 选题

(1) 新鲜的人物关系，推动叙事演进

节目突破常规的以明星亲子关系为主流的综艺节目模式，以非亲子关系的"明星＋素娃"模式展开人物互动。虽然非亲子关系少了家人间能让观众产生情感共鸣的互动，但因新鲜的人际关系，明星与萌娃之间却常制造出种种意外状况和喜剧冲突，成为节目选题的一大亮点。人际关系越新鲜，中间就会出现越多的冲撞火花，制造出越多想象不到的喜剧环节[①]。比如没有带娃经验的明星嘉宾就会产生各种"神坑版"表现，对节目而言成为"意外之喜"。与此同时，这些意外状况和喜剧冲突成为节目叙事演进的重要推动力。因为没有经验，明星嘉宾反而产生参与的积极状态，在节目中与萌娃一同成长，节目中最没带娃经验的嘉宾可能最具"成长感"。

(2) 单纯的交往模式，唤起成长记忆

节目建构了一个成人与孩子之间最单纯的交往模式和同属参与者与观看者的"童话世界"，也因此摒弃了浮夸的剧情、戏剧化的桥段以及复杂的套路[②]。节目在深挖童年经历和成长记忆方面不断着力，以此唤起观众的共同记忆。比如导演组会挖取人们小时候的经历，然后把这些经历过的事情放到节目里面，比如小时候玩过的游戏踢毽子、运动会等共同经历过的事情[③]。节目希望观众在观看节目的同时回想自己的童年，回归初心，和嘉宾一起逐渐成长、成熟。

---

① 酸菜：《专访李文妤｜"3 分钟一个小冲突，十几分钟一个大故事"，这是网综!》，2017 年 3 月 22 日，骨朵网络影视公众号，https://mp.weixin.qq.com/s/rJkC2XCdLXEnSJXLJ8Lb8Q，最后浏览日期：2020 年 7 月 2 日。
② 《综艺黑马〈放开我北鼻〉取胜暑期档 "鲜肉＋萌娃"全程零差评》，2016 年 9 月 23 日，人民网，http://ent.people.com.cn/n1/2016/0923/c1012-28736314.html，最后浏览日期：2020 年 7 月 2 日。
③ 酸菜：《专访李文妤｜"3 分钟一个小冲突，十几分钟一个大故事"，这是网综!》，2017 年 3 月 22 日，骨朵网络影视公众号，https://mp.weixin.qq.com/s/rJkC2XCdLXEnSJXLJ8Lb8Q，最后浏览日期：2020 年 7 月 2 日。

3. 创意

(1) 以"孩次元"概念体现网络审美

节目以"孩次元"的创新性概念为成人和孩子之间真诚、有爱的共处建立了一个网络环境下的互动理念和方法路径,即号召大家放开想象、摆脱成年人框架的束缚,以孩子的眼光看世界,打破与儿童"孩次元"的次元壁垒,真正倾听孩子们的童心,感受童趣,用纯净无瑕、充满想象的视角看世界①。在节目中,"神秘熊"角色的设置、经典游戏元素的植入、"二次元"的视觉营造等,体现出一种基于"孩次元"的网络审美风格。

(2) 以"代表性"标准强化嘉宾形象

首先是在嘉宾外在形象方面,节目采取"颜值第一"的标准,使无论是明星还是萌娃都在外在形象上具有指标性意义和吸引力元素,成为节目在审美上的基本亮点。其次是在嘉宾的个性特征方面,节目对明星"小哥哥"的选择具有鲜明的代表性标准,每一个人也都有鲜明的"人设"和"角色"。从年龄上看,他们涵盖"80 后""90 后""00 后";从经验上看,他们有的有过带娃经历,有的完全是新手;从性格和行为特征来看,他们有的是体贴型,有的是严厉型,有的是"孩子王";从相处模式来看,有耐心型、规则意识型、朋友型等多元形式。通过这三个有代表性的大男孩对幼儿的不同行为表现,折射出不同时代背景下的儿童教育观,这也是当代社会发展与家庭变迁的缩影②。孩子们也有傲娇型、内敛型、开朗型等不同性格标签,形成令人印象深刻的"反差萌"。

4. 宣传推广

节目采用平台与平台之间的联动模式以拓展传播渠道,比如通过"百度搜索""百度指数""今日头条热搜"等渠道来强化节目热度,还在微信平台上线节目专属表情包,提升观众对节目的喜好度。同时,还加入直播互动元

---

① 晨泽:《延续陪伴　关注成长——浅谈真人秀节目〈放开我北鼻〉》,《数字传媒研究》2017 年第 6 期,第 34 页。
② 同上,第 35 页。

素,使网友在更多社交平台和视频平台里即时参与节目的录制。

四、《忘不了餐厅》

(一) 案例介绍

《忘不了餐厅》(图 1-19)是一档关注认知障碍人群的观察类综艺节目,融合纪实、综艺、情感、公益、科普等元素于一体,其创意灵感来自日本公益活动"会上错菜的餐厅"。节目由腾讯视频、恒顿传媒、瀚纳影视联合出品,企鹅影视、恒顿传媒联合制作,于 2019 年 4 月至 7 月在腾讯视频和东方卫视播出,共 10 期。

图 1-19 《忘不了餐厅》

节目的主角是五位患有轻度认知障碍的老年人,分别是蒲公英奶奶、珠珠奶奶、公主奶奶、大桥爷爷和小敏爷爷。他们在店长黄渤、副店长宋祖儿和助理张元坤的协助下,以服务员的身份在深圳共同经营一家名为"忘不了"的餐厅。这虽然是一个会上错菜的餐厅,但老人们与明星、顾客们的互动却充满了爱与善意,散发着生活趣味,传递着人生感悟。节目旨在以纪实综艺的方式,唤起全社会对认知障碍的关注和对老年人的关爱。

节目播出后便获得良好口碑,各社交平台均给出较高评分,每期收视率(CSM55)也基本保持在同时段第一。节目先后获得国家广播电视总局 2019 年第二季度"广播电视创新创优节目"、2019 年"TV 地标"中国电视媒体综合实力大型调研榜单"年度优秀网络视听节目"、《新周刊》"2019中国视频榜年度真人秀"等奖项。《新周刊》的颁奖词指出,《忘不了餐厅》是全国首档关注认知障碍的真人秀节目,首创综艺与科普双向并重的模式,在保持综艺效果的同时突出积极的道德指向意义。

(二)策划亮点

1. 定位

(1) 聚焦社会现实,融合多种元素

目前,中国社会的老龄化趋势日益严峻,认知障碍(阿尔兹海默病)成为威胁中国老年人身体健康的重要疾病之一,同时,该病在中国的误诊率和漏诊率较高。节目聚焦中国的认知障碍老人群体,将"现实的社会问题"和"极致的个体故事"有机结合,将"素人"和"明星"有机结合,将"纪实""综艺""科普""公益"等元素有机结合,在以"餐厅"为核心的规定情境下,观察五位轻度认知障碍老人的真实生活状态,促发观众对疾病、遗忘、人生等现实问题的思考。

(2) 突破常规题材,克服制作难度

节目以首创性的态势打破众多综艺节目的常规方式,在观察类综艺节目中创新探索老人题材和医疗题材。对综艺领域鲜见的医疗科普题材进行策划制作具有较大的难度和风险。节目团队一方面在前期策划阶段展开专业咨询、数据调研和学术研读,以提升节目的专业性;另一方面,恒顿传媒在《急诊室故事》《来吧孩子》等医疗和公共领域题材的节目制作中,形成了较为成熟的方法论。依托其丰富经验,节目组在医疗伦理和媒介伦理的适度对接、节目制作和医疗健康的规律协调等方面具有一定优势,比如,在选角遇到质疑时,节目组自报家门是《急诊室故事》团队,很快便取得了对方的信任。

2. 选题

(1) 叙事动力强劲,以"陌生化"驱动期待感

节目选题的主要内容产生在一个看似矛盾、实则合理的叙事动力下,即

餐厅经营最忌讳服务员漏单,但是当服务员是一群饱受"遗忘"折磨的老人时,这间餐厅该怎么开? 前来消费的顾客将如何看待老人们惯常性的遗忘?[①] 这一选题的叙事动力在给观众带来"陌生化"效果的同时,也驱动着观众的观看期待感。一方面,以餐厅为叙事空间来折射认知障碍老人们的真实生活面貌;另一方面,通过老人们在餐厅服务工作中与周围人群的种种互动,呈现社会大众对认知障碍人群的关爱与理解。

(2) 规定情境独特,以"专场化"促发兴奋点

节目选题的规定情境是五位患有认知障碍的老人来到餐厅担任服务员,这个特殊的餐厅和真实餐厅的规则保持一致,比如每天的例会、服务员固定服务一桌客人的惯例等。规定情境的设置只为不断向老人们强化,这是一家正常营业的餐厅,而不是一种"摆拍"[②]。而当总体规定情境逐渐常态化,不能继续促发节目情节推进和主要人物兴奋点时,节目针对餐厅和老人们的特点,策划了若干专场来进一步激发参与者的热情。比如,爱情主题专场"因为爱情"、员工团建日专场"重返十八岁"、老友情专场"一辈子的朋友"等,以专场策划形成新的叙事结构和情感线索,以叙事和情感变换产生的内在张力来升华人物情感和节目内涵。

3. 创意

(1) 明星让位素人,调和人物关系

节目的人物关系架构采用星素结合模式,但节目突破了该模式常见的"重明星、轻素人"套路,让明星以观察者和记录者的视角进入情境,使明星真正让位于素人,并全心全意地观察、帮助、关爱老人们,调和好明星与老人们的日常互动配比,规避明星光芒遮蔽老人形象、损伤节目定位和创作初衷的问题。由于明星效应较强,在拍摄初期,很多顾客总是围着明星们合影互动等,没有心思去关心老人们。为解决这个问题,节目组在餐厅前设立预约

[①] 苏杭、陈亮:《〈忘不了餐厅〉:观察类慢综艺的开拓路径》,《上海广播电视研究》2019年第4期,第83页。
[②] 同上,第85页。

就餐报名点,跟顾客详细解释开办餐厅的初衷和意义。经过这个过程,"明星唱主角"的情况相较拍摄初期有了明显转变。从节目效果来讲,不仅实现了素人与明星在身份和曝光度(出镜率)上的反转,也使一群非健康老人成为一批亚健康年轻人的生活榜样,更在医疗层面上对阿尔兹海默症的"非药物干预治疗"进行了有益探索[①]。

(2) 精心遴选主角,深挖人物特质

五位认知障碍老人是节目组历时四五个月,从北京、上海、沈阳、哈尔滨、广州、深圳6个城市的1 500多位老人中选出的。节目组对老人的选择有几个基本原则:确诊患有认知障碍且参与意愿强烈、得到家人认同和支持、老人身体条件良好(除认知障碍外无其他疾病)、富有个人魅力和感染力、状态积极且正能量十足等,另外还要综合地域、行业、性别等因素。节目还对主要人物的"人设"进行提炼、强化。在节目中,五位老人有了新的称谓,其外形、性格、职业特点和兴趣特长等作为重点呈现的人物记忆点。比如,来自上海的小敏爷爷撞脸《飞屋环游记》的卡尔爷爷,成为节目的"笑点担当",曾是妇产科主任的"公主奶奶"乐观开朗,却有着一颗少女心,还有多才多艺的英语教师"蒲公英奶奶"等。节目虽然具有公益特色,但其创意却不靠煽情,而是着力挖掘人物身上的喜剧特质,呈现老人们与明星、顾客在交流碰撞中产生的生活之趣和人性之美,在笑与泪的真情释放中使观众获得全新认知与感悟。

4. 制作

(1) 采取不干涉原则,强化纪实性风格

节目采用强纪实的制作风格,趋近纪录片的拍摄方式,不预设表演剧本,不干扰老人行为,以纪实节目的制作规律增强节目的叙事动力,助推节目的演进。比如,节目最让人泪目的一幕就发生在小敏爷爷居然认不出自

---

① 苏杭、陈亮:《〈忘不了餐厅〉:观察类慢综艺的开拓路径》,《上海广播电视研究》2019年第4期,第85页。

己邀请来的好朋友时,这一令人意料之外的戏剧性场面真实呈现了认知障碍的残酷。规定情境之下的"不干涉"带来的低预估性,让节目组在拍摄现场同观众一样,对老人的异常情绪、两难选择、小心思、悄悄话等充满好奇与期待[1],同时避免刻意煽情、渲染痛苦、消费病人,着力以真实感来传递积极面对困境的人生态度。

(2)采取人性化手段,照顾人物特殊性

节目制作需要有老人们的良好身体和精神状态作为保障。由于老人们可能在黄昏日落时产生情绪波动和认知功能弱化等现象,节目录制尽量避免在黄昏进行。老人们每天在中午录制三个小时,录制期间每隔两天休息一天。同时,医生、社工和急救车也都是随时待命。此外,由于老人们行动迟缓,节目总体节奏比较缓慢。节目没有通过后期剪辑人为地加快速度,而是保留这种整体的缓慢感觉,让老人们的形象和节目的初衷慢慢深入人心、打动人心。节目还常用大景别的空镜来呈现宏阔的视野,营造视觉空间的诗意境界,增强人物内心的情感表达[2]。

第六节 竞技类

近年来竞技类网络综艺节目的创新发展呈现出三大特征。一是深挖垂直领域,体现专业性。比如,《这!就是灌篮》聚焦篮球文化,《这!就是街舞》展现街舞艺术,《演员请就位》和《令人心动的 offer》分别关注影视行业和律政职场,以熟悉的陌生领域作为节目亮点。

---

[1] 苏杭、陈亮:《〈忘不了餐厅〉:观察类慢综艺的开拓路径》,《上海广播电视研究》2019 年第 4 期,第 86 页。
[2] 本部分的一些内容参考曾索狄:《〈忘不了餐厅〉制片人 这样的"宝藏老人",值得被"看见"》,《新闻晨报》2019 年 5 月 17 日,第 19 版;武芝:《综艺〈忘不了餐厅〉客人没有一个是带剧本的托儿》,《新京报》2019 年 5 月 22 日,第 C4 版;肖晓:《专访〈忘不了餐厅〉恒顿传媒曾荣:医疗纪实节目不是也不应成风口》,2019 年 7 月 1 日,娱乐独角兽百家号,https://baijiahao.baidu.com/s?id=1637869142031101361&wfr=spider&for=pc,最后浏览时间:2020 年 7 月 2 日。

二是融合多样元素,体现大众化。比如,《这!就是灌篮》将专业元素和娱乐元素、篮球文化和青春文化、体育竞技的不确定性和综艺节目的故事性等方面有机结合,并在此基础上突破受众圈层。

三是打造素人选手,体现年轻态。这些节目普遍没有将明星作为主角,而是着力呈现当代年轻人的全新形象,比如《这!就是灌篮》中热血阳光的男孩们,《令人心动的 offer》中从象牙塔走出来的职场新人们,通过他们使节目产生现实投射和启示意义。

一、《这!就是灌篮》

(一)案例介绍

《这!就是灌篮》(图 1-20)是一档篮球竞技类网络综艺节目。节目第一季由浙江卫视、优酷、天猫、日月星光传媒联合出品,日月星光传媒制作,于 2018 年 8 月在浙江卫视、优酷视频播出,由周杰伦、李易峰、林书豪、郭艾伦担任四大领队,最终,李易峰、郭艾伦率领的"龙骑士"战队获得总冠军。节目第二季由优酷、阿里体育联合出品,优制娱乐承制,于 2019 年 8 月在优酷视频独播,由白敬亭担任篮球发起人,孙悦、王仕鹏为常驻教练。

图 1-20 《这!就是灌篮》

节目聚焦篮球文化,以专业态度和专业水准呈现篮球青年们训练、竞技、成长的全过程。节目获得 2019 年第七届中国网络视听大会"年度优秀网络综艺节目"、2019 年上海国际电影电视节互联网影视精品盛典"年度精品网络综艺"、2019 年中国综艺峰会暨中国综艺匠心盛典"年度匠心制作人"和"年度匠心剪辑"等奖项。《这!就是灌篮》是优酷继《这!就是街舞》《这!就是铁甲》《这!就是歌唱·对唱季》之后的"这!就是"系列第四档节目,不仅实现了竞技体育与综艺娱乐的深度融合创新,而且有效促成了垂直类节目的"出圈"传播。该节目的模式还在戛纳秋季电视节上被福克斯传媒集团购买,实现了中国原创体育竞技类综艺节目模式的海外输出。

（二）策划亮点

1. 定位

（1）垂直综艺的出圈传播

节目虽然是鲜明的垂直类综艺节目,但其受众目标诉求却不止于篮球爱好者群体或男性观众,在将体育和综艺、篮球文化和青春文化等元素相结合的基础上,突破受众圈层,成为兼顾专业群体和大众群体、"男性向"和"女性向"的全新垂类节目。节目曾在正式录制前做过一个近万人的用户调研,结果显示,篮球这个题材的原始受众群和综艺节目的受众群高度吻合[1]。由于篮球项目的普及度较高,相比其他项目或领域具有一定的"出圈"基础。节目一方面以各种形式降低篮球的观看门槛、理解门槛和参与门槛,以此吸引综艺观众、女性观众、篮球小白;另一方面将年轻人对个性和潮流的独特追求与表达作为精神内涵嵌入节目,并潜移默化地影响大众,产生更广泛的精神认同,实现了垂直品类的大众化传播。

（2）阳刚气质的影像塑造

当下综艺节目对流量"鲜肉"型明星的热捧导致屏幕上的男性气质偏阴

---

[1] 周驰:《对话〈这就是灌篮〉制片人、总策划:综艺不能永远是唱歌跳舞,体育是一片蓝海》,2018 年 9 月 15 日,镜像娱乐公众号,https://mp.weixin.qq.com/s/DdPk2GiBCH6JwIHB8Yt6bA,最后浏览日期:2020 年 7 月 2 日。

柔,而《这!就是灌篮》中充斥着男性荷尔蒙和运动激情,通过对驰骋篮球场的阳刚男性形象与硬汉气质的呈现,重塑了综艺节目中的男性形象,重新引领了大众的审美取向。

2. 选题

(1) 以不确定性产生故事性

节目将体育竞技的不确定性与综艺节目的故事性有机结合,晋级过程跌宕起伏,充满戏剧性。比如在街球圈小有名气的"路人王"平常心因为在几个挑战者中选了最弱的高佳铂而被狂"嘘",在众人看来,这场对决毫无悬念,但就是在这样的场面下,平常心过于轻敌,结果被高佳铂罚球决杀,实现惊天大逆转;街球新秀杨铠豪面对"上海街球圈 OG"热狗依然毫无畏惧,最终上演压哨绝杀;"眼镜小哥"杨皓喆带领"剩饭队"在与 CUBA 球员组成的强队对决中,在对方 7-0 的攻势下,杨皓喆好像瞬间"开了挂",里突外投,最后时刻更是上演一秒三分绝杀[①]。

(2) 以丰富性展现人物张力

在人物形象方面,节目也将专业元素和娱乐元素相结合。如果都是专业球员不容易"出圈",但都是演艺明星又缺少了专业性。为解决这一难题,节目采用"人气明星+专业球员"的领队配置模式,郭艾伦和林书豪代表专业球员,李易峰和周杰伦代表广大篮球爱好者。但无论是林书豪、郭艾伦,还是周杰伦、李易峰,没有一个人是局外人,因为他们热爱篮球,做事专业认真,使节目没有变成明星竞技节目。节目把真人秀的娱乐感和球赛的激烈感统一并聚焦在人物身上,呈现出人物的丰富性,展现出人物本身的个性与张力,特别是把领队可爱、真诚的点放大,挖掘和凸显出了体育男生的综艺感。

---

① 周驰:《对话〈这就是灌篮〉制片人、总策划:综艺不能永远是唱歌跳舞,体育是一片蓝海》,2018 年 9 月 15 日,镜像娱乐公众号,https://mp.weixin.qq.com/s/DdPk2GiBCH6JwIHB8Yt9bA,最后浏览日期:2020 年 7 月 2 日。

3. 创意

(1) 体育综艺的专业化表达

节目坚持把专业领域的专业性做足,以专业化表达打造品质体育竞技类综艺。节目将篮球竞技、综艺娱乐、偶像养成、青春文化等诸多元素与内容相融合,同时注重专业性和娱乐性之间的平衡。节目摒弃了明星篮球竞技的方向,更多地从年轻人群体和篮球文化本身做文章,以篮球的专业态度、专业水准和专业精神来讲述素人的成长故事。比如,采用"人气明星+专业球员"的嘉宾模式,而人气明星作为篮球爱好者同样体现着专业感,并非单纯的综艺感明星;又如,凭借竞技体育的高度不确定性来增加节目的故事性、悬念性和观赏性,而非单纯依靠编剧和表演的成分等。

(2) 赛制玩法的多元化设计

节目以竞赛为核心元素,不断在赛制和玩法的设计上展开创新,在提升比赛对抗性、多样性、新颖性、延伸性的基础上,增强节目的观赏性。比如,节目第一季通过3V3篮球赛制的引入,体现个人能力和肢体对抗,释放篮球的迅猛、炫酷和燃爆等特色;第二季则引入"街头派"和"学院派"的对抗、女性"街球手"的对抗,三分球PK、"三大女将"挑战"篮球渣男"、选拔优胜者赴海外交流试训等内容,丰富了节目看点,呈现出篮球运动的多元化内涵。

4. 制作

(1) 海量素材保证细节感

节目在海选阶段录制了44场比赛,参赛的160位选手每人身上都戴着麦克风,现场有近60个机位录制画面[①],从而在制作上保证了后期能从海量的素材中提炼出最精彩的故事线。

---

① 废话队长:《专访〈这就是灌篮〉总制片人易骅 | "不NG、不补拍、不摆拍"》,2018年9月3号,腾讯网,https://new.qq.com/omn/20180903/20180903A0IO7Z.html,最后浏览日期:2020年7月2日。

(2) 场景营造呈现真实感

节目组坚持"三不原则",即不 NG、不补拍、不摆拍①,没有通过镜头和剪辑的人为编排来呈现剧情,而是营造场景和氛围,设计一个个"压力阀",这个压力阀控制的不是三分绝杀,而是具有足够真实感的、让每个人都有压力感的流程及开放式的结果,从而产生出乎意料的效果。

二、《演员请就位》

(一) 案例介绍

《演员请就位》(图 1‐21)是一档以导演选角为特色的表演竞技类网络综艺节目,由腾讯视频制作,于 2019 年 10 月在腾讯视频播出,共 10 期。节目为国内首档导演选角节目,从导演视角出发,以全影视化拍摄为呈现形式,完整呈现了影视行业从选角到成片的工业全貌。节目选择影视片场的行业口令"演员请就位"为节目名称,凸显其创作目的和专业诉求。"演员请就位"口令一旦下达,就意味着所有演职人员都必须达到预备状态,而只有当导演、演员、编剧、服化道、摄录美等工种各就各位、各司其职,才能保证影视行业各链条间的井然有序,让行业的发展和竞争回归秩序②。节目在"影

图 1‐21 《演员请就位》

---

① 废话队长:《专访〈这就是灌篮〉总制片人易骅|"不 NG、不补拍、不摆拍"》,2018 年 9 月 3 号,腾讯网,https://new.qq.com/omn/20180903/20180903A0IO7Z.html,最后浏览日期:2020 年 7 月 2 日。
② 刘翠翠:《为什么当下的影视行业需要〈演员请就位〉?》,2019 年 10 月 12 日,影视产业观察百家号,https://baijiahao.baidu.com/s?id=1647146543687725255&wfr=spider&for=pc,最后浏览日期:2020 年 7 月 2 日。

视寒冬"的背景下,强调影视行业依然要依靠实力和品质取胜,对当下影视行业突破困境具有启迪价值。

节目由陈凯歌、李少红、赵薇、郭敬明四位导演担任导师,以专业的业务实力审视、打磨演员的表演,掌控作品从筹备之初到最终呈现的全过程①。节目有50位演员参加竞演,经过四个阶段的影视化考核,进入终极就位盛典。盛典以直播的方式揭晓四位导演各自的组内冠军,他们分别是赵薇组的王森、李少红组的周奇、陈凯歌组的牛骏峰、郭敬明组的郭俊辰。最终,牛骏峰获得节目的"最佳演员"。节目还设立"演员工会",由沙溢担任会长,并与柳岩搭档出任节目的"终极盛典"主持人。

(二) 策划亮点

1. 定位

(1) 展现熟悉的陌生领域

影视行业是当下最受大众关注的领域之一,明星演员也颇受观众追捧和喜爱。大众熟悉影视作品和演员表演,但对其幕后的情况,特别是影视作品的拍摄制作过程比较陌生,这档以导演选角为特色的节目恰好满足了大众了解幕后的愿望和期待,让导演这一幕后"主角"走向台前,从导演视角出发解读表演,在带领节目中的演员们成长的同时,也让大众感知表演背后的奥秘②。

(2) 遵循演员评价的规律

与歌舞表演依靠个人化才艺呈现的情况不同,演员的表演及其评价标准由复杂、综合的因素构成。演员最终呈现表演效果的好坏,是个人能力、阅历、感受力,以及剧作水准、导演风格、视听效果有机作用到一起的结果③。

---

① 牛梦笛:《〈演员请就位〉首播:导演就位发声引行业新思路》,2019年10月12日,光明网,http://news.gmw.cn/2019-10/12/content_33227112.htm,最后浏览日期:2020年7月2日。
② 刘翠翠:《为什么当下的影视行业需要〈演员请就位〉?》,2019年10月12日,影视产业观察百家号,https://baijiahao.baidu.com/s?id=1647146543687725255&wfr=spider&for=pc,最后浏览日期:2020年7月2日。
③ 何天平:《郭敬明带来了话题 也带来了思考》,《北京青年报》2019年10月25日,第C3版。

而传统的演技类综艺节目,通常由演员、观众来评价、选择,却忽视了以导演为核心的整体性行业评价标准这一重要维度。因此,节目选择以导演这一特别而关键的视角切入,综合整个影视化全流程的打造,遵循了演员评价和成长的行业规律,对年轻演员的培养、锻炼具有现实意义。

(3) 贴近影视行业的实际

一方面是"导演中心制"的实际状况。进入节目的演员所获得的一切专业化评判,不是来自其他演员或观众,而是导演,代表了那一句片场实际拍摄中"演员请就位"的话语分量,这符合中国影视业"导演中心制"的实际状况[1]。另一方面是行业期待品质作品和实力演员的实际需求。节目会尽可能地满足演员对好作品的渴望,以平台之力联合导演资源力量,为优秀演员提供更多机遇。《演员请就位》是立足影视行业现状做出的全新尝试和挑战,不仅能为观众提供更为专业的评审角度,也能为影视行业发展提供更为深远的思考[2]。

2. 创意

(1) 以导演视角贯穿节目始终

节目首次以导演视角贯穿综艺节目始终,展现演员竞演和导演抢人的双重景观,透视影视行业生产链条的运作流程。以"导演视角"作为核心,节目展现出导演选角的过程、演员在导演指导下竞演和成长的过程、影视作品成型的过程等,使节目在导演们的引领下为观众提供观察与审视节目和影视表演、影视创作全环节的视角。

(2) 以导演差异形成节目看点

对导演差异化的呈现是节目演进的推动力和亮点。节目选择四位风格和个人气质差异巨大的导演同台选角,本身就充满可看度和话题度。当下的

---

[1] 何天平:《郭敬明带来了话题 也带来了思考》,《北京青年报》2019年10月25日,第C3版。
[2] 牛梦笛:《〈演员请就位〉首播:导演就位发声引行业新思路》,2019年10月12日,光明网,http://news.gmw.cn/2019-10/12/content_33227112.htm,最后浏览日期:2020年7月2日。

影视行业渴求口碑作品,这就决定了"导演视角"的可行性,而节目也充分尊重导演们因对艺术理解和擅长风格的差别所阐述的不同行业输出观点[①]。在节目中,导演们多次因对演员表演产生分歧引发观点交锋,而面对初次接触的演员进行剧本分配时,四位导演就展现了发现和挖掘演员特质的独到方式[②]。这些差异都增加了节目的可看度,引发了观众在网上的热议。

(3) 以影视考核展开演员竞技

节目采用四个阶段的影视化考核来架构和呈现演员的竞演过程,创新探索出演技类竞演节目的独特模式与赛制。经过初选的分组,导演们在第一阶段要对组内演员进行终极抉择;第二阶段是导演互拍环节;第三阶段是"导演联盟"对战环节,节目设置"最近比较烦"的主题,在主题设定下混搭各组演员完成拍摄;第四阶段是演员们争夺与导演合作定制化影视作品的机会。"终极就位盛典"以直播方式呈现竞演成果和最终排名,与此同时,视觉上无差别和"一镜到底"的影视化考核给演员增加了竞演难度和挑战,但也增加了节目的观赏度和刺激度。

(4) 以戏龄划分体现演员诉求

节目根据参加竞演演员的戏龄将其划分为若干组别,比如"0—4年戏龄""5—10年戏龄""11—14年戏龄""15年以上戏龄"等。在不同的组别中,演员的具体情况和实际诉求被较为鲜明地展现出来,有刚刚入行希望挖掘自身潜力的,有具备演艺经验期待展示自身实力的,还有已经成名多年渴望再次证明自己的,等等。身处不同演艺阶段的演员在节目中找到合适的位置以及与导演们对话的机会,节目也在满足其不同诉求的基础上展示出他们的最佳演艺状态。

[①] 牛梦笛:《〈演员请就位〉首播:导演就位发声引行业新思路》,2019年10月12日,光明网,http://news.gmw.cn/2019-10/12/content_33227112.htm,最后浏览日期:2020年7月2日。

[②] 刘翠翠:《为什么当下的影视行业需要〈演员请就位〉?》,2019年10月12日,影视产业观察百家号,https://baijiahao.baidu.com/s?id=1647146543687725255&wfr=spider&for=pc,最后浏览日期:2020年7月2日。

3. 制作

（1）实景搭建与电影质感

节目以极致化、实景化的场景设置与搭建，既满足了导演们在创作上的需求，又呈现出堪比影视作品拍摄现场水准的视觉效果。节目的每一场录制都要准备6—8个1∶1大小的实景搭建置景车台，通过"华容道"（一种借鉴"华容道"形式进行置景快速转换的方式）实现运作，保证在有限时间和空间里实现置景的切换[1]，创造性地在综艺节目中体现电影化的质感。

（2）细节拍摄与现场剪辑

当演员身处实景空间表演时，会有4—5台摄影机同时近距离拍摄，捕捉每一个细节，现场剪辑呈现在大屏幕上，无论是现场的导演、观众、备战间的演员，还是腾讯视频用户，看到的都是同样的16∶9画面[2]。

（3）减少干预与真实呈现

为了让观众真实地看到整个影视行业中各个工种的配合，节目尽可能减少在此过程中的干预，以保证导演串联起的台前幕后各工种间的真实度[3]。通过对各个工种、各个环节付出努力的过程的真实呈现，共同支撑起最后成片的瞬间，在充分满足导演创作快感的同时，释放节目和影视行业的魅力。

三、《令人心动的offer》

（一）案例介绍

《令人心动的offer》（图1-22）是国内首档律政职场竞技观察类网络综

---

[1] 王莉：《〈演员请就位〉打造导演选角真人秀　首播引网友热议："陈凯歌太会讲戏了！"》，《羊城晚报》2019年10月13日，第A11版。

[2] 刘翠翠：《为什么当下的影视行业需要〈演员请就位〉？》，2019年10月12日，影视产业观察百家号，https：//baijiahao.baidu.com/s?id=16471465436877252 55&wfr=spider&for=pc，最后浏览日期：2020年7月2日。

[3] 牛梦笛：《〈演员请就位〉首播：导演就位发声引行业新思路》，2019年10月12日，光明网，http：//news.gmw.cn/2019-10/12/content_33227112.htm，最后浏览日期：2020年7月2日。

艺节目,由腾讯视频制作,于 2019 年 10 月在腾讯视频播出,共 10 期。《令人心动的 offer》将上海一家高端律师事务所作为主要场景,以 8 名法律专业的实习生历时一个月的实习过程为叙事主线,将律师工作的场景氛围、工作性质以及律师们的精神面貌和工作状态巧妙地串联起来①。

图 1‑22 《令人心动的 offer》

节目由何炅、郭京飞、周震南、蓝盈莹、papi 酱和岳屾山等人担任"加油团"固定成员,金勋、徐灵菱、柴晓峰和王剑峰担任实习生固定带教老师。节目中的 8 位律政新人分别是李晨、薛俊杰、梅桢、邓冰莹、李浩源、何运晨、蔡坤廷和郭旭,他们都是知名学府法学专业的优秀学生。经过为期一个月的律所实习,何运晨、李浩源、邓冰莹最终得到"令人心动"的转正"offer"。

(二) 策划亮点

1. 定位

(1) 直击职场新人痛点

美兰德数据显示,节目的观众群中,24 岁以下的年龄段占比高达 75.51%,而这一群体的大多数人正处于从校园到职场的过渡期,很多人仍处在职业迷茫阶段或职场新人阶段,这恰与节目的创作初衷相吻合。在"我

---

① 冷凇、张丽平:《〈令人心动的 offer〉:揭开职场生存法则》,《人民日报》(海外版)2019 年 11 月 15 日,第 8 版。

太难了"的流行语背后折射出的是年轻人的痛点,而职场题材就是抓准痛点引起共鸣的现实药方①。基于此,节目直击年轻群体的现实关切,通过几位同龄人的职场表现带来兼顾实用性和启迪性的价值。

(2) 挖掘律师职场垂类

节目组对律师职场垂类的深挖是考虑这个职业领域既具有现实关联度,又具有陌生感。律政行业既和每个人的生活息息相关,但又有神秘感,并且拿到律所的 offer 确实是令人心动的一刻②。节目聚焦律师职场,既在节目内容样态上拓展了同类节目的范畴,又以律师职场视角洞察到当下年轻人的职场状态和精神风貌。

2. 选题

(1) 聚焦社会问题

节目在职场生存竞争的线索之外,注重从现实的社会问题切入,考察实习生们的专业素养与能力,以律师职业的独特观察视角来看当下社会热点。比如,节目第二期为实习生们设置了辩题"靠美颜滤镜获得的 66 万打赏,到底该不该退还",结合网络平台打赏造成的纠纷案件,让实习生们进行实战辩论,并在辩论中理清法律关系,也使观众在观看生动节目的同时,快速地补充完善自己的法律知识③。节目中涉及的社会热点话题还包括网络暴力案件、主播诈骗案、重婚案、孕妇辞退案等,通过法律的角度能引发观众对社会问题的理性思考与讨论。

(2) 强调社会实践

除了社会热点问题的论辩,带教律师还带领实习生们展开实地考察和走访,为普通民众做法律援助和普法工作,在实践中进一步考察实习生的专

---

① 牛梦笛、吉韵光:《〈令人心动的 offer〉将于 10 月 30 日登陆腾讯视频》,2019 年 10 月 29 日,光明新闻,http://news.gmw.cn/2019-10/29/content_33275175.htm,最后浏览日期:2020 年 7 月 2 日。
② 同上。
③ 冷凇、张丽平:《〈令人心动的 offer〉:揭开职场生存法则》,《人民日报》(海外版)2019 年 11 月 15 日,第 8 版。

业水准,增强其应对和处理实践中具体问题的能力,使其进一步深刻认识当下中国农村的"留守儿童""空巢老人"等现实问题。

3. 创意

(1) 以素人新形象体现节目的启迪性

节目没有将明星作为主角,而是着力呈现了一群职场最底层的实习生的形象,这八位年轻人都是知名高校的优秀毕业生。节目对于他们而言有两大新意:一是作为求职场上的新人,二是作为综艺节目录制的新人。进入中国顶级律所工作和参加网络综艺节目对于他们而言都是人生大事。放下学生时期的光环走入残酷的职场竞争,是人生的第一个触底反弹;这是一个颇具共性的快速成长期,因此,观众可以在节目中看到初入职场的"世界上另一个我"①。

(2) 以生动职场课体现节目的实用性

节目的带教律师都来自中国知名律所,负责商事诉讼、刑事争议、公司并购等专业领域,拥有多年的丰富从业经验和专业能力。节目通过他们与实习生的师徒式教育方式,辅以综艺化、影像化表达,打造出了一场生动鲜活、干货满满的职场必修课。

4. 制作

(1) 以独特场景体现竞技感

节目设置了独特的"双展示型"场景空间,进一步凸显节目的实战性和竞技感。位于上海的律师事务所作为主展示空间,直接记录和表现实习生的实习生活点滴,呈现出紧张工作状态和激烈竞争状态,而棚内"offer 加油团"作为次空间,则以间接观察的视角展开分析点评,梳理竞技得失,预测竞技排名。"双展示型"场景空间为竞技感的充分释放构建了一个颇具沉浸感和代入感的视觉环境。

---

① 牛梦笛、吉韵光:《〈令人心动的 offer〉将于 10 月 30 日登陆腾讯视频》,2019 年 10 月 29 日,光明新闻,http://news.gmw.cn/2019-10/29/content_33275175.htm,最后浏览日期:2020 年 7 月 2 日。

（2）以独特设置强化悬念感

节目的主角是素人实习生，而明星在节目中发挥着独特的功能。明星们在节目专设的"offer加油团"中以独特的视角观察实习生们的表现，但更为重要的是，明星们还要在分析点评的基础上预测排名，若其预测与带教老师的评级结果一致，并达到一定次数时，会为实习生们增加一个转正名额，这进一步增加了"加油团"的实际效用、节目的悬念感和观众的期待值。

5. **宣传推广**

（1）借力明星效应推广

节目借力"加油团"明星观察员的个人社交平台和粉丝效应展开推广，使节目快速并多次登上微博热搜榜。

（2）开展平台联动推广

节目采用新媒体平台联动式推广策略，通过微博、微信公众号、知乎、豆瓣等新媒体平台进行推广。节目中的几位素人实习生也在联动式推广中提升了知名度，收获大量粉丝，实现了从职场新人向网络红人的转变，为节目传播效应的持续性发展奠定了基础。

第七节　文化类

近些年来，随着网综自主原创能力的提升和电视文化类节目热度的影响，文化类网络综艺节目不断涌现。这些节目高扬文化自觉和文化自信，深挖中华文化的丰富资源，探索中华优秀传统文化与当代文化、网络文化的有效联结，实现了对中华文化的创造性转化和创新性发展，提升了网络综艺节目的内容品质、审美品位和文化品格。

《一本好书》《见字如面》等节目以书、信为题材，突破同类节目的传统样态，通过影像化表达、明星化演绎、大众化解读、时尚化舞美等一系列创新设计，在文学、文化内涵与综艺、娱乐表达之间寻找到平衡点，最大限度地释放出文学的生命启迪价值。

《国风美少年》《青春京剧社》等节目以传统文化为题材,将专业性和观赏性相结合,将传统文化和流行文化相融合,将古典元素和竞演选秀有机结合,呈现出别具一格的传统文化类节目创新样态,使传统文化能够被互联网时代的年轻人接受、喜爱。

一、《一本好书》

（一）案例介绍

《一本好书》(图1-23)是一档以场景式读书为特色的文化类网络综艺节目。节目以舞台化的形式还原经典文学作品中的场景,邀请众多实力派演员进行演绎。节目融合舞台表演、片段朗读、影像呈现等形态,将书中的经典情节、人物形象等内容以更具视觉冲击力的方式展现出来,还在第二现场邀请文化名人对经典文本进行深入解读。节目以其对文化类节目的创新探索进一步拉近了普通大众与经典文学间的距离,为达到激活经典文学、激发全民阅读热潮的目标诉求,发挥了独特的媒介作用。节目第一季由实力文化和腾讯视频联合出品,实力文化制作,于2018年10月在腾讯视频播出,共12期,节目主要嘉宾有赵立新、黄维德、王劲松、王洛勇、潘虹、王自健、李建义等。节目第二季于2019年10月在腾讯视频和江苏卫视播出,共10期,由陈晓楠担任主持人,主要嘉宾有王劲松、高亚麟、于震、曹卫宇、周

图1-23 《一本好书》

一围、王自健、喻恩泰等。节目先后获得2018年《新周刊》中国年度新锐榜"推委会特别大奖"、2018年Sir电影首届文娱大会"年度最佳综艺"、2018年腾讯视频星光盛典"年度口碑节目"、《南方周末》2018年度盛典"年度创新案例"奖、2019年"TV地标"中国电视媒体综合实力大型调研榜单"制作机构年度优秀节目"等奖项。

（二）策划亮点

1. 定位

(1) 挖掘经典文学的内容价值

节目着力挖掘经典文学原典的内容价值，摒弃对流量内容的跟风，通过影视化、综艺化的方式对作品进行解读，找到其与当下观众个体生命之间的连接。节目组对经典文学作品的基本认知是"塑造价值观之书"，价值输出型产品代表着人类文化生活最主流、最核心的诉求，而越是优质内容，就越应该去担负更广泛的传播使命[①]。当今社会对流行时尚元素的关注远超对经典文学作品的阅读，优质内容得不到有效传播，人们的认知、思维及价值观都将受到影响。节目旨在通过符合现代传媒规律和大众审美风尚的方式激活经典，找到有效连接经典文本与当下社会的方法，带给观众更为多元的认知和更为深入的思考。同时，激发人们阅读原著的兴趣，抛出节目这块"砖"，引出观众用心读好书这块"玉"[②]。

(2) 突破读书节目的传统样态

中国电视屏幕上曾经诞生过多档文学类、读书类节目，如今却热度不再，甚至销声匿迹。节目组深入分析了以往文学类、读书类节目的长处和缺陷，发现以往的读书节目多是邀请作者、评论者、专家从文学评论的视角

[①] 王玫：《专访场景式读书栏目〈一本好书〉总导演关正文：让更多的人爱读书》，2019年10月29日，人民网，http://www.people.com.cn/n1/2019/1029/c32306-31425235.html，最后浏览日期：2020年7月2日。

[②] 关正文：《〈一本好书〉总导演关正文：把一本好书演给大家看》，2018年10月18日，人民网，http://media.people.com.cn/n1/2018/1018/c40606-30347700.html，最后浏览日期：2020年7月2日。

共同谈论一本书,比如这本书在人物塑造上有什么突破、艺术手法上有什么创新,这与大众的阅读需求关联有限,从而导致节目逐渐失去声量,图书也变得越来越失语①。基于此,节目组试图打破传统同类节目的样态,通过一系列创新表达来适应大众阅读的规律,满足大众阅读的真正需求。

2. 选题

(1) 以时空标准遴选书目

节目借助时间和空间去考量选题,以经得住时间和空间的考验作为书目遴选的标准,节目组选择的书籍是各种权威书单上公推的经典,是适合大众阅读并且在今天仍能洞察社会人生、激活智慧思考的名著②。基于此,节目组也为书目的选择确定了可操作性标准,比如全球著名高校和知名图书馆的推荐书目,最近四五十年对人类文明进程起到积极推动作用的书籍,适合普罗大众阅读的书籍等。同时,还要兼顾古今中外,兼顾各种题材,比如历史类、推理类、科幻类、爱情类等。

(2) 以影视标准创作脚本

节目将经典文学作品以影视化、视频化的方式呈现出来,由于是融合了影视、文学元素的综艺节目,所以脚本的创作与舞台剧、影视剧等都不尽相同。节目中对经典文学作品的表演只是片段,因此最有效率的方法是使用大量的串讲交代书中的上下文,而且不断进行着时间和空间的跳跃③。由于经典文学名著的独特性导致节目脚本创作的差异性极大,没有适用于所有脚本的解决方案,给节目创作增加了难度。

---

① 王玫:《专访场景式读书栏目〈一本好书〉总导演关正文:让更多的人爱读书》,2019 年 10 月 29 日,人民网,http://www.people.com.cn/n1/2019/1029/c32306-31425235.html,最后浏览日期:2020 年 7 月 2 日。
② 关正文:《〈一本好书〉总导演关正文:把一本好书演给大家看》,2018 年 10 月 18 日,人民网,http://media.people.com.cn/n1/2018/1018/c40606-30347700.html,最后浏览日期:2020 年 7 月 2 日。
③ 同上。

3. 创意

(1) 文学阅读的影像化表达

节目采用朗读、讲述、表演、品评、图文配合等多样化手段，共同推动经典文学作品的影像呈现与现代传播，以大众喜闻乐见、通俗易懂的方式帮助观众理解原典内涵，激发观众阅读兴趣。其中，节目最大的亮点是将经典文学作品的片段以舞台表演的方式展开影像化表达。舞台上的表演虽然充满着演员的个性演绎和情感表达，却以表演的方式浓缩了一本书的精华，以一种独特新颖的形式对书的内涵价值展开了创造性的转化。

(2) 文学经典的大众化解读

节目设置了第二现场，邀请文化名家对舞台表演涉及的情节进行深入解读，配合第一现场的舞台演绎，形成了一种跨越时空的阅读对话，尝试有效连接作者与读者、过去与当下，进一步凸显作品的内容价值。

4. 制作

(1) 结合现场演出和分镜拍摄

节目的最终呈现是以分镜拍摄作为所需镜头的主体，而带观众录制的镜头只是拿到段落之间用来调度衔接，在播出节目中使用量不足 1/10[①]。因为预算有限，每一本书的演绎都只有两天的拍摄时间，先拍分镜，再带观众合成，工作强度大。但包括演员在内的节目组成员均以高标准完成流畅完整的现场演出和节目呈现，保障了节目的品质。

(2) 融合立体舞台和现代舞美

节目采用 360 度环绕立体的舞台格局，打造沉浸式的效果，优化观众的视觉体验。舞台根据剧情的推进和变化来转换空间环境，使演出衔接和时空转换更为流畅。比如在《月亮与六便士》中，从欧式建筑的住宅到巴黎脏乱的小酒馆、空荡简陋的画室，再到无人的街头，这种高转场效率和场景的

[①] 关正文：《〈一本好书〉总导演关正文：把一本好书演给大家看》，2018 年 10 月 18 日，人民网，http://media.people.com.cn/n1/2018/1018/c40606-30347700.html，最后浏览日期：2020 年 7 月 2 日。

无缝隙切换都令观众产生身临其境之感[①]。同时,充分调动声、光、电、服、化、道等来为演出服务,保证了高品质的视觉效果。

5. 宣传推广

(1) 音视频合作推广

节目组与蜻蜓 FM 合作,打造出音视频深度合作开发的新模式。蜻蜓 FM 不仅成为节目的独家音频播出平台,而且联合节目推出了衍生音频节目《一生之书》,由节目的嘉宾蒋方舟主讲,在配合节目内容展开进一步解读的同时,深化了节目的主题内涵。

(2) 公众号平台推广

节目借力"实力文化"公众号平台进行推广,"实力文化"公众号"C1 区"拥有围绕《中国汉字听写大会》《中国成语大会》《见字如面》等文化类节目而产生的较好的内容资源和用户基础,可以助力节目的内容宣推,增强节目与观众的交流互动。

二、《见字如面》

(一) 案例介绍

《见字如面》(图 1-24)是一档以明星读信为主要形式的文化类网络综艺节目,由实力文化、黑龙江卫视联合出品,于 2016 年 12 月在腾讯视频、黑龙江卫视首播,至今已制播四季。节目在新冠肺炎疫情期间还推出特别节目《见字如面·特别制作》,第四季也同时以无广告的形式上线。节目每季有 12 期,由翟毓红主持,旨在通过书信回溯历史,以多样化的主题和形式来呈现生动鲜活的中国故事,重温难忘的历史场景与人物记忆,找寻中国人的独特智慧、情感与精神。节目邀请张国立、归亚蕾、张涵予、何冰、蒋勤勤、徐涛、林更新、周迅、李立群、黄志忠、姚晨、赵立新、于和伟、牛骏峰等明星作为读信嘉

---

① 常珂:《从〈一本好书〉看文化类综艺节目的再创新与价值输出》,《视听》2019 年第 1 期,第 16 页。

图 1-24 《见字如面》

宾,还邀请陈晓楠、许子东、梁文道、吴伯凡、史航、蒋方舟等担任品读嘉宾。

节目先后获得 2016 年度"影响中国传媒"创新栏目、2016 年"五个一百"网络正能量精品工程、2017 年"TV 地标"中国电视媒体综合实力大型调研"年度上星频道最具创新影响力节目"、2017 年中国传媒学院奖年度传播内容奖、2017 年《南方周末》年度盛典"年度创新案例"、三声"文艺复兴"2017 年第二届中国文娱产业峰会"年度最佳综艺节目奖"、首届金鲛奖"2017 年度十佳网综"、2017 年骨朵数据"年度十佳网络综艺"、2017 年中国综艺峰会·匠心盛典"年度匠心导演"等荣誉。

(二) 策划亮点

1. 定位

(1) 深挖书信文化内涵

进入互联网时代,书信的消亡成为一种必然趋势,但书信文化在新的时代背景下依然有它的价值。节目创办的初衷就是进一步挖掘书信作为一种载体所承载的情感内涵、文化内涵、历史内涵等。同时,节目也在拓展书信的时代性新形态和文化价值。比如,电子邮件、短信、微信等都能成为书信的一种形式,甚至百年之后它们可以成为文物,成为这代人生活的一个体现[1]。

---

[1] 黄小河:《专访|〈见字如面〉导演关正文:每一封信都是一出戏》,2017 年 1 月 26 日,澎湃网,https://www.thepaper.cn/newsDetail_forward_1608251,最后浏览日期:2020 年 7 月 2 日。

（2）彰显生命启示价值

在推广书信文化、挖掘书信文化内涵的同时，节目还通过独特的影像艺术方式讲述书信背后的故事，体现书信对人们个体生命的启示价值，彰显节目的大众属性。每个人都需要了解和思考自己以及所处的世界，找到自己的位置和生命的价值，很多体验若不能亲历，就会期待在别人的故事里找到启发和依据[①]，节目为此提供了独特的呈现和思考空间。

2. 选题

（1）选信的流程

节目在选信阶段广泛邀请文化名人、信件收藏家以及书信博物馆、档案馆等参与，向节目推荐所需的信件，还充分调动受众资源，选择普通观众书写和推荐的优质书信。节目联合专业人士对推荐书信进行反复比较、研判，从上万封候选书信中进一步遴选出百余封书信进入节目录制阶段。

（2）选信的标准

遴选书信的标准包括：①关涉历史的重要性；②当事人的重要性；③信件内容的有趣性；④值得更多人看到。总的目标就是要每封信都直击人心。此外，读信嘉宾也需要具备一些基本特征，包括热衷公益、有人文情怀、有艺术修养、具备艺术基本功和表演能力[②]。

3. 创意

（1）采用主题化编排方式

节目采用主题化的编排方式，将遴选出的书信进行梳理归类，以鲜明的主题性呈现书信的丰富性和多元性，激发观众的理性思考。比如第二季的书信涉及生死抉择、众生世相、爱恨情仇、忠义背叛和读书成长等主题；第三季将主题更进一步细化，既有"错位""轻重""笑谈"等思辨性主题，又有"相

---

① 黄小河：《专访|〈见字如面〉导演关正文：每一封信都是一出戏》，2017年1月26日，澎湃网，https://www.thepaper.cn/newsDetail_forward_1608251，最后浏览日期：2020年7月2日。
② 同上。

思""不舍""守望"等情感性主题;第四季的主题既有"流行向"的话题,又有"恒定向"的话题,进一步对社会热点、人性痛点进行深挖、呈现。节目还在抗击新冠肺炎疫情期间推出特别节目,选择抗疫一线工作者们的书信,以独特的视角呈现中国人民抗击疫情的感人故事。

(2) 采用明星化演绎方式

节目邀请众多实力派演员以"读信人"的身份参与节目,组成了一支强大且令人印象深刻的明星读信阵容。演员们不仅自带流量,助力节目,提升了关注度和传播力,而且以精湛的表演为尘封已久的书信内容赋予了鲜活的生命力。同时,节目还邀请许多文化名人对书信内容进行延伸性解读分析,与明星读信环节一起形成独特的对话格局,产生珠联璧合、相得益彰的效果。

4. 制作

(1) 以剧场式舞台凸显庄重风格

节目形成了剧场式的舞台设置模式,无论是围坐式的小剧场,还是后来的大剧院,都在凸显庄重、典雅风格特点的基础上,形成强烈的仪式感,为更好地传递书信的历史文化内涵奠定基础。

(2) 以简化式设计聚焦语言表达

节目在舞美设计上采取简化式处理,使节目的整体环境和氛围有利于嘉宾的演绎和观众对书信嘉宾的聚焦,即聚焦在只有语言表现这样一种非常脆弱的表达状态上①。同时,对镜头里的空间进行调整,避免剧场宏大空间对语言表达的影响,增强镜头前的语言表现聚焦。

三、《国风美少年》

(一) 案例介绍

《国风美少年》(图1-25)是一档以国风文化创新推广为宗旨的文化类

---

① 一惊:《〈见字如面2〉总导演关正文:传播产品只能做自己相信的东西》,2018年2月10日,搜狐网,https://www.sohu.com/a/219130564_717551,最后浏览日期:2020年7月2日。

网络综艺节目,旨在以"唱演秀"的形式挖掘立志于国风文化表演与推广的青年艺术人才,由爱奇艺出品、制作,于 2018 年 11 月在爱奇艺播出。节目制作团队有制片人兼总导演王宁、联合制片人许立、艺人总监王甜甜等。节目遴选出 20 位国风美少年进行个人舞台表演,并邀请鞠婧祎、霍尊、张云雷等人担任"国风召集人",对 20 位国风美少年进行评判,将其分为"黄金""白银""青铜"三个等级,其中"青铜"等级的选手面临淘汰可能。节目还设置"国风侠"角色,对专业领域的文化知识进行解读。节目将传统文化与流行文化相融合,将国风元素与竞演选秀相结合,呈现出独具特色的国风表演。最终,蔡翊昇、方洋飞、刘宇、刘丰、芊蔚成为国风美少年五强,蔡翊升夺得冠军。

图 1-25 《国风美少年》

(二)策划亮点

1. 定位

(1)以推广国风文化为宗旨

国风即国粹之风,其定义宽泛,在当下年轻人聚集的社交媒体,如 B 站、网易云音乐等社区上,以体现国风文化为特色的元素和内容得以流传,受到年轻人的关注和喜爱。《国风美少年》的创作初衷旨在以创新性的形式推广国风文化,使节目和国风文化能够成功突破次元文化,被大众关注、接受、喜爱。基于此,节目尝试放低姿态,降低门槛,放下沉重负担,以亲民路线、亲和风格将中国优秀传统文化与流行文化巧妙融合,更多地释放推广普及的功能,更多地营造华美的舞台效果,以此让传统文化的内容与普罗大众的日常生活贴得更近,规避因内容专业晦涩或刻板说教而带来的负面影响。

（2）以影响年轻群体为诉求

节目通过调研发现,当下喜欢古风、汉服文化的是一批很爱国、很热血、很积极的年轻人[①]。节目旨在寻找和打造国风美少年,挖掘立志于国风文化表演与推广的青年艺术人才,使其能以自身的引领力和影响力来进一步助力中华传统文化在年轻群体中的广泛传播。同时,通过创新传统文化的表达方式和传播方式,使国风文化被年轻群体接受、喜爱,并成为被年轻人引领的国粹之风[②]。

2. 创意

（1）强调传统与流行的平衡

节目突破传统文化节目以"展示型"为主的形式,这种平铺直叙、缺乏冲突的节目形式显然很难在互联网市场获得受众的青睐。节目巧妙地融入竞演、选秀等元素和内容,以"竞技型"形式来增加节目的对抗性、悬念性,还在后期增加真人秀内容以突出节目的戏剧性、观赏性。与此同时,节目对传统文化的创新性综艺表达始终保持着克制。国风天然的厚重感和政治寓意让它注定不能像说唱和街舞一样有外放的情绪和激化的人物关系,因此对于

---

① 《爱奇艺〈国风美少年〉导演王宁:打破国风与流行文化的"次元壁"》,2018年12月10日,搜狐网,https://www.sohu.com/a/280946476_100127948,最后浏览日期:2020年7月2日。
② 张友发、李萌嫡:《〈国风美少年〉专业性引网友质疑,总导演称让国风流行起来最重要》,2018年12月24日,搜狐网,https://www.sohu.com/a/284003585_524286,最后浏览日期:2020年7月2日。

流行和传统的平衡,时刻主导和束缚着节目组的一举一动①。比如,"国风侠"角色的设定、真人秀元素分量的恰当处理等。

(2) 强调专业与观赏的融合

节目以专业性和观赏性并重为特色,体现在选手遴选标准、比赛考核形式与节目表演内容等方面。在选手遴选上,经过微博、经纪公司推送、视频网站等多个渠道的海淘和面试,最终选出 20 名选手,选手中既有来自中戏、上戏的"学院派",又有网络古风圈的"红人",他们都体现出节目的遴选标准。具体标准包括对国风之美有自己独到的理解,有独特的国风技艺,具有较强的舞台表现力,具有较佳的形象气质和观众缘等。在考核形式上,节目强调在专业性的基础上凸显可看性和话题性;在表演内容上,既有专业性极强的古琴、三弦、中阮、琵琶、京剧等,又有以流行乐舞方式表达传统文化的内容。

3. 制作

(1) 创新赛制模式

作为一档涵盖广泛才艺的比赛,评判维度的建立也成为节目制作的难点,节目采取弱化专业维度的赛制方式来评判选手的综合能力。其一是以"召集人制"取代"导师制",避免学术性或专业性过强给现场带来压力。节目邀请三位青年明星作为"召集人",其在年轻人群和传播国风文化上具有较大影响力,同时还可以以同龄人身份与选手展开经验交流。其二是设定兼具"文化项"和"综艺项"的"国风侠"角色,一定程度上弥补了召集人在专业上的不足,将节目赛制平衡在一个相对公正的维度②。其三是将选手去留的决定权交付观众,让观众通过选择来表达喜爱和心声,弱化节目本身的引

---

① 张友发、李萌嫡:《〈国风美少年〉专业性引网友质疑,总导演称让国风流行起来最重要》,2018 年 12 月 24 日,搜狐网,https://www.sohu.com/a/284003585_524286,最后浏览日期:2020 年 7 月 2 日。
② 《爱奇艺〈国风美少年〉导演王宁:打破国风与流行文化的"次元壁"》,2018 年 12 月 10 日,搜狐网,https://www.sohu.com/a/280946476_100127948,最后浏览日期:2020 年 7 月 2 日。

导性。

(2) 创新表演形式

其一,在对表演形式的选择上,节目选择以乐器、演唱和舞蹈三类为主,排除了书法、诗朗诵等形式。其二,在舞台效果呈现上体现传统与时尚的融合,比如邀请专业古装戏服团队和时装设计师共同打造具有创意的演出服饰。其三,在舞台内容呈现上体现通俗与学术的平衡,比如以流行金曲作为切口,加入古曲片段与原曲衔接;在双人合演模式里,基本采用现代流行音乐来演绎国风情景,同时辅以古典乐器;在编曲上也加入了更多电音和大众流行元素①。

---

① 张友发、李萌嫡:《〈国风美少年〉专业性引网友质疑,总导演称让国风流行起来最重要》,2018年12月24日,搜狐网,https://www.sohu.com/a/284003585_524286,最后浏览日期:2020年7月2日。

>>> 第二章　网络剧策划

第一节　网络剧策划概要

网络剧与传统电视剧最重要的区别在于它们依托不同的媒介环境。不同于依托电视台采购、播出的电视剧，网络剧从策划、立项、制作、宣发、播出到观众的反馈与互动，都与网络、网络平台和网络机构密不可分。不断迭代的移动互联技术拓展了网络剧播放的屏幕与空间，视频网站/网络平台的兴衰则影响着供需关系和传播模式，而网络流行文化的演变则很大程度上影响着网络剧的制作与接受。

从网络剧的发展历程来看，至今已经经历了网络技术尚不成熟的萌芽期、早期结合互联网文化的尝试期和 4G 技术商用后的快速发展期，逐渐过渡至当下媒介融合的成熟期。在移动互联网已经整合所有媒介，彻底重塑当代中国人生活方式的当下，网络剧的形态和早期刻意强调网络特质的时期已相当不同。2014 年以后，网络自制剧已经成为主流，在可预见的时期内，随着台网联动("先台后网"或"先网后台")的不断增多，一切剧集可能都会成为某种意义上的网络剧。因此，这就对网络剧策划提出了更高的要求，内容不能只是浮于表面，仅在策划中加入网络流行文化元素，更要从媒介深层去把握网络剧的网络性，在已然被网络重塑的全媒体视域中进行策划和制作。

从定位、选题、创意、制作和宣推五大方面来审视网络剧策划，可以大致总结出做好相关策划的十个重要方法。

一是对不同类型有广泛涉猎，能够迅速把握某一题材在其脉络中的位置和特点。由于网络剧潮流瞬息万变，策划者要有各种类型的整体图景，又能迅速深入特定题材，寻找到其中可能的创新点。

二是了解平台方的年度需求和主推方向。网络剧在今天已经形成了以腾讯、优酷、爱奇艺等几大视频网站为核心的生态圈，了解各大平台方近期的主导思路，能够使策划的相关内容与之在特定维度上匹配，更好地把握机会，避免做无用功。

三是大量涉猎网络文学、畅销小说，保持对当下流行文化的关注和敏感。"网文"中产生的各种大 IP 是当下网络剧最重要的改编库，通过积累并训练判断力，抢先一步发掘具有改编潜质的"网文"是网络剧策划的重要能力。

四是在进行选题说明时，能够从故事、影像的不同维度准确表达选题的爆点和优势，以清晰的语言阐明在相关类型模式中的突破，既有提纲挈领式的把握，又有深入细节的表达。

五是紧密追踪世界范围内电视剧集、流媒体剧集的形式创新，尤其关注欧美、日韩具有实验性的相关尝试，既去思考如何在当下环境里对海外爆款、史上经典进行模仿、变奏，更要进一步理解这些形式变革的内在脉络，尝试创造新的剧集形态。

六是在策划中将原著或剧本最重要的创意点进行完整的视觉化构想，清晰呈现其在具体场景和整体剧情中的功能和作用，为制作时场景设计、美术、服装、化妆、道具等方面的工作打好基础。

七是在进行制作策划时，要根据资源条件扬长避短，在保证整体品质的情况下突出自身特色。网络剧往往面临制作成本有限的现实困境,如何在成本相对较少的情况下做出最令观众印象深刻的剧集,特别考验资源的分配和制作重点的选择,而这正是策划和制作的关键。

八是制作策划方面可以借鉴中外电影,欧美、日韩优秀剧集的拍摄方法,并在网络剧的框架内进行本土化改造,根据不同类型设计不同的情节悬念,制造不同的剧集节奏。

九是结合当下网络热点,在社交网络进行即时营销。网络热点瞬息万变,在进行宣推策划时要结合时下的热点,展示剧集最具吸引力的一面。调用的宣推元素既可以包括画面、场景、细节、剧情、主题,也可以是明星、原著作者等剧集的外在因素。

十是利用网络二次创作、同人创作进行互动式宣推。在网络剧的宣传和刚开始播出的阶段会出现大量的二次创作、"鬼畜"戏仿和同人制作,其中往往会出现易于复制传播的迷因(meme),在进行宣推时如果能有效利用并与之互动,往往能产生事半功倍之效。

需要说明的是,这些方法并非教条,随着网络生态、影视技术的变化,方兴未艾的网络剧也处在不断的发展中。本章聚焦古装、青春、奇幻、刑侦、都市、喜剧六大类型的网络剧,挑选其中的成功案例展开分析,为未来的策划者提供实例参考。

第二节 古装剧

古装剧是指人物以古代服装妆容为主要造型原则创作的系列剧集,这里的"古代"泛指民国建立之前的"前现代"朝代,也可以是依据古代历史虚构出的架空时代。与古装电视剧一样,古装网络剧也分为古装历史、古装穿越、古装言情、古装武侠等多个亚类型,每一个亚类型也有自身的惯例与"套路"。

由于古装剧是利用某种历史真实去进行虚构的类型,既有幻想的空间，又有逼真的时代氛围可供代入，是中国创作者和观众都非常热爱的剧种，在网络剧中也占据重要位置。但不同于相对稳定的古装电视剧，古装网络剧处于更大的创新焦虑之中，一个创意从产生到耗尽可能只需要很短的周期，不断突破既定范式，让观众眼前一亮，是古装网络剧持之以恒的努力方向。

具体来说，在古装网络剧的策划中需要加强三个方面的训练。第一，要大量阅读古代言情、武侠、历史、架空等不同类型的网络小说，对作为古装剧改编重要资源的各种类型的发展线索和以往各种制作及重要作品的版权情况形成全面把握。第二，增强对古装剧与其他类型融合的思考，在策划选题和改编中将更符合互联网传播规律的元素整合进原有的故事框架。第三，在制作、宣发等多环节的策划中训练预判观众进行二次创作、二次传播的元素和内容的能力，并在实操中对这些部分进行放大、强化，为观众的接受和互动打下良好基础。

近年来出现了一批极具创新意识的古装网络剧，它们以更有趣的设定、更丰富的互动感，以及更密集的情节示范了古装剧的策划方法。下面以《太子妃升职记》《延禧攻略》《长安十二时辰》和《庆余年》为例展开具体的分析。

一、《太子妃升职记》

（一）案例介绍

《太子妃升职记》(图2-1)是由甘薇监制、侣皓吉吉执导，张天爱、盛一伦、于朦胧、郭俊辰等主演的古装穿越网络剧。根据鲜橙的同名小说改编，讲述了花心多情的张鹏在机缘巧合下不但穿越了时空，还转换性别变成了太子齐晟的正妻张芃芃。然而太子另有所爱，女人身男人心的张芃芃也对太子敬而远之。可不久，张芃芃就发现如果没有太子的庇护，在皇宫之中随时可能性命不保。为了保全自己，转换了性别的张芃芃不得不硬着头皮一路闯荡，将一切当作"狗血"且危险的职场升职游戏。

该剧通过性别转换的方式让宫斗剧、职场剧中的常见桥段产生了新的

图 2-1 《太子妃升职记》

意涵,让观众被"雷得外焦里嫩"的同时,收获了一份对于性别和情感的思考。"辣眼睛"的服化道水平与整体的精心制作有着鲜明反差,这使《太子妃升职记》成了低成本网络剧的制作范例。该剧由北京乐漾影视传媒有限公司承制,自 2015 年 12 月 13 日在乐视网播出、哔哩哔哩(简称 B 站)同步更新后,便引起广泛传播和讨论,关于该剧的弹幕和吐槽也成为播出过程中的重要看点,堪称 2015—2016 年的跨年度现象级网剧。2018 年 6 月,福斯传媒集团亚洲部宣布对该剧进行改编,其韩国翻拍版《哲仁王后》现已制作完成,于 2020 年 12 月在韩国 tvN 频道播出[①]。

(二)策划亮点

1. 定位

该剧将目标观众定位为对传统古装剧和言情剧套路有一定了解也有些厌倦的网络青年观众。从人物设计、关系构造、台词语言、视听风格等多方面都努力接近以恶搞、拼贴、颠覆、"接地气"为特征的当下青年亚文化,并通过性别转换的方式削弱宫廷剧固有的男权程式,让古装戏更符合女性观众的审美偏好。

---

① 参见《"哲仁王后"申惠善:抛弃自我进入角色》,2020 年 12 月 9 日,韩国经济新闻网,https://tenasia.hankyung.com/drama/article/2020120999404,最后浏览日期:2020 年 12 月 10 日。

2. 选题

策划者选择鲜橙的穿越言情小说进行改编,这部最早在晋江文学城连载的网络小说对当下的网络文化生态有着敏锐的把握,将"爽"、"雷"、"虐"、"甜"、爆笑与"玛丽苏"进行了一种"短路"式的结合。对这样一部小说进行影像改编,既可以调动职场剧、宫斗剧、恶搞喜剧的各种资源,也可以对更大的性别议题、情感心理进行指涉,为观众创造更丰富的解读和接受空间。一般而言,"女频"(女生频道)网文也有着更忠诚的粉丝,这也为网络剧上线后的受众互动提供了保证。

3. 创意

《太子妃升职记》最大的创意首先是人物设定,张鹏到张芃芃的转换既是现代穿越到古代,更是男性变身为女性。这一设定使各种脑洞大开的情节成为可能,古装剧本身所有的成规和惯例成了一个可供"游戏"的空间。也正是因为这一设定,该剧得以偏离"宫斗心计",而转向某种对男人之间情谊的刻画。《太子妃升职记》策略性地调用了观众的相关想象,在"既雷且爽,时正时邪"中将这类创意发挥到了现有空间下的极限。

4. 制作

在全剧制作经费有限的条件下,制作者打破了原有的拍摄方式,不再追求大多数古装剧的精致严肃,而是将自身定位为时尚青春偶像剧,选取了大量颜值、身材都颇为出众的年轻演员,并采取韩剧的拍摄方式来呈现全剧。由于预算成本较低,该剧采用单组双机的拍摄方式以节约成本,在摄影机选取上采用了更能体现艳丽色彩和饱和度的机型,并且"为了让画面更生动,增加了镜头数量,从多角度去拍摄演员,同时减少固定镜头的运用,用大量的运动镜头渲染情绪,减少观众的视觉疲劳"[①],既让一众年轻演员一炮而红,也以极为经济的方式在两个半月内完成了拍摄。

[①] 王可舒:《〈太子妃升职记〉:古装剧的破与立——专访〈太子妃升职记〉摄影指导白井泉》,《数码影像时代》2016 年第 2 期,第 64—67 页。

5. 宣传推广

《太子妃升职记》最为惊人的是它强大的宣发，从初期营销号长图引发的热烈传播，到在微博、B站等起着领袖和节点作用的中文互联网传播阵地上攻城略地，《太子妃升职记》"前后历经四轮系统营销才到达最后的霸屏效果"[①]。而该剧"要素过多"的特点也十分适合互联网的多轮传播特性，在不同大小屏幕、各种弹幕吐槽以及由此衍生的各种新闻报道的合力加持下，该剧的关注度一路走高。从"男变女"的雷人槽点到"史上最穷剧组"的影楼风美学，从张天爱、盛一伦等人的外貌身材到所谓"下架传言"，剧集内外的各种因素都被用来助推该剧影响力的扩大。而该剧也是最为成功地证明了在网络时代只要能够吸引足够多的吐槽，便能够获得超越产品原本上限的关注度的典范案例。

二、《延禧攻略》

（一）案例介绍

《延禧攻略》(图 2-2)是由惠楷栋、温德光联合执导，吴谨言、秦岚、聂远、佘诗曼领衔主演的古装宫廷网络剧。少女魏璎珞为探寻姐姐死亡的真相，进入紫禁城成为秀女，凭借过人的智谋和敢作敢当的性格，在危机四伏的宫廷中闯出一片天地，得到了富察皇后的赏识，并与皇后的弟弟富察·傅恒相爱。然而好景不长，璎珞的"白月光"[②]富察皇后还是遭人暗害、伤心自尽，为了替姐姐和皇后报仇，璎珞只得放下爱情，以各种手段吸引乾隆注意，成为宠妃，让所有参与谋害姐姐和皇后的人得到应有的惩罚。

《延禧攻略》中的宫斗不再以苦情戏码和争夺皇上的喜爱为中心，而是从一个寻求真相、匡扶正义的少女视角出发，兼具探案的悬疑和升级打

[①] 余韬、苏玲：《"互联网+"多屏的互动式狂欢——从〈太子妃升职记〉谈网络自制剧的模式与特点》，《北京电影学院学报》2016 年第 2 期，第 22—25 页。

[②] 网络用语，指可望而不可即的人或事物一直在心上却不在身旁。原出自张爱玲的小说《红玫瑰与白玫瑰》。

图 2-2 《延禧攻略》

怪的快感,打破并更新了《金枝欲孽》以来的宫斗戏程式。该剧由东阳欢娱影视文化有限公司出品,2018 年 7 月 19 日在爱奇艺独家播出,迅速成为现象级网剧。因为其极大的影响力,电视媒体随后跟进,成为彼时不多见的"先网后台"剧集,2018 年 8 月 6 日在香港 TVB 翡翠台播出,2018 年 9 月 24 日在浙江卫视上星播出,2018 年 11 月 5 日在台湾八大第一台播出。

(二)策划亮点

1. 定位

近年来随着电子商务、网络付费模式的成熟,视觉消费主义及其兜售的中产阶级生活方式使女性逐渐成为社会消费的主体。从网络购物到视频网站付费,女性都是最重要的贡献者、参与者,她们也渴望在影视剧中出现一种有行动力的女性榜样。女性不能再是瘫痪在原地、等待男主角拯救的被动角色,而必须成为自己命运的掌控者。而古装宫廷剧正是女性最为被动的一类剧集,由于皇帝拥有的绝对权力,女性往往一开始就背负了巨大的枷锁和限制。《延禧攻略》的策划者成功地利用了观众的渴望和"宫斗戏"惯例的反差,找到了易于脱颖而出的空间①。

---

① 郑娇娇:《消费文化视域下的"大女主戏"探析——以〈延禧攻略〉为例》,《视听》2018 年第 12 期,第 74—75 页。

2. 选题

《延禧攻略》的选题带有对宫斗剧进行"自反"的维度。女主角仿佛是一个带着游戏攻略穿越到乾隆时期参与宫斗的人物。以往宫斗剧的各种"梗"和桥段在其中都会早早被戳破,并被主角加以利用。魏璎珞思虑周全、出手果断,不同于忍辱负重的"白莲花"般的人设,强化了这种游戏性和参与感。简言之,《延禧攻略》的选题把握了网络时代的游戏思维,为观众提供了良好的代入感,而这也是网络剧不同于传统电视剧的方面。

3. 创意

《延禧攻略》的创意除了以游戏攻略的逻辑重新组织宫廷剧斗争、演绎一出"女中诸葛"的紫禁城历险记外,更重要的还在于它赋予了女主角一种现代思维,通过男女平等的情感观和斗争中利用的各种物理化学知识体现出来。影片中最重要的情感羁绊也设置在魏璎珞和富察皇后之间,人物最关键的心理转变和剧集的情节推动都是出于女性间的姐妹情谊,这在此前的古装宫廷剧中是极为少见的。从更大的层面来说,《延禧攻略》的创意还在于将职场剧、侦探剧和宫廷剧进行了结合,魏璎珞既是福尔摩斯式的侦探,也是追求升职加薪的"紫禁城员工",这在很大程度上拓宽了潜在的受众群体。

4. 制作

从制作策划上看,由于主角有现代意识,为了让观众能在古装剧的逻辑中接受,即不出戏,《延禧攻略》采取了比一般宫廷剧更加精良的制作。其中既有制作精良的服装和道具,还在妆面上还原了清代流行的"绛唇妆",创造了一种与以往古装剧有所区别却更为雅致的清宫剧氛围。更重要的是全剧色彩基调的设置,"根据绢本画作麦色底所呈现的独特质感,在色调创意中加入麦色底色。在保证画面固有色的基础上,逐层推进叠加其他色彩加以配比,形成如今看到的古画作质感"①。这些精心的制作设计为剧集的口碑和传播打下了坚实的基础。

5. 宣传推广

利用微博等社交网络的多轮营销,既包括抢在同一历史背景的《如懿传》前播出引发的争议与话题,也有所谓"莫兰迪色系"引发的对影像用色的讨论,随着剧情的发展,各种悬念和"角色 CP"的走向也引发了网友的大量互动和二次创作。服装、妆面、道具涉及的各类非物质文化遗产也起到了突破圈层、打破壁垒的宣传功能。正是这种剧里剧外各个层次的相互融合和全面互动,让该剧"连续 43 天微博热搜上榜,热搜词达 327 次,登顶 38 次,进入前十 84 次,话题阅读达到了 109 亿"。最终创造了现象级的播放量,"单日播放量最高达 6.5 亿,连续 40 天全网剧集单日播放量第一,收官之日累计播放量突破 159 亿"②。

三、《长安十二时辰》

(一) 案例介绍

《长安十二时辰》(图 2-3)是由曹盾执导,雷佳音、易烊千玺领衔主演的古装悬疑网络剧。根据马伯庸同名小说改编,讲述了唐朝上元节前夕,突厥狼卫暗中潜入了长安城,面对即将到来的危局,负责长安守卫的靖安司司丞李必大胆起用了死囚不良帅张小敬,他们要在十二时辰内破解案情。然而,随着调查的深入,张小敬和靖安司不断发现真相并卷入了更深的政治斗争和阴谋,而张小敬的过往也成了解开谜题的关键。在九死一生的争斗后,长安城最终得到了拯救。

该剧将美剧《24 小时》式的高密度悬念设计和情节推进与再现"熙攘繁

---

① 孙婷:《被传统中国色美哭!〈延禧攻略〉配色了解下》,2018 年 8 月 27 日,影视工业网,http://cinehello.com/articles/6039,最后浏览日期:2021 年 3 月 5 日。
② 谈阔霖:《社交思维与网剧品牌营销——解码〈延禧攻略〉成功之道》,《东南传播》2019 年第 1 期,第 132—135 页。

图 2-3 《长安十二时辰》

盛,光耀万年"的大唐长安盛景的影像追求相结合,总体的精良制作在网络剧中堪称罕见。主要出品方有优酷信息技术(北京)有限公司、东阳留白影视文化有限公司、霍尔果斯娱跃文化传播有限公司和徐州仨仁影视制作有限公司。该剧自 2019 年 6 月 27 日在优酷视频一播出便获得全社会的广泛关注和舆论的一致好评,在豆瓣网始终保持 8 分以上的高分评价,成为年度现象级网剧。在国内上线几天之后,该剧陆续在马来西亚、日本、新加坡、文莱、越南等亚洲国家播出,同时在北美地区通过 Viki、Amazon 和 YouTube 三大平台以付费形式播放,成为近年来"国剧出海"的典范和标杆。

(二)策划亮点

1. 定位

传统电视剧为了满足家庭空间中观众悠闲放松、一心多用的观看需求,往往将剧集设计成整体节奏舒缓、信息不断重复、分集间情节勾连松散的形式,以便观众在投入较少注意力的情况下获知故事全貌。而《长安十二时辰》则将自身定位为一部通过网络平台给拥有网络视听经验和传媒艺术素养的受众观看的剧集。CNNIC 2020 年 9 月发布的第 46 次《中国互联网络发展状况统计报告》数据显示,截至 2020 年 3 月,中国网络视频(含短视频)用户规模达 8.88 亿,占网民整体的 94.5%。其中,短视频用户规模为 8.18 亿,占网民整体的 87.0%。这些拥有欧美、日韩剧集、动画、漫画和游戏等丰富视听经验的高素质观众,渴望高密度、强情节,有着复杂悬念的国产剧集,而这正是《长安十二时辰》定位的空间和土壤。与《长安十二时辰》有直接互文关系的美剧《24小时》《国土安全》和游戏《刺客信条》,以及在评论中经常被拿来与之比较的《权力的游戏》,都是当代网络视听经验中的重要作品。也就是说,项目策划者敏锐地发现了这一真空地带,在准确定位下推动了这一"大数据时代的定制艺术"的启动①。

2. 选题

策划者选择鬼才马伯庸的小说,同时也选择了再现大唐天宝年间的盛世景象。近年来,随着侯孝贤《刺客聂隐娘》、陈凯歌《妖猫传》、徐克"狄仁杰"三部曲等电影的助推,唐朝重新成为热门的再现时空对象。重返中国历史、讲述中国故事成为当代中国民众的某种内在需求。大唐这一中国历史上最繁盛辉煌的朝代,成了对民族历史、文化、身份有着热切渴求的网民渴望通过影像去见证、抵达的时空与符号。

借用古代背景,结合当下经验,《长安十二时辰》选题的巧妙还在于将美轮美奂的大唐盛景和波诡云谲的悬念故事结合在了一起,既有大唐的时代气质,又符合网民的现代意识②。而故事本身的开放性则为不同立场的观众提供了解读空间。

3. 创意

策划者和创作者通过对原著的发掘和还原,在剧中创造了酷似大数据的"大案牍术",相当于电报及互联网的望楼系统——通过鼓声和幕布密码传递消息。其中,最核心的技术阴谋则是利用石油制造相当于喷火坦克的花灯。这种无处不在的脑洞大开和细致设计,使剧集既是对互联网时代和现代生活的戏仿,又是类似"蒸汽朋克"式的严肃巧思。用马伯庸自己的话

---

① 龚金平:《〈长安十二时辰〉:大数据时代的定制艺术》,《当代电视》2019年第12期,第14—17页。
② 张明芳、秦兆敏:《时代气质 现代意识——浅析热播剧〈长安十二时辰〉的壳与核》,《中国电视》2020年第2期,第55—58页。

来说,是创造了一种农业时代的"工业幻想",实现了"为 21 世纪的观众定制长安"的目标①。除了这类用幻想"进入"大唐的巧思外,创作者还设计了"叉手礼""圣人"称呼等有历史依据的仪礼,以陌生化的方式给绚丽影像中的长安镀上了一层神秘。可以说,正是这类极具想象力的创意使《长安十二时辰》与其他一些制作精良的古装剧区别了开来。

4. 制作

从制作角度看,该剧的策划和创作执行者出色地还原了长安布局、唐代妆容、礼仪仪式和历史风貌,同时极富创意地虚构了一种唐代情报系统,并利用李白诗词配合电音等现代音乐技法创造了令当下观众沉浸的"唐代音乐"(片尾曲和配乐)②。为了将这个"唐朝一日""长安世界"制作出来,摄制组在多地取景后,最后选择在象山影视城找到一块空地,搭建了 70 亩两条街道的唐城,并采取夜晚拍摄日景的方式用灯具来精确控制光线,展现一天之中不同时辰的明暗变化③。这种精心的控制也让剧集中复杂的长镜头调度成为可能。在剧情方面,剧集设计为高度限定中的多重时空交错,复杂程度在国产剧集中堪称罕见。虽然在剧集的后半程出现了线索难于自洽、为悬念而悬念等问题,但总体还是成功地激发了观众的兴趣④。

5. 宣传推广

在高质量、好口碑的基础上,《长安十二时辰》在宣推上一方面主打"长安美学",激发观众对剧中置景、服化道、镜头设计的关注,诸如大仙灯奇景

---

① 马伯庸、马前卒:《我为 21 世纪的观众定制长安——马前卒工作室专访〈长安十二时辰〉作者马伯庸》,2019 年 7 月 26 日,观察者网,https://www.guancha.cn/MaBoYong/2019_07_26_511160.shtml,最后浏览日期:2020 年 5 月 15 日。
② 桑子文:《〈长安十二时辰〉的七种精准还原力》,《中国文化报》2019 年 7 月 6 日,第 3 版。
③ ARRI:《专访〈长安十二时辰〉摄影组 一起领略这部风靡全国的网络剧》,《影视制作》2019 年第 9 期,第 50—57 页。
④ 谭朝霞:《非常态叙事的时空交响——论〈长安十二时辰〉叙事结构创新》,《当代电视》2019 年第 12 期,第 8—13 页。

的概念稿和实景转换等引发了广泛讨论;另一方面利用各行业意见领袖带动粉丝和路人在不同领域进行各种"十二时辰"的"玩梗",大范围扩张了影响力,并通过各类热搜展开突破圈层的营销(仅微博主话题阅读量就达76.8亿)①。此外,在剧集播出时宣传方还不断提炼情节记忆点,配合即时的社会热点进行二次制作,激发、选取和放大粉丝的同人创作。最终,通过大唐长安的文化流量和主演易烊千玺等人的粉丝流量的叠加共振,创造了惊人的宣传推广效果。

四、《庆余年》

(一) 案例介绍

《庆余年》(图2-4)是由孙皓执导,王倦编剧,张若昀、李沁、陈道明、吴刚、李小冉、辛芷蕾、李纯、宋轶等主演的古装网络剧。该剧改编自猫腻的同名小说,由腾讯影业、新丽电视、深蓝影视、阅文集团、华娱时代、海南广电制作出品。故事讲述司南伯范建的私生子范闲,离开澹州范府来到京都,历经家族、江湖、朝廷的各种纷争,逐渐探明自己的身世,并力图改变这个世界的故事。

图2-4 《庆余年》

---

① 博胜集团:《爆款IP〈长安十二时辰〉破圈营销》,《声屏世界·广告人》2019年第10期,第48—50页。

剧中范闲以超越时代的知识和智谋改变了众多人物既定的行为模式，在权谋剧中显示出理想主义的情怀和喜剧的诙谐色彩。同时，世界图景在悬疑氛围中缓缓打开的方式也吸引了众多观众的追捧。

该剧于 2019 年 11 月 26 日在腾讯视频、爱奇艺首播后，迅速引发舆论关注，在口碑和热度上获得双丰收，截至 2020 年 11 月，在豆瓣网上获得 8 分的高分评价。

（二）策划亮点

1. 定位

网络文学中最发达的版块之一便是"男频"（男生频道）中"大男主向"的网文，但在古装网络剧近几年的发展中，占据压倒性优势的主要都是改编自女频网文的剧集。自《琅琊榜》之后，大男主爽文[①]便很少能突破圈层，最受关注的古装网络剧集大多是广义的耽美剧、大女主剧。《庆余年》作为最著名的男频爽文，与市面上扎堆改编的女频网文有足够的区分度，既可以吸引热爱爽文模式的读者，也可以缓解古装剧观众的审美疲劳。而《庆余年》不仅有范闲这样的大男主，还有性格各异的精彩"男团"，这一男主和男性群像的补充结合，让该剧有了突围破圈的基础。

2. 选题

猫腻的原著将爽文模式和权谋故事结合得非常出彩。穿越的科技知识优势和悬疑故事的信息局限，使主角一路的过关斩将带有第一人称游戏的身体快感。而王倦在改编中放大了原著的幽默和喜剧氛围，精彩的悬疑叙事和轻松欢快的初始氛围能让观众同时获得多种情绪感受。

同时，《庆余年》结合穿越、科幻、悬疑、喜剧的元素，为其在网络剧市场中创造出一个相较之前未曾有过的位置。比起阴郁灰暗的权谋正剧，《庆余年》更加轻松耐看，相较单纯的情景喜剧，又有扣人心弦的发展。

---

① 一种在各大小说网站中比较常见的网文类型，爽文的特点是主角从小说开始到故事结尾都顺风顺水、成长神速。

3. 创意

猫腻的原著是写一个有现代思维的人重生穿越到古代架空世界的故事,剧集以小说创作的套层避开了敏感的穿越题材,并让故事中的种种神秘有了更为合理的解释。有现代精神的文学史专业学生,面对一个封建皇权的世界,通过脑洞大开的方式逐步揭开谜团,在前现代社会以具有操作性的方式示范提倡平等、尊重个人价值的现代精神[1]。

在现实生活中受挫的年轻人在想象的世界中叱咤风云,这种反差设定一直以来都是网文最重要的"爽感"来源,在网络剧改编中,这些戏剧冲突场景得到了进一步强化,让该剧对"路人"也具有一定的吸引力。

4. 制作

《庆余年》全剧演员的表演都各具特色,张若昀饰演的范闲、田雨饰演的王启年,以及五竹、庆帝等角色都有着突出的个性,角色人设和演员表演形成了共振效应。能够协调不同代际的实力派演员,并在不同情节、场景中做好平衡和突出,体现出制作者高超的管理能力。同时,置景、拍摄和后期也都体现出了较高的工业水准,在同期相对粗糙的古装剧中,有让人眼前一亮之感。

5. 宣传推广

在宣推方面,《庆余年》充分利用猫腻原著的粉丝和剧集观众之间的信息差,进行"原著党"和"非原著党"的论争,在各种社交媒体上展开关于古装剧价值的讨论,引发灌水和热度升温[2]。在播出期间,更先后出现了"庆余年有你""庆余年彩虹屁大赛""假如庆余年角色有饭圈女孩"等微博话题,以及根据剧中人物营造的话题"郭保坤追杀范闲""范闲给肖恩下毒""五竹打戏"等,引发了有参与感和互动感的围观讨论[3]。更为重要的是,《庆余

---

[1] 鲍远福:《〈庆余年〉的现代价值》,《中国艺术报》2020年1月13日,第3版。
[2] 李锦:《好IP如何成就好剧:从开发制作到商业模式的全链路优化——以现象级IP剧〈庆余年〉为例》,《现代视听》2020年第3期,第23—26页。
[3] 田静:《跨媒介视角下IP剧〈庆余年〉叙事策略研究》,《视听》2020年第2期,第77—78页。

年》主打的理想主义价值观在各种网络讨论中也反复被提及，跨越了影视剧集本身的边界，在主流媒体和其他一些领域的日常讨论中也产生了一定的回响。

第三节　青春剧

青春剧是以城市和校园为主要场景，展示都市年轻人始于青春期并贯穿整个青年时代的情感、奋斗故事的剧集类型。以不同手法再现高考扩招和城市化进程加剧后的新一代青年人的成长历程。青春剧一般都有年轻靓丽的男女主角，以校园、恋爱、毕业后的困境与奋斗为主要内容。

青春剧既是初出校园的年轻人对学生时代的怀旧，也是关于他们如何在大都市立足、长大成人的成长故事。由于网络剧受众的平均年龄相对电视剧观众更加年轻，大多数是正在经历校园时代或刚刚结束学生生涯的青年人，青春剧在很大程度上就是这些观众的自我叙事和自我想象。一部能够抓住青春美好或伤痛的细节，以俊男靓女放大呈现的青春剧，很容易直击观众的心灵，唤起他/她们对于青春的无限怀念或幻想。

不过，这一题材虽然在观众接受方面有巨大的"主场优势"，但因为大量的复制再生产已成为同质化的"重灾区"。对于渴望新鲜的网络剧观众，青春剧也必须不断求新、求变。具体来说，在网络青春剧的策划中要加强三个方面的训练。第一是在策划中营造青春剧的特定时代感。青春剧的重点是同时满足观众对年轻成长的代入和对过去的怀旧，只有恰如其分地对观众想象中的"青春""往日"进行再现，才能获得市场的认可。第二是加强对校园故事多个维度的细节把握。校园作为一种特殊的时空、社会，有许多不同于成人世界的规则和价值观念，只有充分了解并展现其中的差异，才能获得观众的认可。第三是在策划中将不同主题、不同类型的内容与青春片的主题进行融合，给观众提供更丰富的切入点，在较为程式化的青春剧框架中进行创新。

近年来,一批与多种题材、内容产生交叉的青春剧对以往的程式、套路进行了不同程度的颠覆,它们在各大平台的热播表明青春剧仍将长期在网络剧中占有重要位置。下面以《匆匆那年》《最好的我们》《你好,旧时光》为例展开对青春剧策划的分析。

一、《匆匆那年》

(一) 案例介绍

《匆匆那年》(图2-5)是由姚婷婷执导,杨玏、何泓姗、白敬亭、蔡文静、杜维瀚主演的青春题材网络剧。该剧改编自九夜茴同名畅销小说,以方茴和陈寻的恋爱故事为主线,讲述了五位"80后"在青春时期的情感与生活历程。

图2-5 《匆匆那年》

剧情根据主角陈寻的回忆逐步展开。高中时代的他与方茴相遇相知,又与乔燃、赵烨、林嘉茉等人成为好友。陈寻和方茴之间很快擦出了爱情火花,从高中到大学,再到步入社会,两人的情感一路纠葛,最终却渐行渐远。而当时关系亲密的五个朋友也在分分合合之后继续着各自的人生。陈寻故地重游,怀念起高中时代的往事,明白16岁时的故事再也无法复写,他们青春时代的遗憾也将永远停留在原地。

2014年8月,《匆匆那年》于搜狐视频首播,播出之后即收获巨大反响,在尚未成形的网络剧市场上取得了一席之地。在播出后的两个月内,该剧总播放量就已达到 6 亿次,单集播放超 3 000 万,收视用户推广规模达 1.5 亿人次,成绩逼平同期播出的卫视大剧。在播放量远超同期网络剧的同时,该剧亦在豆瓣网上收获 8.1 的高分,口碑超过许多同期上星剧。播出当年,《匆匆那年》在 20 多部剧集中杀出重围,获得横店影视节最佳网络剧奖项,成为网络剧中第一部能与一线卫视电视剧抗衡的作品[1]。

(二) 策划亮点

1. 定位

网络剧行业建立初期,各平台纷纷以少量投资试水,推出低成本、小制作的网剧,与同期上星剧之间具有较大的差异。同时,拥有丰富英美剧、日韩剧观看经验的网络观众则不满足于粗糙的制作与叙事,渴望更具有质感的视听作品。在此前提下,《匆匆那年》制作方大胆迈出尝试步伐,打破网剧固有格局,以单集预算百万的成本制作全片,并采用 4K 技术以保障剧集质量,突破了观众对网络剧的固有印象。在该剧试水成功之后,网剧市场逐步兴起,制作成本逐渐上涨,如《老九门》投资 1.68 亿、《心理罪》单集投入 300 万,均取得不凡的市场效果[2]。可以说,正是《匆匆那年》制作方的精准预判和大胆尝试,为网剧市场的繁荣进程提供了不可忽略的助推力。

2. 选题

20 世纪末,青春议题就已成为影视文化作品中的重要内容,电影如姜文的《阳光灿烂的日子》、杨德昌的《牯岭街少年杀人事件》,电视剧如《将爱情进行到底》等,均以真实的时代感与细节书写了一代人真切的生命经验。进入 21 世纪,青春剧则逐渐以制造极端的情绪体验著称,无论是口碑还是收视率均有所下滑。《匆匆那年》以九夜茴极具时代感、注重历史细节的原作为基底,搭建起北京"80 后"一代人的成长空间,力图对"80 后"群体的青春

---

[1] 孙倩:《大数据看〈匆匆那年〉如何成为年度最佳网剧》,2014 年 10 月 15 日,搜狐娱乐,https://yule.sohu.com/20141015/n405135518.shtml,最后浏览日期:2020 年 6 月 22 日。

[2] 陈仪萱:《一部网剧投资几个亿,这钱要怎么赚?》,2016 年 11 月 16 日,好奇心日报,https://www.qdaily.com/articles/34552.html,最后浏览日期:2020 年 6 月 22 日。

经验进行细致书写,唤起观众的集体记忆,这同样是对20世纪青春题材电视剧的一种续写。

3. 创意

在选角上,《匆匆那年》摒弃了以往邀请一线明星加盟以吸引热度的做法,而是全部选用影视新秀。摄制组单在挑选演员这件事上,就花费了5个多月。这些更为贴近书中人物的干净面孔缩短了观众与网剧间的距离,令整部剧多了些真实,少了些"星味儿"[1]。考虑到制作成本和拍摄质量,《匆匆那年》单集100多万元的投入大部分都是用在制作环节。回归剧情,回归角色,不盲目追求明星效应带来的表面热度,精心挑选适合角色的演员,将更多的成本放到制作环节,用高质量的作品回应观众的注意,这样才能获得更多观众的喜爱。

4. 制作

该剧在制作方面的一大特色,即采用4K技术,为此,剧组升级了计算机服务器设备,又对4K处理流程进行了优化。即使如此,该技术还是为后期制作带来了极大的紧迫感,由于调整剪辑所需时间以7—10倍增长,剪辑容错率大大降低。剧组同时邀请了张为傈(《后会无期》的剪辑师)和屠亦(《泰囧》剪辑师)等电影剪辑师加盟,力图保障成片质量向电影靠拢。最终,该剧每集样片均在播出前10天左右完成精剪,将据称"经得起大屏幕考验"的内容呈现在观众面前[2]。

5. 宣传推广

在超出网剧水准的质量保证下,《匆匆那年》将搜狐视频作为信息集散地,持续输出新闻动态、制作片花、主演揭秘等剧集相关内容,从外围层强化作品认知。同时,该剧亦将每集内容凝缩为怀旧风格话题,并通过单集小标

---

[1] 杨蜀锦:《青春文学改编影视剧研究——以〈匆匆那年〉为例》,《美与时代(下)》2017年第7期,第101—104页。
[2] 秦丽:《〈匆匆那年〉为网剧正名 不是颠覆那么简单》,2014年10月8日,搜狐娱乐,https://yule.sohu.com/20141008/n404913454.shtml,最后浏览日期:2020年6月22日。

题的方式向观众进行话题输送,在多平台引导受众进行话题讨论,在播出期间维持剧集热度。

此外,制作方重视与卫视、电商的合作,展开多渠道协同营销。一方面,该剧在宣推上同样将"80后怀旧风"贯穿始终,为进一步打开受众面,制作方与《中国好歌曲》深度合作,起用"80后"学员,共同创作20世纪80年代校园民谣风格的主题音乐;另一方面,制作方还与家电品牌达成协议,在家电品牌展示屏幕上播放剧集4K画面片段,此举覆盖了全国超1万家家电卖场和3C专卖店,实现了史上最大一次互联网内容与4K电视终端的合作[①]。在上星综艺学员的推广、地面覆盖推广的热度加持下,该剧最终成功打开市场,从一部自制网络剧成长为现象级爆款。

二、《最好的我们》

(一) 案例介绍

《最好的我们》(图2-6)是由刘畅导演,李嘉编剧,刘昊然、谭松韵、王栎鑫、董晴、陈梦希等主演的校园青春剧。剧本改编自八月长安的同名小说,讲述了意外进入重点高中的普通学生耿耿和学霸同桌余淮相知相识、共同成长,并在阔别多年后终于重逢的故事。该剧由北京爱奇艺科技有限公司

图2-6 《最好的我们》

---

① 齐路:《网剧〈匆匆那年〉覆盖家电卖场 搜狐视频推4K自制》,2014年7月8日,搜狐娱乐,https://yule.sohu.com/20140708/n401958109.shtml,最后浏览日期:2020年6月22日。

出品,小糖人文化传媒有限公司承制,于 2016 年 4 月正式上线。

剧中,成绩平平的女生耿耿意外考进名校振华,在军训时就与学霸余淮结下梁子,后来发现余淮竟是她未来的同桌。本不对付的两人在无端受一场恶作剧的牵连之后重归于好,余淮多次为了耿耿挺身而出,他们之间的关系也不断升温。高考前夕,余淮与耿耿约定考完之后再见面,他却因家庭变故而就此失踪,这让耿耿伤心欲绝。多年之后,两人重逢,解开了当初的误会,并最终走到了一起。

该剧一反传统青春剧中戏剧化的言情段落,转而注重表现校园生活中真实丰盈的生活细节,力图引发观众的情感共鸣。剧集上线第二周,播放量就已超过 1 亿,2016 年 7 月 2 日大结局上线后,该剧以 20 亿的播放量收官。截至 2020 年 11 月,该剧在豆瓣网取得了 8.9 分的高分评价,成为国产网剧口碑与收视率双丰收的典范。

(二) 策划亮点

1. 定位

21 世纪以来,新一代观众自我意识彰显,价值认同去中心化,国产青春剧脱离了《十六岁的花季》《将爱情进行到底》的类型化叙事,又逐步走入"去类型化"和"再类型化"困境,情节虚浮、立意失焦,往往为构建戏剧性而制造极端情绪体验,使观众疲于应对[①]。而同时,在日韩青春剧的影响之下,该类型剧的受众群体仍在日益壮大。以《请回答 1988》为代表的青春剧在中文互联网上获得了大量粉丝,可见这一类型市场并未因为国产剧的短期生产疲软而受到负面影响。本剧策划者敏锐地捕捉到了观众主体的量级,以及青春书写的空白之处,以原著作者八月长安擅长的"生活流"为基底进行改编、孵化,成功俘获了目标观众的眼球。

---

① 何天平:《建构与重构:中国青春剧三十年变迁及其文化反思》,《中国电视》2019 年第 9 期,第 51—55 页。

2. 选题

21世纪以来,国产青春剧突破了单一题材的限制,出现了多个亚类型,青春励志剧《奋斗》《蜗居》,怀旧青春剧《血色浪漫》《与青春有关的日子》等都是其中的范例。而日韩青春剧的影响也日益扩大,《最好的我们》在21世纪的第二个十年里,将韩剧经典的"灰姑娘模式"引入校园叙事,与"生活流"结合,成为本土校园青春剧的新标杆。

《最好的我们》将青春爱情与家庭伦理的多种叙事结合在一起。在"原生家庭"成为热词的当下,主创留意到了一代青少年面临的代际交流困境和生存条件困境,为余淮与耿耿遗憾错过的情节找到阶级差异问题作为支撑,将言情经典桥段与现实矛盾结合,易于引发观众情感共振。

3. 创意

在原著基础上,剧版《最好的我们》进行了大刀阔斧的增删,其中加入"路星河"这一行动力极强的角色,成为本就丰盛的菜肴中不可或缺的"辣椒"①。从人物行动线来看,原著细节丰富,但戏剧性较弱,男女主角之间仅有暧昧,情节容量不足以撑起24集电视剧。针对这一情况,编剧李嘉在保留原著人设、整体情节走向的基础上,大胆加入原创角色,成为剧情发展的助推剂。新增的角色并未破坏故事原本的味道,使这一改编在播出之后就逐渐被原著读者接受了。

4. 制作

一方面,剧集背景设置在2008年的振华中学,高中校服、学校桌椅、考试标语等经典校园符号随处可见。更为细致的是剧组布景对故事年份的追溯,耿耿和余淮等车的公交站台上可以看到"同一个世界、同一个中国"标语及奥运五环,轻松将观众带回了奥运氛围中。另一方面,全剧大部分戏份在教室、操场、食堂等校园空间取景,通过上课、跑操等日常行为的仪式感呈

---

① 王双、李嘉:《〈最好的我们〉编剧李嘉:能打动人的内容才是有价值的IP》,2017年8月4日,千龙网,http://culture.qianlong.com/2017/0804/1915948.shtml,最后浏览日期:2020年6月12日。

现,调动观众对于相同环境的身体记忆与情感认同。

5. 宣传推广

《最好的我们》以主创者微博为主要营销阵地,输出怀旧风格问答,将讨论辐射面扩散至豆瓣、知乎、微信等新媒体平台,将观众集体记忆与剧集内容勾连,增强互动性。此举在播出期间孵化出数个破圈话题,热度持续发酵,获得了更大规模的广泛响应。

此外,制片方注重线上线下相结合,延长剧集生命周期。除了网剧常用的线上营销手段,《最好的我们》主创在线下同样开展了一系列宣推活动,从在播阶段的"爱奇艺App校园行——《最好的我们》见面会",到播出完成后的"爱心助学微公益活动",都成功增强了粉丝参与度、认同感,打响了剧集和平台的知名度。

三、《你好,旧时光》

(一) 案例介绍

《你好,旧时光》(图2-7)是由沙漠执导,李兰迪、张新成主演,根据八月长安同名小说改编的青春校园剧,讲述了高中生余周周和林杨在振华中学共同成长的青春校园故事。该剧由北京爱

图2-7 《你好,旧时光》

奇艺科技有限公司、小糖人文化传媒有限公司、华视娱乐投资集团股份有限公司联合出品。

剧中,从小与母亲相依为命的余周周在小学入学的第一天结识了男孩林杨,在林杨的帮助下,余周周克服了入学初期对学校生活的种种不适应,然而两人却在林杨父母带有偏见的教唆下渐渐疏远。进入初中后,余周周逃离了曾经的旧环境,在新学校中如鱼得水,如愿考入省重点振华高中。林周二人在振华重逢,林杨对余周周既心怀愧疚,又萌生出朦胧的好感,这令

余周周不知如何应对。三年的高中生活中,余周周经历了保送竞争、好友去世等一系列事件,逐渐成长起来,她与林杨的感情也在毕业聚会结束后画上了句号。

《你好,旧时光》于 2017 年 11 月 8 日在爱奇艺首播,播出后收获广泛好评,截至 2020 年 11 月,在豆瓣网上取得了 8.7 分的评分。2018 年 7 月 14 日,该剧在深圳卫视黄金档上星播出,在传统电视剧观众中掀起新一轮观剧热潮,成为网剧上星的标杆。2018 年 10 月,该剧获得横店影视节暨第五届"文荣奖"年度最优剧集奖和第 29 届中国电视金鹰奖电视剧作品奖提名。

(二) 策划亮点

1. 定位

2016 年以来,国产青春电影开始出现颓势,诸多影片在票房和口碑上都惨遭滑铁卢,而与此同时,青春校园题材的电视剧却迎来井喷式发展。在上星剧市场上,《何以笙箫默》获得大量关注,在网剧市场上,《最好的我们》也开创了该题材的新型叙事方式。青春剧不再沉迷于制造"车祸""堕胎""打架""三角恋"等脱离生活的戏剧情节,逐步走向写实、抒情路线[①]。《你好,旧时光》的策划者敏锐地洞察到观众观剧需求的转变,主动沿袭《最好的我们》采用的"生活流"叙事,将平台同类型剧集受众转化为该剧受众,同时打造"全景式青春",通过叙述普通学生群体贯穿整个少年时代的人生际遇,引发受众群体的情感共鸣与身份体认。播放数据显示,《你好,旧时光》18—30 岁观众占比高达 66%,1—17 岁人群占比 17%[②]。这一群体正是平台方的核心用户和竞争力所在。平台通过一系列同类型内容的制作与输出,逐步培养起这一用户群体的观剧习惯和付费习惯,也为后续剧集的类型化、产业化打下了基础。

---

① 张慧:《剧情·人物·主题——以〈你好,旧时光〉为例探析国产青春网络剧的成功之道》,《戏剧之家》2018 年第 15 期,第 103 页。
② 《青春营销扎堆 为什么〈你好,旧时光〉能突围而出》,2018 年 1 月 17 日,环球网,http://ent.ce.cn/news/201801/17/t20180117_27776859.shtml,最后浏览日期:2020 年 6 月 21 日。

2. 选题

八月长安的原著一向以平淡真实著称,既为影视化提供了巨大的改编空间,又为内容的取舍、提炼带来了难题。主创团队在原著错综的故事支线中提炼出学校和家庭两条主要故事线,汲取其中最具代表性的故事单元和人物特质,以细节化的叙事与立体的情感塑造,营造出现象级韩剧《请回答1988》式怀旧氛围,力图以真实感打动观众。用导演沙漠的话来说,该剧的拍摄目标仍是"站在巨人的肩膀上"讲好青春故事,同观众一起"与往事干杯"[1]。

该剧选题的另一个出彩之处,在于它对群像的塑造,剧中配角的"去工具化"及人物的弧光塑造,均反映出主创团队的用心。在中心化叙事盛行的国剧市场上,该剧另辟蹊径,为观众提供了更丰富的讨论对象与交流空间。

3. 创意

《你好,旧时光》改编自热门网络作家八月长安的同名小说,是"振华三部曲"中的第一部,另外两部分别为《最好的我们》和《暗恋:橘生淮南》。因三部小说的故事背景都是振华中学,故被称为"振华三部曲"[2]。2016年,三部曲中第二部《最好的我们》率先完成影视化,并取得了播放量与口碑双丰收的成绩,为后续同系列作品的影视化积累了关注度。《你好,旧时光》在前作的基础上继续关注青春期少男少女的情感经验,并将前作中平淡的戏剧建构方式、切合现实的人物塑造方法沿袭下来,设置了分离、生死等议题,讲述更具生命感的"振华"故事。作为系列剧的创新尝试,该系列两部皆成爆款,连续引爆网民追剧狂潮,为后续爱奇艺"迷雾剧场"等其他类型剧场的开拓建立了品牌口碑。

---

[1] 张雯彦、沙漠:《〈你好旧时光〉开机"全景式"青春情怀再续》,2017年5月16日,网易娱乐,http://ent.163.com/17/0516/15/CKILJ9NS000380EN.html,最后浏览日期:2020年6月21日。

[2] 林米涛:《新媒体环境下青春校园网络剧的生存之道——以〈你好,旧时光〉为例》,《新闻知识》2018年第5期,第81—84页。

4. 制作

该剧前作《最好的我们》反响热烈,主演刘昊然、谭松韵均收获大批粉丝的支持,知名度水涨船高。而新作则未起用原班人马,除去主演,几位主要配角都由年轻的新人演员饰演,在选角过程中,演员气质与角色的贴合度成了重要的考核标准之一。面对爆款剧集的接棒之作,主演们虽然面临压力,却都"付出了100%的努力"[1],在三个月的拍摄途中,贡献出了极具青春感的表演。与年轻演员的选角方式不同,剧中老师们则仍由前作中的张平、张峰等演员饰演,为剧集搭建了与前作间的桥梁。

该剧在道具制作方面也维持了前作的一贯水准,将经典校园符号运用于日常场景中,追求细节元素,打造真实感。制作方在经典教辅资料《5年高考3年模拟》、试卷、黑板报、校服等元素的设计上精益求精,将真实校园感打造为该系列剧的招牌特色。

5. 宣传推广

为了进一步扩大剧集对年轻人群的吸引力和影响力,早在同类题材剧《最好的我们》播出时,爱奇艺就整合了包括直播、音乐、美图等在内的年轻化媒体资源,持续深入接触更加庞大的年轻群体,并将其培养为平台的长期用户。此后,平台又提出内容制作的"青春方法论",将"年轻态""精品化"作为标签,持续输出符合平台用户需求的剧集内容,并通过提升用户活跃度、互动指数进行"破圈"话题的营销输出。配合平台的整体战略,《你好,旧时光》亦主动选择与剧集具有类似标签的合作对象进行广告投放,如麦当劳、京东、free卫生巾等[2]。合作方借助剧集的热度达成了营销效果的提升,而该剧亦通过广告方的固有标签对剧集内容标签进行了加固,从而在维持用

---

[1]《〈你好,旧时光〉探班成人礼 李兰迪张新成CP狂发糖》,2017年7月18日,华龙网,http://cq.cqnews.net/html/2017-07/18/content_42300794.htm,最后浏览日期:2020年6月21日。

[2]《青春营销扎堆 为什么〈你好,旧时光〉能突围而出》,2018年1月17日,环球网,http://ent.ce.cn/news/201801/17/t20180117_27776859.shtml,最后浏览日期:2020年6月21日。

户黏性、提升平台号召力等方面取得了惊人的进展。

第四节 奇幻剧

奇幻剧是幻想类剧集的总称,神怪、仙侠、玄幻、魔幻等泛幻想类形式都可以置于这一框架下审视。奇幻剧有着更大的创作自由,只要符合剧集的节奏和基调,策划者可以在其中加入各类奇思妙想。

对于观众而言,观看奇幻剧就是想要忘记现实逻辑和物理法则,体验某种不可思议的生活和经历。为了达成这一点,策划者不仅要找到脑洞大开的作品,更要为之创造一种令人信服的形式。不论是《一千零一夜》式的连缀小故事,还是《魔戒》式的史诗般冒险故事,不管是斗法还是盗墓,策划者首先要维持自己建立的奇幻体系的合理性。而相较奇幻电视剧,由于网络剧召唤着观众的不断互动和参与,经得起推敲和扩展的设定在网络平台上则更为必要。

除了设定和剧本上的要求,奇幻剧也是最考验制作水准的剧集之一。为了营造想象中的奇异场景,塑造幻想中的生物或神怪,奇幻剧需要大量数字特效和复杂的后期制作,这一方面考验网络剧的工业水准,另一方面也对成本资源的分配选择提出了更高的要求。

具体来说,在奇幻网络剧的策划方面可以加强三个方面的训练。第一是增强大众对奇幻、玄幻等泛幻想类题材的了解,促使他们通过阅读小说,观看欧美、日韩的相关剧集积累对各类奇幻"世界观""设定"的认知。第二是尝试在策划中进行不同模式的创新。奇幻剧因其天然的假定性和幻想性而有较为广阔的形式实验空间,如果在这方面能够做出新意,将可能成为整体策划的亮点。第三是在制作策划中要形成清晰的全局意识,由于奇幻剧往往投资较大,对于剧集中的主次——什么是最能产生效果、打动观众的核心要有明确判断,"好钢用在刀刃上"才能取得最终的良好效果。

虽然有一定的难度,但近年来还是有一批奇幻网络剧取得了巨大的成功,下面以《灵魂摆渡》和《鬼吹灯之精绝古城》为例,对具体策划展开分析。

一、《灵魂摆渡》

(一)案例介绍

《灵魂摆渡》(图2-8)是由巨兴茂、郭世民执导,于毅、刘智扬、肖茵领衔主演的悬疑灵异题材网络剧,讲述了"阴阳眼"少年夏冬青与"灵魂摆渡人"赵吏一同帮助因有心事未了而滞留人间的灵魂的故事。该剧由爱奇艺、完美建信影视出品。

图2-8 《灵魂摆渡》

剧集采用单元故事与主线推进并行的叙述形式,在一个个单独事件的讲述中逐步铺开主线信息。天生有"阴阳眼"的大学生夏冬青在求职途中收到444号便利店发来的神秘邮件,并入职成为便利店的夜班店员。在工作中,夏冬青逐渐发现,这家便利店其实是一间"灵魂驿站",这里白天人来人往,夜里则有各类鬼魂出没。另一位值班店员赵吏的真实身份则是在此驻扎五百年的"灵魂摆渡人"。随着时间推进,两人之间的羁绊逐渐加深,最终,赵吏向夏冬青表明了自己的真实身份,并表示之后还会回来找他。

该剧将《美国恐怖故事》式的氛围营造和天主教"七宗罪"的概念引入本土内容创作中,在刚刚兴起的网剧市场上开拓出了一片新的类型领域。2014年2月末,《灵魂摆渡》正式在爱奇艺平台上线,在播出阶段就已获得不俗口碑,截至2020年11月,在豆瓣网上获得8.5分的评分。最终,该剧获得第五届紫勋奖"中国最佳网络自制剧"奖项,并在 2015 年的网络剧研究报告发布会上横扫最受欢迎男演员奖、最受欢迎女演员奖、最佳编剧奖、最佳网络剧奖等多个荣誉,是灵异题材网络剧当之无愧的代表之作。

(二)策划亮点

1. 定位

该剧诞生于网剧产业发展初期,在《万万没想到》以戏谑姿态闯入大众视野之后,传统电视剧开始遭受互联网剧集内容和运作方式的冲击。嗅到这一契机,《灵魂摆渡》将自身定位为一部集合新鲜人物设定和刺激观剧体验的网络剧。同题材的美剧如《邪恶力量》《康斯坦丁》《美国恐怖故事》等已经证实了该类题材对观众的号召力,《灵魂摆渡》则将中文互联网的流行趋势与之结合,制作出了符合年轻网络群体喜好的新剧集。相较于剧情紧凑、环环相扣的《邪恶力量》等美剧,《灵魂摆渡》的单元化叙事为观众的非连续性观看提供了空间,符合网络时代观众碎片化的观看需求[①]。同时,该剧亦将"呆萌""逗比"等流行词汇吸纳进三位主角的人设中,将社会热点话题融入单元故事,引发了年轻群体的广泛共鸣和参与感[②]。

2. 选题

制作前期,主创团队就将该剧描述为"温情恐怖"剧集,力图在惊悚格调的包装下叙述人心的交错复杂。剧中 19 个单元故事大多与现实议题相关,如《赎罪》讲述"双胞胎惨案"[③],《旅途中的男人》反映房价给人们带来的生存压力,以映射现实的方式完成其内容的落地。虽有《蜗居》《双面胶》等现实题材力作珠玉在前,《灵魂摆渡》仍以其类型化的叙事、风格化的制作在国剧

[①] 张晨起:《中美灵异悬疑电视剧叙事元素探究——以〈灵魂摆渡〉和〈邪恶力量〉为例》,《中国报业》2017 年第 14 期,第 46—47 页。
[②] 《〈灵魂摆渡〉取材接地气 社会百态引人思》,2014 年 3 月 17 日,网易娱乐,http://ent.163.com/14/0317/11/9NHKFTCG00031GVS.html,最后浏览日期:2020 年 6 月 21 日。
[③] 《〈灵魂摆渡〉讲述"双胞胎惨案"讨论社会话题》,2014 年 3 月 18 日,网易娱乐,http://ent.163.com/14/0318/10/9NK47K2U00031GVS.html,最后浏览日期:2020 年 6 月 21 日。

市场上显示出区分度。

神话故事作为一种传播广泛的民间资源，其影像化已成常态①。本剧立足本土，二次创作神话故事，如各路主创就以哪吒的故事为母本，推动《哪吒闹海》《十万个冷笑话》《哪吒传奇》等一系列动漫、剧集的二次创作，哪吒也由此成为当代观众体认本土文化的重要人物形象之一。在《灵魂摆渡》中，九天玄女、鬼差被加工为主线人物的原型，剧集保留了他们的能力设定，同时添加了普通人的性格元素，使这些神话角色更贴近真实生活。

3. 创意

自 2003 年推出的《纸牌屋》取得成功之后，Netflix 公司就逐步形成了一套以大数据为基础，将内容创意与数据分析结合的剧集制作模式。该模式从内容出发，以观众至上，生产的剧集在国内市场亦收获不菲成绩。爱奇艺创新性地引入这一模式，主动求变，成功在自制网剧崛起的转折点上把握住了机会，以《灵魂摆渡》这一原创 IP 完成了对该模式的首度本土化实践。从第一季到第三季，该剧主创不断从数据反馈中获取信息，并对故事走向、风格进行战略调整。虽然第三季口碑有所下滑，但基于大数据分析得出的创作方向仍为这一系列剧集提供了坚实的质量保障。值得注意的是，Netflix 已逐渐开始对原有模式进行调整，爱奇艺能否同样把握风向，及时避开暗礁，还要留待时间检验。

4. 制作

《灵魂摆渡》第一季总投资约为 700 万人民币，作为小成本网络剧，该剧拍摄场景选择受限，后期制作预算较低。针对这一情况，郭靖宇团队将《美国恐怖故事》式的配色风格与重金属音效相结合，并采用大量同期声，以达到惊悚恐怖的效果②。团队利用精湛的摄影、打光和录音技巧，在便利店、老

---

① 张晨起：《中美灵异悬疑电视剧叙事元素探究——以〈灵魂摆渡〉和〈邪恶力量〉为例》，《中国报业》2017 年 14 期，第 46—47 页。
② 《郭靖宇团队加盟〈灵魂摆渡〉，打造"中国式灵异"》，2014 年 3 月 10 日，网易娱乐，http://ent.163.com/14/0310/14/9MVTMIGP00031GVS.html，最后浏览日期：2020 年 6 月 20 日。

房子、楼梯口等日常生活场景中构建出一个个具有诡异感和陌生感的戏剧空间，凭借真实音效和希区柯克式的剪辑手段，为观众创造出了悚然的观剧体验。在特效制作普遍预算不足的情况下，《灵魂摆渡》正是凭借制作团队的技术手段，打造出了第一季的 19 个灵异故事，并在同类型剧集中脱颖而出。

5. **宣传推广**

从宣推角度来看，《灵魂摆渡》作为平台自制网络剧缺少 IP 剧的原著粉丝量与前期关注度，难以撬动突破圈层的讨论话题。为了"破局"，宣传方在制作期间就打出"温情恐怖剧集"称号，在缺乏灵异恐怖题材的国剧市场上独树一帜，在多个社交平台引发了广泛讨论。同时，该剧亦将主创团队成员郭靖宇、小吉祥天等人推到台前，小吉祥天"现实版夏冬青"的称号广为流传，为剧集的前期热度增添了一把火[①]。

该剧第一季大获成功之后，平台利用大数据资源收集受众反馈信息，将原创 IP 再孵化，并于后续推出第二季、第三季和网络电影等衍生产品，后续系列产品反哺原生剧集热度，延长了剧集的活跃时长。

二、《鬼吹灯之精绝古城》

（一）案例介绍

《鬼吹灯之精绝古城》（图 2-9）是改编自天下霸唱所著同名小说的奇幻题材网络季播剧。该剧由孔笙导演，侯鸿亮制片，靳东、陈乔恩、赵达、岳旸等人主演，讲述了胡八一、Shirley 杨与王胖子一起历经万险来到塔克拉玛干沙漠的精绝古城遗址寻找"鬼洞"的故事。该剧由企鹅影视、梦想者电影、正午阳光影业联合出品。

剧中主角是有十年部队当兵经历的胡八一，在复员之后回到北京，与好友王胖子重逢。两人与潘家园的古玩老板大金牙不打不相识，在大金牙和

---

① 条姐、小吉祥天：《专访〈灵魂摆渡〉编剧小吉祥天　诡异传说缠身，诡编正身其实……》，2018 年 2 月 8 日，搜狐网，https://www.sohu.com/a/221624478_130677，最后浏览日期：2020 年 6 月 21 日。

图 2-9 《鬼吹灯之精绝古城》

王胖子的劝说下,祖上有摸金经历的胡八一加入了"倒斗"队伍,又结识了美国来的出资人 Shirley 杨。一行人上雪山、进沙漠,凭借各自的本领渡过重重难关,在沙漠深处找到了传说中的精绝古城。在一番惊险的探索之后,他们最终揭开了精绝女王的秘密,顺利逃离沙漠,回到了北京。

该剧作为 IP 改编剧的典型之一,自 2016 年 12 月 19 日在腾讯视频播出起,播放量就持续走高,至 2017 年 7 月末,播放量已突破 43.6 亿。在收视率丰收的同时,该剧也在豆瓣开出 8.0 分的高分,在腾讯视频平台更是取得罕见的 9.6 分。从内容选取到制作发行,《鬼吹灯之精绝古城》步步为营,至今仍是同系列网络剧中的翘楚之作。

(二) 策划亮点

1. 定位

作为自带流量的《鬼吹灯》系列改编作品,该剧并未止步于满足书粉的观看需求,在保留胡八一自我价值转变故事线的基础上,制作方对原作中的冒险故事线进行了调整改动,增添波折、把控节奏,使其更贴合网络电视剧体裁的制作要求。这与同系列作品中定位于青春戏的《黄皮子坟》、定位于粉丝剧的《怒晴湘西》打出了明显区分度。近年来,随着 IP 热潮兴起,书粉群体和其他剧集观众群体已然呈现割裂化趋势,双方对于剧集的改编要求大相径庭,如何平衡剧集与观众之间的关系是制作方亟待解决的难题。管虎操刀的《黄皮子坟》在豆瓣仅开出 5.2 分,观众对该剧的编剧认可度也仅为

141

4.2%,足证改编的难度①。而《鬼吹灯之精绝古城》的制作方在保留原作核心情节的前提下,大胆拓宽定位,抓住书粉和剧集观众的共同需求,成功将剧集推向了更广阔的市场。

2. 选题

盗墓题材剧集常以本土风水文化为基底,贯之以悬疑线索、冒险情节,通过探险来推动故事进展,近年来已经发展成悬疑类型下的一个特殊子类型。《鬼吹灯之精绝古城》将故事背景设置在20世纪的中国,将参军、知青等的经历编织进主角人设,对当时该类群体的人生经验、情感结构进行精准刻画,并通过细节化的道具呈现将观众带回历史语境,最终使盗墓故事在剧中落地。

3. 创意

创作者将故事植根于历史片段,同时又留有对非人生物、古老传说的想象。剧集充分发掘了这一特质,通过数字技术等制作手段,完成了对人与非人之间虚构情节的复原,创作出具有强烈视觉冲击力的影像。剧集从本土神话、志怪传说中选取了具有较高辨识度的形象,依照现代审美,塑造出尸香魔芋、精绝女王等形象,制造视觉奇观化的效果。叙事方面,在主角团队从雪山到沙漠的探险历程中,人与非人怪物的较量构成主要的叙事张力,奇诡的故事和奇观化的场景形成了合力。

4. 制作

天下霸唱的原著以异化的生物、惊悚的场面见长,其改编难度较大,对制作要求极高。为还原书中场景,制作组赶赴北京、敦煌、新疆等地取景,历时三月拍摄成片,每集制作成本均在500万元人民币以上②。在道具方面,

---

① 星星:《四年4部,口碑不一,〈鬼吹灯〉系列的得失在哪儿?》,2020年4月13日,界面网,https://www.jiemian.com/article/4247265.html,最后浏览日期:2020年6月18日。
② 《鬼吹灯之精绝古城在哪拍的?精绝古城真实存在吗?精绝古城那花叫什么》,2016年12月12日,中国投资咨询网,http://www.ocn.com.cn/news/life/201612/eivvw12112519.shtml,最后浏览日期:2020年6月18日。

美术团队共绘制了四十多幅效果场景,对书中的水银小孩、猪脸蝙蝠、火瓢虫等生物进行可视化处理,力图重现书中惊悚氛围。为拍摄原著中高大的僵尸"红犼",剧组找到身高2.36米的特型演员,经过特效化妆、后期制作等多个步骤,最终呈现出突破观众期待的效果[①]。正是因为对道具细节的精益求精,《鬼吹灯之精绝古城》甫一亮相就抓住了观众眼球,良好的制作为其整体质量、后续推广增添了一道保险。

5. 宣传推广

2015年11月,在剧集立项之后,宣传方就已开通剧集相关微博,持续输出话题(如"♯胡八一周一见♯"等互动话题)和宣传物料,并积极转发粉丝产出内容,增强粉丝黏性[②]。至2016年年底剧集上线之前,该剧已在微博积攒大量人气,并依靠粉丝基础盘持续向外输出话题,引发了突破圈层的讨论。

在选角方面,该剧选择了靳东、陈乔恩等具有票房号召力的明星演员作为主演,借助演员多年建立的口碑,提高观众对剧集质量的信任度。同时,该剧亦在PC、Pad、Phone三屏上线,多屏联动,将屏幕用户最大限度转化为剧集观众,取得了不菲战绩[③]。

第五节 刑侦剧

刑侦剧是刑侦、探案、侦探、推理类剧集的总称,围绕犯罪和对犯罪的侦破展开,通过悬疑带动剧情发展,主要人物往往是警匪双方。以凶杀和死亡为谜题的刑侦剧有着其他类型难以企及的悬念和故事性,作案的手法、犯案的动机、破获的方法及背后折射的社会问题都提供了丰富的展开空间。

---

① 张翼飞、李敏源:《新时代网络文学影视改编的困境与突围——以〈鬼吹灯之精绝古城〉为例》,《戏剧之家》2019年第14期,第94—96页。
② 同上。
③ 温卓方:《网络自制剧的营销策略分析——以腾讯视频〈鬼吹灯之精绝古城〉为例》,《戏剧之家》2017年第18期,第96—97页。

日本推理小说的本格派和社会派、欧美侦探小说塑造的硬汉侦探形象、电影史上的警匪片经典，香港 TVB、美剧、日剧的相关创作，给国产刑侦剧提供了丰富的参考脉络，但同时也让创新变得极为困难。相较前互联网时代电视剧观众相对狭窄的视野，网络剧的观众是在全球流行文化的数据库中成长起来的，他们更加熟悉各类谜题和手法的套路，仅仅进行某种"山寨"或变形不再适应网络剧观众的需求。策划和创作一部合格的刑侦网络剧要从剧内外多个层面进行思考，制作出契合当下网络和社会氛围的真正具有新意的作品。

具体来说，在进行刑侦网络剧的策划时可以重点进行三方面的训练：第一是大量分析侦探、推理、悬疑类小说，对基本谜题、手法的脉络和演变形成全面了解，这样在策划选题时便能准确判断特定手法是否合适、创新度如何；第二是在策划中找到刑侦案件与社会议题的平衡点，对案件的侦破和关于犯罪所处社会环境氛围的塑造和探讨要能做到相互激荡、形成加成效果；第三是要尽量结合其他类型，在刑侦剧的框架内填充更多的内容，争取更多的目标受众，在宣发阶段的网络互动中拓展生长空间。

值得欣喜的是，网络自制剧在很短的时期里已经出现了一批高质量的刑侦剧，这在一定程度上也标志着网络剧自身的成熟，下面以《白夜追凶》《无证之罪》《余罪》《隐秘的角落》为例，展开具体的分析。

一、《白夜追凶》

（一）案例介绍

《白夜追凶》（图 2-10）是五百监制，王伟执导，潘粤明、王泷正、梁缘、吕晓霖、尹姝贻等领衔主演的悬疑推理网剧。讲述了由于一场灭门案，原本逍遥浪荡的关宏宇成了在逃通缉嫌犯，离职的刑侦支队队长的双胞胎哥哥关宏峰誓要查出真相。调任代支队长的周巡出于破案压力，也为了追寻关宏宇的下落，让离职的关宏峰以"编外顾问"的身份继续参与调查。关宏峰向警队所有人隐瞒了一个惊人计划：由于哥哥关宏峰患有"黑暗恐惧症"，白天和黑夜出现在警队的"顾问关宏峰",其实是由孪生兄弟二人昼夜分饰。性格迥异的兄弟两人在警队中马脚不断,在随时可能被周巡及各路人马发现的危险之下,一路侦破了各种大案要案,并伺机调阅灭门案的案卷,查出真相。

图 2-10 《白夜追凶》

该剧由优酷出品,公安部金盾文化影视中心、北京凤仪文化传媒有限公司、五元文化传媒有限公司联合出品。截至收官,《白夜追凶》在优酷播放量超过 25 亿次。其海外播放权被世界最大的收费视频网站 Netflix 买下,已在全球 190 多个国家和地区上线。这是 Netflix 首次买下中国内地网络电视剧版权[1]。

(二) 策划亮点

1. 定位

作为优酷的自制剧,《白夜追凶》在策划之初就被定为以都市青年为目标受众的"超级剧集"。2017 年 4 月,优酷提出"超级剧集"的概念,认为具备跨媒体联播、电影级制作、有影响力的 IP 和有号召力的明星等因素的"超级剧集"正在改变行业的格局[2]。

尽管《白夜追凶》被视为优酷"超级剧集"的代表,但《白夜追凶》并非完全符合优酷提出的"超级剧集"特征。比如,尽管该剧有电影化的视听设计,

---

[1] 《Netflix 买下〈白夜追凶〉海外发行权》,2017 年 11 月 30 日,澎湃网,http://www.thepaper.cn/newsDetail_forward_1886730,最后浏览日期:2020 年 6 月 20 日。

[2] 《优酷发 50 部剧综 杨伟东:单集剧制作水平将超越电影》,2017 年 4 月 20 日,新浪科技网,http://tech.sina.com.cn/i/2017-04-20/doc-ifyepsch2113264.shtml,最后浏览日期:2020 年 6 月 20 日。

并凭借优酷的平台效应获得了广泛传播,但并没有成熟 IP 和当红明星的加持。究其原因,所谓"超级剧集"更多是一种面向特定受众的分类,而非具有严格特征的类型。按照原优酷总裁杨伟东的说法,电视剧根据受众不同,分为"黄金档剧集""超级剧集""网络剧集"三种,其中"黄金档剧集"题材主打合家欢,"超级剧集"以中青年用户为主,"网络剧集"则主打低龄人群。《白夜追凶》在题材选择、人物设定、视听设计等方面都根据目标受众作了自觉的调整。某种意义上,该剧没有借助成熟 IP 和当红明星反而使它进一步节约了成本,以每集不到 300 万元的投资实现了较高的制作水准。

2. 选题

《白夜追凶》的案件题材没有太强的特殊性,诸如连环杀手、集团贩毒等案件都是同类型影视作品中常见的内容,使《白夜追凶》脱颖而出的主要是案件侦破过程的专业性。本剧编剧指纹出身法学世家,而且曾是一名从业 11 年的刑诉律师,熟悉法医学、解剖学、犯罪心理学等专业知识。与同类型剧集相比,《白夜追凶》也更加注重将现代刑侦技术融入故事设计。警队顾问关宏峰不仅是一名推理能力非凡的神探,同时也是一名经验丰富的刑警。他会更多地借助各种现代刑侦技术,形成严密的证据链,诸如同卵双胞胎 DNA 相同、指纹不同等专业知识,更是成为剧情发展、揭示真相的关键线索。

3. 创意

在剧中,潘粤明同时饰演关宏峰、关宏宇两个长相相同、性格迥异的角色。而在银幕上呈现出来的实际上是四个角色,即警队顾问关宏峰、嫌犯弟弟关宏宇,以及关宏宇假扮的关宏峰和关宏峰假扮的关宏宇。这种扮演不仅大大提升了本剧在表演层面的观赏性,也构成了全剧的创意核心[①]。

在关宏峰和关宏宇之间甚至两个角色内部,都有丰富的戏剧张力:关

[①] 张智华、刘佚伦:《当下中国侦破题材网络剧发展趋向探析——兼谈网络剧〈白夜追凶〉的成功秘笈》,《艺术评论》2019 年第 1 期,第 42—50 页。

宏峰是警察,在明处,白天行动,性格却内敛、神秘;关宏宇是嫌犯,在暗处,夜晚行动,性格却开朗、坦诚。两个人物的动作、语言、造型、光效无不在强化这种戏剧张力。充满戏剧性的人物设置不仅使推理过程妙趣横生,更与"2·13 灭门案"的真相有千丝万缕的联系,构成了全剧最重要的叙事动力。

4. 制作

服装、道具等方面都得到了公安部金盾文化影视中心的专业指导。在美术方面,诸如警察局、医院、物证鉴定中心等场景都是实景拍摄,而法医实验室等无法取景的地点则采用一比一还原搭建。

该剧在制作方面的另一特点是出色的节奏控制。据《新京报》调查,在 214 位 18—40 岁年龄段的受访观众群里,平时使用倍速观看视频的接近七成(67.38%)[1]。传统电视剧面向合家欢,一个重要功能是充当家庭生活和家务劳动的背景音,而网络剧集的主要观剧场景则多为独自观看,观剧注意力更为集中,对节奏的要求也更高。导演王伟提道:"涉及支线剧情破案进展,我就把节奏加快,主线上的兄弟之间、跟周巡之间,我就会把节奏放缓,放大他们内心。"[2]快节奏支线借鉴了同类型美剧的快速推理,较慢节奏的主线则给人物塑造以更大的空间。

5. 宣传推广

《白夜追凶》由于没有使用成熟 IP 和流量明星,在宣推方面并不具备"先发优势"。宣推方采取了高效的营销推广策略,利用全媒体打造"线上线下"双线合一的营销推广模式。例如,通过微博海报制造悬念,吸引用户互动,在公交车站进行线下推广,都实现了对都市青年白领等目标受众的精准投

---

[1] 杨莲洁:《近七成观众追剧用倍速,因为作品太"慢"了》,2019 年 9 月 23 日,新京报网,http://www.bjnews.com.cn/feature/2019/09/23/628419.html,最后浏览日期:2020 年 6 月 17 日。

[2] 杨茜、谢履冰:《〈白夜追凶〉豆瓣 9 分:观众的智商一定是比编剧高》,2017 年 9 月 16 日,澎湃网,https://www.thepaper.cn/newsDetail_forward_1795574,最后浏览日期:2020 年 6 月 17 日。

放。同时,该剧依托阿里大文娱进行了有效的流量转化。2017 年 9 月 14 日,"上淘宝搜《白夜追凶》"活动在各个社交平台刷屏传播,超过 3 000 万人在淘宝搜索《白夜追凶》,参与了与潘粤明的"视频聊天",这已成为近年来网络剧跨界推广的典型案例。

二、《无证之罪》

(一) 案例介绍

《无证之罪》(图 2-11)是由吕行执导,秦昊、邓家佳、姚橹、代旭、王真儿等联合主演的犯罪悬疑网络剧,根据紫金陈同名小说改编。该剧讲述了在冰雪覆盖的哈松市,警察严良临危受命,解开由"雪人"连环杀人案引起的一系列谜团。严良通过推理锁定了凶手骆闻,却发现他面对的是一场几乎没有证据的完美犯罪。骆闻杀人的真正目的,是找到七年前杀害自己妻女的杀手李丰田。在与李丰田的较量中,严良付出了巨大的代价,先后失去了亦敌亦友的骆闻和养子东子,终于查清了案情真相,并击毙了李丰田。

图 2-11 《无证之罪》

该剧由爱奇艺和华影欣荣影业联合出品,资深制片人韩三平监制,是爱奇艺"超级网剧模式"的一个成功探索案例。"超级网剧模式"即对标美剧模式,采用"季播+周播"的排播模式,提升单集投资成本,注重提升故事质量和视听质感。截至最终集,《无证之罪》共收获了 4 亿播放量,在豆瓣获得 8.3 的评分。剧集获得 2018 年纽约国际电视电影节"最佳犯罪剧集铜奖"等奖项,并发行到海外多个地区。

（二）策划亮点

1. 定位

经典的国产悬疑剧多为长篇连续剧，篇幅和节奏不适应青年观众的观看习惯。据统计，截至 2020 年 12 月，我国网民年龄构成仍以 10—39 岁群体为主，占整体的 51.8%[①]。近年来，从爱奇艺的《心理罪》《余罪》《美人为馅》，到腾讯视频出品的《如果蜗牛有爱情》《毛骗》，再到优酷出品的《十宗罪》《白夜追凶》，国产悬疑剧已经从以往长篇电视剧中跳脱出来，转换成节奏感更强、叙事手法更多、悬念设置更精彩的网络剧[②]。本剧不仅在排播模式上借鉴美剧，而且相比原著小说，故事发生地点由原著中炎热的南方城市改为了冰雪覆盖的"哈松市"，剧情也更为冷峻和紧凑，这种"冰冷暴力美学"更贴近年轻观众的口味。

2. 选题

自从《唐人街探案》系列在 2015 年走红，"本格推理"的影视作品已经被广泛接受。本剧另辟蹊径，主打"社会派推理"。不同于"本格推理"注重侦破过程、推理与逻辑本身，"社会派推理"更加注重展现案件背后的社会问题。《无证之罪》不止步于通过推理找到真凶的逻辑游戏，而是进一步探索促使真凶犯罪的背景原因。同时，该剧在人物设置上也非常注重映照现实：在律师事务所打工的郭羽的内心失衡，开快餐店的兄妹的深情和无助，放高利贷的黑社会老大的胆小懦弱……这些带有现实感的边缘人故事，让主流观剧人群既有代入感，又能保持某种安全距离。

3. 创意

《无证之罪》很大程度上打破了推理悬疑剧的常规，在讲述雪人杀人案、黄毛被杀案等一系列案件时，没有将真凶设置为贯穿始终的悬念。雪人杀

[①]《第 47 次〈中国互联网发展状况统计报告〉》，2021 年 2 月 3 日，中国互联网信息中心，http://www.cac.gov.cn/2021-02/03/c_1613923423079314.htm，最后浏览日期：2021 年 3 月 5 日。

[②] 张铃佳：《浅谈中国网络悬疑推理剧的创新发展——以〈无证之罪〉为例》，《戏剧之家》2020 年第 11 期，第 73—75 页。

人案的真凶骆闻在第二集黄毛被杀案时就已经出现；李丰田在第五集结尾出场时，观众也已经通过他的标志性动作辨认出他正是本案的真凶。片名"无证之罪"已经体现出本剧的核心创意点，即包括观众在内，所有人都知道真凶的身份，但刑侦人员因为没有证据而无法将其抓获。

这种设置并非取消悬念，而是将故事悬念转变为骆闻杀人的真正原因，以及严良、骆闻和李丰田展开生死较量的过程。这使观众在知道真凶的情况下仍然能保持观看的兴趣，并且将故事重心从单纯地寻找线索和推理扩展到了更为广阔的社会领域。

4. 制作

《无证之罪》是爱奇艺的自制剧。以往视频平台往往采用独家买断、其他制作团队拍摄的剧集模式，这种模式需要视频平台通过大量宣传推广，才能抵消高昂的版权费用。而自制剧可以将投入集中于作品本身，并且便于对作品质量进行把关，针对平台受众大数据有的放矢。

本剧注重通过强化地域特征营造现实感。在选角上，该剧没有使用片酬昂贵的流量明星，男女主演分别选择了第一次出演网剧的秦昊和尝试转变角色类型的邓家佳，其他人物的选角也尽量贴合角色，而不过分追求演员自身的知名度。多位东北籍演员的本色出演使剧中的东北冰城真实可感。

剧中精心设计的摄影和灯光也打造出风格冷峻的影像质感，十分贴合冰城罪案的故事设定。该剧尤其擅长低调摄影和人工光源拍摄夜景戏和室内戏，而且根据人物角色性格、身份不同，各有侧重：在塑造严良等正面角色时，侧重于通过光影变化表现人物的内心世界；塑造李丰田等反面人物时，常常通过脚光表现人物的阴鸷乖戾。

5. 宣传推广

《无证之罪》在宣推方面注重口碑推广，虽然剧集推出后，导演叶伟民、《心迷宫》导演忻钰坤、《心理罪》编剧顾小白等制作过优秀悬疑类作品的电影人纷纷为该剧背书，但是与精良的制作相比，本剧的宣推力度稍显不足，甚至成为短板。该剧播出期间，宣发方仅组织了屈指可数的线上和线下活动,并且受众的参与度也远低于同期的类似剧集。这在一定程度上影响了剧集的热度。

三、《余罪》

(一)案例介绍

《余罪》(图2-12)是由张睿执导,张一山、常戎、吴优、张锦程等担任主演的悬疑犯罪网络剧。该剧改编自常书欣同名小说,讲述了警校学生余罪在一场特训选拔过程中卷入贩毒团伙斗争,成为卧底,并在黑白两道之间、情与理之间周旋抉择的故事。剧集共分两季,由爱奇艺、新丽传媒、天神娱乐联合出品,分别于2016年5月和6月播出。

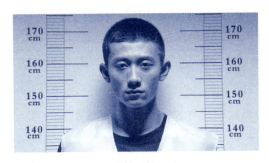

图2-12 《余罪》

剧中,余罪因一场校内斗殴而意外引起了警界风云人物许平秋的注意,他与同学一起来到羊城参与集训,之后因被算计而入狱。在狱中,余罪与毒贩老大傅国生把酒言欢,与此同时,许平秋也向余罪抛出橄榄枝,并最终说服他成为卧底,埋伏在傅国生手下。随着故事的发展,余罪巧妙地除掉了将他视为眼中钉的毒贩郑潮,又在卧底兄弟鼠标等人的帮助下逐步赢得了傅国生的信任,并一步步攻破了傅国生的毒品集团,找到了真正的幕后黑手沈嘉文。最终,傅国生被捕,余罪亲自提审他,从他口中得到了有关沈嘉文的犯罪线索。

《余罪》凭借逼真的事件、紧凑的情节、极具信服力的人物塑造，顺利地从一众网络剧中脱颖而出，成为 2016 年度平台自制剧市场中的一匹黑马。上线 7 天，该剧播放量累计已超过 2 亿次，截至 2016 年 7 月 14 日，播放量累计超过 30 亿次，掀起后续悬疑犯罪精品网剧的热潮①。

（二）策划亮点

1. 定位

21 世纪以来，年轻观众接触海外剧集内容的渠道增多，快节奏、强逻辑、反转丰富的英美剧、日韩剧塑造了观众的新口味，提升了观众的传媒艺术素养，倒逼国产剧进行定位改革。与此同时，网络视频用户数量呈现井喷式扩张，用户观剧时间呈现出碎片化、移动性特点②。在此基础上，爱奇艺推出一系列以悬疑、玄幻、人性为主打的网络剧，力图与其他平台打出区分度，将受众分类进一步细化。截至 2017 年 7 月，数据显示，《余罪》受众群体中约有 91.96% 处于 30 岁以下年龄段，其中 25 岁以下年龄段占到 78.26%③。项目策划者精准地捕捉到了该年龄段用户的观剧需求，在刑侦网剧市场相对空白的环境下，承担着敏感题材的风险，打响了该类型的第一枪。

2. 选题

原著作者常书欣早年与警察、底层犯罪者、黑帮人员长期深入接触的经历，为后续剧集制作提供了宝贵的经验，生于市井、细节丰富的罪案叙事亦向观众提供了陌生化的观剧体验④。21 世纪以来，《神探夏洛克》《犯罪心

---

① 《张一山余罪逆袭成热剧原因　中成本视频自制剧成主流？》，2016 年 9 月 9 日，秀目网，http://www.xiumu.cn/yule/a/201609/146589.html，最后浏览日期：2020 年 7 月 2 日。
② 朱荣清、张志巍、夏浪波：《解读受众视域下网络剧的发展路径——以网络剧〈余罪〉为例》，《今传媒》2016 年第 11 期，97—99 页。
③ 参见《一张图告诉你余罪有多火》，新浪微博，https://ww2.sinaimg.cn/mw690/006tZjojw1f5vy8xnfxoj30wtj1h7wl.jpg，最后浏览日期：2020 年 7 月 2 日。
④ 常书欣、莫琪：《网剧〈余罪〉原著者常书欣：被关过一年，所以写得出很多细节》，2016 年 6 月 14 日，澎湃网，https://www.thepaper.cn/newsDetail_forward_1483440，最后浏览日期：2020 年 6 月 9 日。

理》《犯罪现场调查》等英美犯罪剧风靡全球,而以《余罪》为代表的刑侦剧也是各类犯罪剧母题在国内市场上的复现[①]。

3. 创意

"心向正义,身有余罪。"《余罪》颠覆了以往刑侦剧中警察脸谱式的正派形象,聚焦于自利的"痞子"警校生"贱人余"。在警匪角力过程中,余罪逐步成长为平民英雄,凭借其抵抗性、反叛性在青年群体中引发广泛共鸣。同时,余罪身边的几位朋友,如鼠标、张猛、汪慎修等人,也各有其成长轨迹,而具有传统正派主角气质的警察解冰则被塑造为余罪成长道路上的阻碍人物。主角及其卧底朋友们作为"文化调停者"游走于两个阶层之间,以警察的身份与犯罪者共情,并除掉异化的犯罪者,最终促成阶层之间的和解[②]。稍有遗憾的是,剧中女性角色仍然呈现出脸谱化、工具化的特点,如实力派女警林宇婧在剧集后期就常为剧情牺牲角色魅力。但瑕不掩瑜,《余罪》仍然凭借其主要角色的人格魅力吸粉无数,成为当之无愧的网络剧黑马。

4. 制作

与《无间道》《英雄本色》相比,《余罪》的剧情张力更贴近《蝙蝠侠》一类的漫画,天马行空的情节萌生于现实主义土壤,在视觉呈现方面颇具难度。导演张睿团队仿造"哥谭市"布景,在深圳郊县打造了一片色调湿暗的赛博空间,供黑白两道人物在其间穿行。尽管由于资金的限制,最终布景完成度甚至未能达到张睿预期的十分之一,但制作方还是在有限的条件下基本还原了故事的全貌[③]。

此外,在前期拍摄完成之后,《余罪》的后期团队一改再改,前后做出四

[①] 付李琢:《罪案题材网络剧如何拥有现实主义品格?》,《中国文艺评论》2018 年第 6 期,第 27—35 页。
[②] 同上。
[③] 张睿、邵乐乐:《专访〈余罪〉导演张睿:作为行业捞钱工具的自制网剧,离精品化还有多远》,2016 年 7 月 2 日,界面网,https://www.jiemian.com/article/725362.html,最后浏览日期:2020 年 6 月 9 日。

版剪辑,在传统电视剧的剪辑节奏、方法上进行大量修改、试错,精准把握了网剧观众的观剧习惯。

5. 宣传推广

作为刑侦题材网剧的试水之作,《余罪》在上线之初就与当时市场上大热的仙侠、偶像、穿越等题材有所区分,其题材的差异化也成为后期营销过程中的一张王牌。此外,爱奇艺也利用 iPad、PC、电视、智能手机等多屏输出的优势,迅速整合了泡泡圈、爱奇艺商城、奇秀直播等自带资源,积极引导观众互动,并将提炼出的剧情亮点、槽点打造成讨论话题,投放至微博等平台进行发酵[①]。宣传方充分利用了演员张一山的童星身份,将"余罪"这一角色在剧中的戏份与张一山曾经参演的《家有儿女》关联起来,引爆了数个讨论度极高的微博话题,将《余罪》的热度稳定在同期剧集的前列,最终促成了剧集从播出到收官话题度一路走高的成功局面。

四、《隐秘的角落》

(一) 案例介绍

《隐秘的角落》(图 2‒13)是由韩三平监制、辛爽执导,秦昊、王景春领衔

图 2‒13 《隐秘的角落》

---

① 张浩、李娟:《网剧运作模式探析——以〈余罪〉为例》,《哈尔滨师范大学社会科学学报》2017 年第 5 期,第 138—141 页。

主演,荣梓杉、史彭元、王圣迪特别主演的悬疑题材网络剧。该剧改编自紫金陈的推理小说《坏小孩》,主要讲述了沿海小城的三个孩子因在景区游玩时无意拍摄记录了一次谋杀,而由此展开在成人世界冒险的故事。

剧中,曾为了妻子背井离乡八年的数学老师张东升因遭遇婚姻危机而难以自处,妻子对离婚态度决绝,岳父母也不待见他。种种压力之下,张东升心生歹念,在爬山途中将岳父母从悬崖推落。不巧,这一幕被朱朝阳、严良和普普在游玩途中意外录下。普普为了给远方的弟弟凑钱治病,与两个同伴密谋勒索张东升。双方在小城中斗智斗勇,整个事件日渐失控,越来越多的人被卷入其中。张东升在仓库中点燃一场大火,希望将这件事埋葬于此,而朱朝阳和严良却成功逃离火场,破坏了他的计划。

《隐秘的角落》于 2020 年 6 月 16 日在爱奇艺平台播出,作为爱奇艺"迷雾剧场"的第二部自制悬疑短剧集,一经播出即收获不凡口碑,截至 2020 年 11 月,在豆瓣网取得 8.9 分的高分,为"迷雾剧场"开拓了市场,成为悬疑类型本土化网剧的代表之作。

(二)策划亮点

1. 定位

在 2014 年至今的网剧市场上,与传统电视剧体量接近的长剧集始终占据着主流。为增加粉丝黏性,提高剧集收益,部分剧集制作方亦会选择对内容进行"注水",将篇幅较少的剧本拍摄制作成篇幅较长的剧集上线。近年来,这类"注水剧"的观众弃剧率正在逐年上升[①],而《我是余欢水》《十日游戏》《隐秘的角落》等短剧则异军突起,先后引发观剧热潮,成为"爆款"[②]。

一系列短剧以其精练的内容、优良的制作迅速在长剧市场中开辟出一席之地,较少的剧情容量减少了以往"注水剧"中情节拖沓、表演粗糙等现象,编剧、导演、演员、美术等各部门得以对剧集精益求精,剧集整体性、连贯

---

① 胡蔚:《短剧的未来关键还要看品质》,《中国新闻出版广电报》2020 年 7 月 30 日,第 3 版。
② 张颐武:《短剧挤水 愈短愈精》,《甘肃日报》2020 年 7 月 23 日,第 9 版。

性、节奏性大幅提升。《隐秘的角落》抓住了原著的故事内核,以朱朝阳和张东升二人为核心,重新组织双线叙事,节奏紧凑、抓人眼球,成为2020年暑期网剧市场上的一匹黑马。

2. 选题

相较于充满隐喻色彩、更为贴近现实的原著《坏小孩》,剧版《隐秘的角落》更注重对成人世界中人际关系的讨论。在改编过程中,主创团队经历了两次叙述重心的"偏离",并最终将剧集定位为家庭悬疑剧,"第一属性是家庭,然后才是悬疑"①。剧中朱朝阳同时面对着母亲极具控制欲的亲情、父亲的放养和漠不关心,在两种畸形情感的包裹中,他的成长之路注定艰难,这些经历塑造了他的性格,也最终将他推入案件漩涡之中。而另一核心人物张东升则作为当地家庭的闯入者遭受冷眼、排挤,其后续一系列行为的动机均来自家庭带来的压力。

借由对多种社会阶层之中的家庭关系的讨论,该剧主创期待唤起观众"对夏天、对童年的体感",以及"对父母的微妙情绪变迁"②的感触。比起拍出锋利的刀刃,主创更希望"让观众看到刀口所剖开的更深处的内容"③,唤起观众对社会各层面情感结构的关注与反思。

3. 创意

该剧导演辛爽出身乐队,从《幻乐之城》开始拍摄音乐类短片,并逐步开始进行故事片创作。在《隐秘的角落》创作过程中,辛爽借鉴了电影《社交网络》的视听手段,尝试以音乐为载体,将悬疑感和生活化相结合,进行剧集文本构建。剧本创作与配乐创作相辅相成,编剧"根据音乐回到故事感受中",配乐则根据文本内容不断调整④,为观众带来整体性更强的观看体验。

---

① 王彦:《〈隐秘的角落〉成国产网剧新热点》,《甘肃日报》2020年7月1日,第10版。
② 同上。
③ 李夏至:《"黑马"入场,国产网剧迎高光时刻》,《北京日报》2020年6月30日,第7版。
④ 《专访〈隐秘的角落〉导演辛爽:这是一个关于爱的故事》,界面新闻,2020年6月25日,https://baijiahao.baidu.com/s?id=1670448158334660013&wfr=spider&for=pc,最后浏览日期:2020年8月18日。

4. 制作

基于原著中沿海、多船的环境设置,制作组在多番考察之后,最终选定湛江为拍摄地。湛江作为岭南文化的承载地之一,为剧集搭建了一个富有市井气息的摄制空间,也为原本带有隐喻色彩的故事找到了落地的可能。如同主创团队所说:"先建立真实的舞台,才能让观众相信,真的有那样一群人在此生活着。"[1]在这个基础上形成的人物和故事具有更为真实的可信度和感染力。

此外,剧中布景亦多沿用湛江当地普通民宿,这些具有年代感的建筑物、高饱和度的街景为故事中的夏天提亮了色彩,与剧版故事更侧重少年成长历程的基调相符合。

5. 宣传推广

该剧在宣传营销方面可圈可点,播出两周之内,新浪微博剧集相关热搜总数达 50 余次,其中"章子怡评隐秘的角落""普普的信""朱朝阳的日记"等词条均获得较高讨论度,达到榜单前三的位置。同时,剧方以主演秦昊为话题中心,联动其相关艺人、相关热播节目,输出了"秦昊伊能静跳《无价之姐》""我们一起去爬山"等话题,引发了突破圈层的大规模讨论。播放中后期,童谣《小白船》的"出圈"将剧集讨论度推向新的高潮,其在保留童声合唱的纯真感的同时,亦被赋予了新的意义,成为象征剧中紧凑阴暗情节的能指,二者之间的反差带来了巨大的话题效应,在剧集完播后仍持续不断地提供热度。

第六节 都市剧

都市剧即都市题材的电视或网络剧集。随着中国城市化进程的发展,每年都有大量人口进入或留在都市求学、工作,在技术不断变革、社会不断变迁的当下遇到各式各样的问题,产生不同的关系和连接。而都市剧就是

---

[1] 王彦:《〈隐秘的角落〉成国产网剧新热点》,《甘肃日报》2020 年 7 月 1 日,第 10 版。

聚焦于这些都市人的情感、生活、职场经验,以影视化的方式加以呈现,帮助观众理解、安置自身际遇,给出想象性解决的剧种。

由于都市剧指涉的都市生活本身非常宽泛,很多不同类型都可以纳入这一框架,它们的共通之处在于再现了某种"个人主义绝境"式的都市经验——高强度职场、高消费生活、自由的选择、疏离的人际关系,而剧集的发展则往往在于如何不断面对和超越这一困境。都市剧易于判断成功或失败之处也在于绝大多数网络剧观众正是都市经验的亲历者,如果不能以兼具新意和细节的方式打开这种经验,则很可能会被观众拒绝。

具体而言,在都市网络剧的策划中可以加强三方面的训练:第一是涉猎大量都市题材的网络小说,对这个颇为宽泛的领域中可能包含的议题、元素形成自己的综合判断,比照同期的都市剧思考其中可能的策划方向;第二是增强对"北漂""沪漂"这类"移居"经验的细节积累,对数字时代大都市各类亚文化进行更深入的了解,在策划中有效利用搜集的相关资料,进行更具真实性、在地感的创作;第三是在策划和制作中以更富新意和更深刻的方式讲述都市中不同职业、职场与爱情之间的互动和关联。

伴随高铁和轨道交通的发展,中国正在形成世界史上前所未有的都市文化和都市经验。在可预见的时间内,都市剧都将在网络剧中占据重要位置。下面以《北京女子图鉴》和《全职高手》的策划为例展开对都市剧的具体分析。

一、《北京女子图鉴》

(一)案例介绍

《北京女子图鉴》(图2-14)是由黎志执导,张佳编剧,戚薇领衔主演的都市女性镜像剧。该剧改编自张佳的同名小说,讲述了以北漂女孩陈可为代表的独身女性在北京拼搏闯荡,在恋爱与职

图2-14 《北京女子图鉴》

场间游走的故事。

剧中,大学毕业生陈可依为求发展而毅然"北漂",在先后经历面试被拒、与男友分手、更改姓名为"陈可"等一系列事件后,逐渐成长起来。她以小公司前台为起点,做到外企白领、商务代理,后来又成为自媒体从业者。"北漂"十年,她经历困苦却逐渐变得强大,在这个过程中,她也邂逅了同在北京漂泊的红男绿女,在生活中不断经历对与错。

《北京女子图鉴》由优酷、北京雄孩子传媒科技有限公司(以下简称雄孩子)、大将传媒联合出品,于2018年4月10日起在优酷独播。开播后,该剧迅速在公众平台引发讨论,输出了"家乡还是远方""奇葩相亲对象""中国式饭局""办公室政治""女性的职场困境"等相关话题。因剧情涉及职场、婚姻、情感、女性成长、时尚、消费观等诸多方面,持有不同价值观的观众也对剧情产生了南辕北辙的观剧意见,一时间引发了各大社交平台上极高的讨论度。最终,剧集以超过12亿的网络点击量收官,并在第三届金骨朵网络影视盛典中获得年度十大精品网络剧奖[①]。

(二) 策划亮点

1. 定位

近年来,在大众传媒迅猛发展的态势下,"北漂""沪漂"等群体开始频繁出现在公众话题之中,该群体作为一线城市景观的一隅,因其对城市经济分层与差序格局的承载与反映,成为青年一代跨越圈层的共同关注对象。一方面,与之相应,电视剧市场上也出现了《奋斗》《裸婚时代》《北京爱情故事》等高房价时代青年生活题材的电视剧,着眼刻画当代城市青年的生活窘境、尴尬的社会位置和心理焦虑;另一方面,《东京女子图鉴》等海外都市青年题材剧集在国内市场的大获成功亦对国产电视剧的策划者发起了挑战。《北京女子图鉴》正诞生于这一胶着时期,剧集以"北漂"群体的身份焦虑为基

---

① 《〈北京女子图鉴〉圆满收官,"女子力"话题三部曲引期待》,2018年5月11日,搜狐网, https://www.sohu.com/a/231311776_119948,最后浏览日期:2020年6月20日。

点,力图呈现"办公室文化""买房买车""大龄都市女青年婚配""都市创业"等本土化议题,引发本土青年(尤其是女性青年)的身份认同与关注。它在一定程度上切中了当下中国女性职场和生存现实,描绘了一幅都市女性追求成功、实现自我价值的群像。截至2018年5月,数据显示《北京女子图鉴》受众群体男女比例约为3∶7,约有32.3%的女性观众处于26—30岁之间,本科学历占63%,其中30.48%的女性处于单身阶段。在以都市女性事业成长为主题的电视剧空缺的背景下,项目策划者精准把握住了目标受众群体的观剧需求,并在该群体间激起了广泛回应①。

2. 选题

随着"大女主"电视剧的兴起,对女性欲望的叙述与反思成为女性题材职场剧的核心问题之一,《傲骨贤妻》《皇家律师》《实习医生格蕾》等英美剧集掀起的女性职场剧潮流同样在国内引起不俗反响。在此基础之上,《北京女子图鉴》观照当下社会现实,遵循大众文化文本创作规律,对"北漂"单身女性的职场野心与生命欲望进行了精准刻画,塑造了一批为观众代言、替观众行动,满足观众情感和欲望需求的形象。这些想象性解决获得了以女性为主体的观众的热烈回应。

3. 创意

20世纪90年代起,国产剧中就不乏以女性职场生活为题材的电视剧,如《嫂子》《白领丽人》等。这些传统剧集塑造出了一批以隐忍为美德、以牺牲为勋章的传统女性,她们始终无法摆脱家庭悲剧与命运苦难,无暇顾及个人价值的实现。而在其之后,《我的前半生》《我是杜拉拉》《欢乐颂》等剧集虽然展现出了一定的女性主体性,却依旧未对女性的整体社会地位进行结构性反思与梳理。总体来说,国产电视剧对于女性形象的塑造大约可分

---

① 《大数据看〈北京女子图鉴〉》,2018年5月7日,UC头条·娱乐,https://broccoli.uc.cn/apps/B1epUaYpG/routes/beijingnvzitujian? uc_param_str = dnfrpfbivecpbtntlaprnids&pc = AASWSB7acZjnZVNyjUUcwMe18jVnBOQk67vKoSSiTJz5VlDBcei1GWso5EQbbfe5dSE%3D&nn = AATX,最后浏览日期:2020年6月19日。

为独立的职业女性形象、观赏性消费的女性形象、家庭妇女的女性形象等几个层面。对比之下,《北京女子图鉴》更加注重人物反叛鲜明的个性,更加关注女性在职场中承担责任、争取独立的拼搏历程。略有不足的是,本剧中女性仍然作为欲望对象出现,女性的观赏价值被放大。同时,剧中仍以父权社会男性中心主义道德观来审视、批判女性消费动机和消费活动,在一定程度上忽视了女性消费需求的合理化和日常化[①]。但即使如此,《北京女子图鉴》仍对女性主体性表现出了超乎行业平均水准的关注,可圈可点。

4. 制作

在《北京女子图鉴》之前,引进 IP 的发展并不顺利,由于文化差异、电视剧产业状况差异等因素,多部引进的知名 IP 改编剧均遭遇滑铁卢。《北京女子图鉴》另辟蹊径,提出"模式引进"概念,放弃对原剧进行内容改编,最终全剧 90% 的内容皆为主创团队原创。在制作前期,创作者对一百余位"北漂"女子进行随访,从中提炼出人物设定、故事脉络,确保了剧情的真实感,成功将引进 IP 落地。在话题爆款剧的背后,该剧的制作方雄孩子功不可没,虽然才成立三年,但其每年一部爆款的强大内容生产力不容小觑[②]。雄孩子曾凭借漫改剧《镇魂街》一炮打响,以小众题材收获极佳的市场反应,并最终以 26 亿网络点击量的优异成绩收官。在《镇魂街》和《北京女子图鉴》之前,漫改剧和引进 IP 改编都并未被业界看好,但对受众和内容有较好判断力,并富有冒险、创新精神的雄孩子却勇于做行业的先行者。

5. 宣传推广

该剧的宣发过程一波三折,为了能将剧集推向更广大的受众群体,《北

[①] 孙晓魅:《网剧〈北京女子图鉴〉中的女性媒介形象研究》,《新媒体研究》2018 年第 4 期,第 127—128 页。
[②] 《〈北京女子图鉴〉收官 雄孩子成爆款网剧孵化器》,2018 年 5 月 11 日,网易娱乐,https://c.m.163.com/news/a/DHH1B2U2000380F1.html?spss=adap_pc&referFrom=,最后浏览日期:2020 年 6 月 19 日。

京女子图鉴》的宣发思路经历了从文艺路线到通俗路线的巨大转变①。其中所说的文艺路线,从最初释出的"她们在北京奔跑"主题短片中可见端倪。这支短片以"ask & answer"的形式走访了数十位"北漂"女性,包括《北京女子图鉴》主演、主创、该剧时尚顾问、青年女性作家以及女外卖员等。短片以电影化的质感和严肃的问答内容为宣传路线定下了文艺风格的基调,也引起了公众的广泛讨论。然而,在宣传后期,制作方仍然选择了通俗化的宣发路线,将"一女多男"等元素加入海报物料,主动打开市场,寻求观剧群体的下沉。这种"雅俗共赏"式的宣发模式最终达到了兼顾两方流量的不俗效果。

二、《全职高手》

(一) 案例介绍

《全职高手》(图 2-15)是由滕华涛任总监制,十一月执导,杨洋、江疏影领衔主演的都市背景、电竞题材网剧。根据蝴蝶蓝同名小说改编,讲述了被誉为"荣耀(剧中虚构的一款电子竞技游戏)教科书"的顶级职业选手叶修,在遭到俱乐部驱逐后仍旧不忘荣耀初心,从网吧网管做起,借助荣耀游戏新

图 2-15 《全职高手》

---

① 红拂女:《复盘〈北京女子图鉴〉,剧作、人设、宣发,哪个才是引爆点?》,2018 年 5 月 14 日,娱乐资本论百家号,https://baijiahao.baidu.com/s?id=16004002131557433441&wfr=spider&for=pc,最后浏览日期:2020 年 6 月 19 日。

开服务区的契机重新投入游戏,并结识了志同道合的伙伴,最终重新组建职业联赛战队,重夺总冠军的故事。除了主角叶修,《全职高手》还刻画了蓝雨、微草、霸图等游戏战队的人物群像,以及商业比赛、游戏公会、赞助企业等现实因素,尽可能多地展现了电子竞技文化的全景图。

《全职高手》的原著小说是起点中文网的第一部千盟级[①]网络小说,具有深厚的粉丝基础,网络剧版进行了大胆而成功的改编,突出了青春时尚、热血励志的电竞文化,获得了粉丝群体内外的认可。该剧也是国内首部使用虚拟引擎实时拍摄技术的电视剧集,在同类题材中率先使用真人CG建模技术打造游戏角色,用现实世界/游戏世界无缝切换的视觉效果带来全新的虚拟经验。该剧于2019年7月24日开始在腾讯视频独播,截至2019年8月31日播放总量达28.19亿,获得2019年百度沸点"年度电视剧"和2019年腾讯视频星光大赏"年度观众选择剧"等荣誉。目前《全职高手》第二季正在制作中。

(二)策划亮点

1. 定位

作为现象级IP,《全职高手》曾有移动端游戏、网络动画剧集、动画电影、网络漫画等多次跨媒介改编,如何改出新意是一大挑战。《全职高手》网络剧改编创新大胆地定位于都市职业题材的青春励志剧上,以电子竞技这一新兴都市职业题材拓宽了都市剧的内容,也突破了都市青春剧以女性用户为主的思维惯性。相较于同一时段上映且题材相近的网络剧《亲爱的,热爱的》以"甜宠"为吸引力,《全职高手》大胆删去了所有人物的恋爱感情线,将注意力放在电子竞技本身,而非将电竞仅作为青春故事的背景,由此获得了大量男性电竞玩家的认同。根据猫眼研究院的调研,本剧的观众性别比例基本持平,是一次拓宽青春剧受众范围的成功尝试。

---

① 在起点中文网,如果用户在一本书得到了100 000粉丝积分(即消费约1 000人民币)就能成为该书的盟主,千盟意味着一部作品下共有1 000位用户消费累计过千元。

2. 选题

在我国主流文化中,电子游戏曾长期同"电子海洛因""网瘾少年"等负面内容相联系,随着电竞体育项目在国际范围内得到官方认可以及我国电竞产业逐渐步入规范化轨道,人们对具有广泛青年基础的电竞文化的理解也亟待更新。《全职高手》网络剧突出了电子游戏作为竞技而非娱乐的面向,塑造了叶修这样一位拼搏十年、初心不改的职业选手,渲染竞技体育中的集体精神和英雄主义,同 2018 年中国电竞代表队夺得第十七届仁川亚运会冠军,电竞青年从"玩物丧志"到"为国争光"的现实经历相呼应。《全职高手》并不以说教的口吻宣传正能量,而是将理想化、传奇性的人物经历同平凡真实的现实细节相结合,在游戏世界呼风唤雨的大神也需要数十年的枯燥练习,再有个性、有能力的天才离开队友的配合也会输掉比赛等。该剧以青年文化的内部视角实现了新时代青年的正能量叙事。

3. 创意

作为中国电竞文化生态的荧幕初展示,《全职高手》力求兼顾真实感和视觉观赏性,在邀请 DNF 前冠军选手进行专业电竞指导的基础上,设计可视性强的电竞操作动作,让对电竞文化陌生的观众也可以顺利理解剧情。此外,剧中有相当多表现游戏世界打斗、竞技的画面,这是国内电视剧第一次直接以数字技术构筑虚拟世界,在同样涉及电竞题材的《微微一笑很倾城》《陪你到世界之巅》《亲爱的,热爱的》等剧集中,对游戏世界的直观展示较少,很多信息都是通过演员台词交代的。《全职高手》保留了大量的游戏特效,这种在游戏世界/现实世界的清晰区隔上展示的界限跨越时刻成为电视剧的卖座重点[①]。

---

① 王昕:《〈全职高手之巅峰荣耀〉:动画电影中的游戏与现实再现》,《当代动画》2019 年第 4 期,第 43—46 页。

4. 制作

《全职高手》使用了真人 CG 建模、动作捕捉和实时渲染等数字影像拍摄技术和后期合成技术，避免实景特效制作游戏场景的失真效果，在国内电视剧领域首开先河[①]。所有游戏角色均根据真人演员的五官、身体形态、动作等数据塑造，实现虚拟化身（avatar）与现实操作者的实时同构，用精美的游戏动作画面为观众带来 3D 电影式的沉浸观影体验。

在人物造型设计和布景上，《全职高手》用时尚感和科技感为电竞文化增色。网吧、训练室、比赛场馆等室内场景在本剧中占绝大部分比重，在布景上，本剧不仅注重未来感和科技感，还给每个战队设计了辨识度强的独属风格，如兴欣战队的温馨活力、微草战队的沉稳大气，给观众新颖多样的审美体验。

5. 宣传推广

全职 IP 具有粉丝基础好、宣传点丰富、文化闭合性强等特征，如何在不同平台上"接入"《全职高手》这一 IP 链条，利用不同的媒介特性扬长避短是该系列在制作和推广中都会面临的挑战[②]。网络剧具有平台大、受众广等特点，对此，宣发方利用网络新媒体进行多层次的互动，既用联动原著和深度互动满足粉丝需求，也用多平台平铺曝光的方式吸引潜在观众的注意。《全职高手》线上线下宣传并重，与五十余所高校进行合作推广，针对青春文化精准投放。

第七节　喜剧

喜剧是最重要的影视剧类型之一。作为戏剧中的大类，喜剧有着极为漫长的历史和极其宽泛的意涵。概括而言，即通过幽默、诙谐、讽刺、颠覆等

[①] 蔡帛真：《电竞剧文化价值导向建构路径分析》，《大众文艺》2020 年第 1 期，第 185—186 页。
[②] 王昕：《〈全职高手之巅峰荣耀〉：动画电影中的游戏与现实再现》，《当代动画》2019 年第 4 期，第 43—46 页。

方式,满足人最基本的审美和娱乐需求。在中国电视剧史上,《编辑部的故事》《我爱我家》等情景喜剧曾经风靡一时,产生了广泛的社会影响。

　　喜剧虽然广受欢迎,需要的演员数量较少,场景、服装、道具相对其他类型更加简单,整体制作成本也更低,但策划创作起来却殊为不易。要想让观众喜笑颜开、满足大众的情感刚需,剧本情境的设置、人物台词的撰写、演员的表演拿捏都要达到相当水准。在网络剧时代,习惯了观看《老友记》《老爸老妈浪漫史》《生活大爆炸》等美式喜剧的观众期待更加快节奏、高密度的笑料刺激。喜剧策划变成需要投入更多智慧、技巧,并跟随时事热点不断调整变化的一门艺术。因为喜剧本身与情绪调动的紧密关系,这类剧集天然地具有与观众互动的巨大潜能,网络剧时代的喜剧必然会发展出与此前不同的模式和方向。

　　具体而言,在喜剧网络剧的策划中要加强三个方面的训练:第一是增强对各种喜剧类型、庞大而丰富的喜剧史的了解,尤其要积累对影视史上各类喜剧创作、不同形式的喜剧实践及其适用性的认知;第二是对当下网络流行文化、二次创作的主要方式要有系统性的了解,在策划中思考如何以影视化的方法加以应用,既利用其本身的热度,又在喜剧网剧中对其进行变奏,发挥最大的喜剧效果;第三是思考喜剧与其他各种题材、类型的结合,绝大多数题材、类型都有与喜剧结合的可能(如与科学/航天结合的喜剧《生活大爆炸》《太空部队》),对每一种结合进行分析是策划的重要功课。

　　下面以两部喜剧《屌丝男士》和《万万没想到》为例,具体分析它们策划中的亮点。

一、《屌丝男士》

(一) 案例介绍

　　《屌丝男士》[①](图 2-16)是搜狐视频自制节目《大鹏嘚吧嘚》的衍生品

---

① 从出版角度而言,"屌丝"一词并不符合相关规范,本处仅对该节目进行学术上的讨论。

图 2-16 《屌丝男士》

牌,是独立于《大鹏嘚吧嘚》每周播出的迷你剧集,由大鹏(董成鹏)导演并主演,第一季于 2012 年 10 月 10 日首播,第二季于 2013 年 6 月 5 日首播,第三季于 2014 年 2 月 26 日首播,第四季于 2015 年 5 月 20 日首播。

《屌丝男士》受德国迷你喜剧《屌丝女士》影响,每季 8 集,每集 15 分钟左右,一般由约 15 个生活感和荒诞感兼具的小品构成。人物关系和情节简单,彼此之间关联性不强。场景大多设置在餐厅、办公室、KTV、洗浴中心、电梯等,采用夸张、变形等手法,在日常场景中制造喜剧效果。至第四季收官,《屌丝男士》全系列累计超 36.5 亿播放量,刷新了互联网自制剧播放量纪录。

(二)策划亮点

1. 定位

在剧中,尽管大鹏扮演的角色并不固定,足疗师、服务员、农民工、算命先生、普通上班族、理发师等不一而足,但他所属的阶层却是相对固定的。在《屌丝男士》前三季中,大鹏饰演的角色大多是生活窘迫的底层小人物,这种人物设置与该剧的目标受众高度一致。《屌丝男士》的观众大多处于刚上大学或毕业后工作不久的人生阶段,这一时期的都市青年往往处于事业起步期,经济实力弱、社会地位低,容易与剧中人物产生共鸣。同时,短小精悍的微喜剧也十分适合工作忙碌、空闲时间少的中青年观众观看。

2. 选题

尽管因其"不雅"而落选了《咬文嚼字》杂志发布的"2012 年十大流行语",但"屌丝"无疑是 2012 年最流行的大众流行语之一。这个在 2011 年出现在百度贴吧的词语,迅速被众多没有金钱、没有社会地位、没有出众相貌,刚刚步入社会,生活不如意的年轻人接纳,成为一种带有自嘲意味的身份标签。

事实上，在《屌丝男士》之前，社会底层形象在网络剧集中几乎是不可见的。最常见的题材往往是历史、玄幻和行业精英，与网剧观众的生活现实之间形成了巨大的张力。《屌丝男士》中呈现的社会底层形象固然是经过了夸张和变形的，但它的力量在于让社会中沉默的大多数能够有机会出现在荧屏上，以略显滑稽的方式再现那些常常不被看见和听到的形象与声音。这是该剧迅速凝聚起大量忠实观众，并且经久不衰的基础。

3. 创意

《屌丝男士》很大程度上借鉴了德国迷你喜剧《屌丝女士》的作品模式，通过将一些日常场景的喜剧小品拼接起来，制作快节奏的单元喜剧。将这一作品模式从德国电视台嫁接到国内视频平台，很大程度上是因为 2012 年视频平台付费会员市场尚不成熟，视频平台制作长剧的资源与经验也不足，此类迷你喜剧成本低、受众范围广，适合为平台自制剧培养团队，积累观众。

与《屌丝女士》模式有所区别的是，《屌丝男士》在创作上保持了最大限度的开放性，《屌丝男士》的剧本采用了集体编剧模式，大量征集网络段子手的创意作为素材。同时，不同于《屌丝女士》由玛蒂娜·希尔等几位固定演员共同出演，《屌丝男士》的演员保持了较强的开放性。除大鹏、柳岩等少数相对固定的演员外，几乎每一集都会邀请不同的明星或喜剧演员前来客串。吴孟达、乔杉、李菁、何云伟、马小虎、贾玲、马丽、姜涛、李健仁等观众熟知的喜剧演员的客串，使该剧在表演风格和故事主题上具备了较强的灵活性，有效地减少了自我重复。

4. 制作

该剧多采用日常化场景进行实景拍摄，剧情简单，演员数量少，即使有众多明星加盟也大多以互相宣传的方式参演。如林志玲主演的《101 次求婚》上映期间，《屌丝男士》为其设计了求婚桥段作为电影宣传的一部分。吴秀波和汤唯也以《北京遇上西雅图》的组合出现在《屌丝男士》里。低成本的制作方式也使该剧的拍摄更为灵活，可以随时根据参演明星的近期热点拍摄故事桥段[①]。《屌丝男士》系列四季共请到近 70 位中外影星或名人，且没有产生巨额的演员片酬。这样超豪华的演员阵容为该剧吸引了众多网民的关注，也为该剧集话题的讨论提供了强大的粉丝基础。

5. **宣传推广**

《屌丝男士》的宣推方式是较早以线上为主要阵地的案例，如新浪微博、人人网、开心网、豆瓣、猫扑、天涯等社交媒体或网站。宣推团队很善于引导粉丝加入互动式活动，最有代表性的是在新浪微博中组织的两次大型官微活动"屌丝悲催事"和"屌丝秀"，通过让参与者讲述自己的故事，实现参与者与剧集人物的共情，从而使关注者转化为忠实观众。另一个值得注意的方式是其与院线电影联合宣推。前面已提及，该剧经常使用互相推广的方式邀请演员、明星加入，从而吸引更大范围的受众关注，而这种宣推方式也为网络剧集向院线大电影转换做足了铺垫。2015 年，脱胎于《屌丝男士》班底的院线喜剧电影《煎饼侠》上映，并有众多从拍摄《屌丝男士》期间就建立合作关系的明星加盟支持，可以说是宣推反哺制作的一个典型案例。

二、《万万没想到》

（一）案例介绍

《万万没想到》(图 2‐17)是由优酷和万合天宜联合出品的网络迷你剧，由叫兽易小星执导，白客、刘循子墨、张本煜、小爱、葛布等主演。该剧借鉴日本动漫《搞笑漫画日和》的风格，各集情节相对独立，每一集都用 5—10 分钟

图 2‐17 《万万没想到》

---

① 董成鹏：《在难搞的日子笑出声来》，北京联合出版公司 2014 年版，第 174—175 页。

的时长讲述主人公王大锤穿越古今,在生活中摸爬滚打的故事,并大多以王大锤"万万没想到"的方式如愿以偿为结局。

《万万没想到》第一季于2013年8月上线,10月完结。至2015年,共推出三季,并推出《万万没想到之小兵过年》《万万没想到:千钧一发》等番外篇。截至完结,累计点击量超过2.3亿次,至第三季完结,累计点击量超过20亿次①。

(二) 策划亮点

1. 定位

定位于20—25岁的青年男性,并通过替草根阶层发声,大大拉近与目标受众的距离。该剧的主创人员,如叫兽易小星、白客、刘循子墨、小爱、林熊猫、至尊玉等人均为成长于web 2.0时代的互联网意见领袖,拥有大量粉丝。例如,叫兽易小星是最早参与网络视频制作的新媒体影像代表人物,白客原为《搞笑漫画日和》的cucn201配音成员,许多时新的网络词汇如"给力""神马""浮云""我勒个去"等正是由这群人创造的②。

2013年有一大批草根文化主题的网剧上线,但《万万没想到》依然成为其中最独特、最受人欢迎的一部,一大原因正是该剧并不仅仅旨在反映草根生活,而且更为自觉地替草根发声的特质。如研究者所言,王大锤代表了一种"以自嘲来消解正统,以降格来反对崇高"的解构文化③,这十分切合网络时代草根阶层的心理,并体现了鲜明的互联网时代的后现代特质。

2. 选题

该剧善于在各种网络亚文化和社会热点事件中寻找选题,如《进击的刘备》《大舌头悟空》等集来自恶搞四大名著的网络亚文化,《一起玩甄嬛》《最

---

① 杨媚:《〈万万没想到〉播放破2.3亿 多屏时代观剧新趋势》,2013年11月4日,中国科技网,http://tech.china.com.cn/internet/20131104/69232.shtml,最后浏览日期:2020年6月30日。
② 厉震林、刘庆主编:《小微之魅:戏剧影视文学的微美学研究》,上海交通大学出版社2014年版,第50页。
③ 谭天、支庭荣主编:《新媒体茶座2:对话与案例》,经济日报出版社2014年版,第98页。

强选秀王》等集来自热播影视剧和综艺节目,《愤怒的员工》《卖火柴的小女孩》等集则来自社会新闻热点。

该剧虽然题材多变,故事母题却相当稳定,即"挣扎而失败":王大锤希望获得事业、爱情等方面的成功,却求而不得。研究显示,观众普遍感到自己和王大锤一样是生活在社会底层的草根,受着恋爱、工作、买房各方面的压力,背着层层的负担艰难前行[①]。"挣扎而失败"的选题方向很大程度上拉近了观众与该剧的距离。

3. 创意

《搞笑漫画日和》是日本漫画家增田幸助于 2001 年连载的一部漫画,2005 年被动画化,常在叙述的过程中有意曲解或撇开正在进行的情节或台词,转而将观众带入一个与现实平行的思想世界中[②]。白客、小爱等《万万没想到》主创团队成员曾是《搞笑漫画日和》的配音团队成员,受其影响,《万万没想到》也采用了碎片化的情节和剪辑方式,从而在较短的时间里容纳更多喜剧桥段。《搞笑漫画日和》中的"思想世界"在《万万没想到》中也被改造成了极具风格的吐槽。王大锤在面对各种窘境时,尽管表面平静、呆滞,内心却常常有大量天马行空的吐槽。吐槽文化是《万万没想到》系列受人欢迎的一个重要原因,它不仅将剧情中的槽点和笑点变得更加直接,也成为在现实生活中遭遇过类似情况的观众的代言人,替观众将他们在现实生活中没有机会说的话说了出来。

4. 制作

据主创披露,第一季单集成本仅 3 万元左右,因此,该剧在服化道、后期制作等方面尽可能压缩成本,并将低成本融入自己的喜剧风格。如第一季第 1 集《低成本武侠剧》就用低成本、简陋的服装道具和"五毛钱特效"制造笑点。

---

① 谢毅主编:《年度音视频经典案例选粹 2015 年》,暨南大学出版社 2015 年版,第 104 页。
② 同上书,第 101 页。

该剧在视听设计和后期制作上尽量贴合移动互联网用户的观看习惯，视觉上高对比的色彩搭配，听觉上饱满的对白、旁白和流行音乐配乐，以及夸张的特效和字幕，都更方便观众在嘈杂、移动的环境中用手机小屏幕观看，甚至只看画面或只听声音也不会影响他们对情节的理解。

5. 宣传推广

利用该剧互动性强的特征，主创团队通过视频平台和微信、微博等社交媒体共同打造了多平台矩阵化的宣推模式。《万万没想到》在优酷网首播，用户可以将视频分享到微博、微信等其他社交媒体。主创人员的社交媒体账号本就有一大批粉丝，在微信和微博上，粉丝可以获取包括节目预告、节目片段、后期花絮、媒体报道等内容，并与粉丝保持密切互动[①]。同时，《万万没想到》创新了广告植入方式，通过片头赞助和花絮，把广告也变成剧集的组成部分，并且带有与正片风格一致的喜剧效果。此类广告植入方式不仅给制作方带来更多收益，而且成为制作方与品牌方合作宣推的重要渠道。

[①] 王晓红、涂凌波：《中外优秀电视节目案例解析》，中国传媒大学出版社 2017 年版，第 217 页。

第三章 网络纪录片策划

第一节 网络纪录片策划概要

追溯中国网络纪录片的发展,不得不提 2010 年由搜狐视频推出的纪实节目《经典传奇:探索全世界重大历史事件的背后机密》。该纪录片以解说揭秘的形式进行内容呈现,虽然片中有主持人出镜串联,但主体部分基本是典型的纪录片形态,这是比较早出现的网络纪录片或纪实节目。如果以此为起点,迄今为止,中国的网络纪录片的发展历程大致可以分为三个阶段。

早期摸索阶段(2010—2013 年)。2010 年,搜狐视频推出《经典传奇:探索全世界重大历史事件的背后机密》。随后,2010—2013 年,搜狐视频先后陆续推出了《我的抗战》《搜狐大视野》等纪录片或纪录片栏目。搜狐视频在网络纪录片方面走在了前面,是早期影响力相对较大的网络纪录片平台。

初期孕育阶段(2014—2017 年)。2014—2017 年,中国网络纪录片随着网络视频平台的布局而逐步在更多样的路径上开始孕育。中国网络上出现了诸如《了不起的匠人》《我在故宫修文物》《本草中国》《人间世》《指尖上的传承》《怪兽来了》《鸟瞰中国》《人间世》《寻找手艺》《大后方》《河西走廊》《甲乙丙丁》等联合出品、多网播出或台网联播的纪录片；也出现了诸如《必见》《我的诗篇》《猎奇笔记》《看鉴地理》等微纪录片；同时还出现了诸如《芈月传奇》《真声音》《〈三生三世十里桃花〉幕后纪录片》《〈芳华〉幕后纪录片》等与相应电视剧或电视节目有关的纪录片；另外还有凤凰视频同步凤凰卫视播出的《凤凰大视野》《我的中国心》《冷暖人生》等。此外，这期间土豆和爱奇艺分别推出《土豆热》《青春季》《热记录》；搜狐视频推出旅游探险类纪录片《终极骑行：骑行印度》、腾讯视频推出《念斌：沉冤得雪》等作品，也获得了较大的关注。

多元发力阶段(2018年至今)。这个阶段的网络纪录片大致呈现出四个特点：一是数量上明显开始增加，二是质量明显得到提升，三是社会影响力不断显现，四是在宣传推广以及衍生品的开发上注入了更多活力。这些纪录片多是几大视频网站更加自发和自觉地探索网络纪录片的自制、出品和独播的路径的结果。这些纪录片包括网络自制和网络独播，也包括与电视台同步播出或晚于电视台播出的纪录片，其中热播或具有代表性的有《人生一串》《早餐中国》《风味人间》《水果传》《我的青春在丝路》《如果国宝会说话》《了不起的匠人》《了不起的村落》《风云战国之列国》《最美公路》《我爱你，中国》《纪实72小时》等。这些纪录片在题材类型上呈现出一个明显特点，即美食类题材纪录片无论从量上还是质上都表现得尤为抢眼，而自然类纪录片数量上相对较少，且部分自然类纪录片以与国外联合出品的形式出现。从2018年起，中国的视频网站开始在网络纪录片的生产与传播方面倾注更多的努力，诸多爆款网络纪录片的出现也给中国网络纪录片的发展带来了更多信心。

面对这样一个快速发展且充满机遇的新阶段，网络纪录片的策划首先要明确站位：网络纪录片是拟态世界里的真实声音，同时也是文化浪潮中的前行力量。越来越多的用户正在往网络世界迁移，网络世界正以更加浩瀚的姿态发挥拟态环境的作用。在这样一个声音多元、虚构杂糅的拟态环境中，网络纪录片应坚定地把真实性作为硬核品质，在网络媒介中强有力地发出真实的声音,作为拟态世界中坚实的通往真实世界的领航坐标。其次,年轻一代是社会的未来,社会的文化由年轻一代传承和推动,网络纪录片作为兼具真实性和审美性的重要艺术形态,具有重要的文化价值,应在年轻人畅游的网络海洋中推动文化浪潮。

明确了战略站位之后,下面从选题向量、内容公式、创意密码、宣推策略四个方面讨论网络纪录片的策划方法。

首先,选题向量。

第一,吸引受众。网络纪录片在选题上吸引受众主要考虑网络受众的组成和特征,重点考虑选题的稀缺性、奇特性、可视性、广泛性和关联性对观众心理的影响,同时从时代和地域这一时空视角考虑受众接受的潜在可能性。

第二,引发话题。网络纪录片应充分利用网络开放和互动的优势,遴选具有诱发话题发酵和传播功能的题材,触发观众的评论、分享、点赞、弹幕等行为。在这一点上,现实功利性、道德焦点性、时尚前沿性、人文品质性则是衡量一个选题是否具备引发话题功能的重要指标。

第三,连接世界。网络逐步进入智能互联时代,万物互联的时代即将来临。届时,不但网络与其他虚拟平台之间连通,而且虚拟世界与现实世界甚至生理、心理都可实现互联,这一进程已在加速。网络纪录片在选题时应以长远的眼光关注未来的格局,充分发挥其真实性的审美要素在智能互联时代的连接作用,促使其成为社会生态系统的重要能量节点,最终发挥更具影响力的作用。

其次,内容公式。

第一,讲故事塑造形象。网络纪录片需要通过构建经典故事结构、类故事结构或叙事性话语三种方法来讲述故事,最终达到让观众接受内容的心理效果。

第二,抒情感撩拨感性。情感必须要有客体对象才能得以抒发,网络纪录片可以为情感抒发找到三种附着物,它们分别是形象、信息、故事,以此来引发观众的情感。

第三,谈观念培育理性。网络纪录片为了向观众传达观点、观念、理念,可以利用信息或故事这两个载体进行讲述或解说来编织逻辑,以达到浇灌和培育理性的效果。网络纪录片应该更多地给观众特别是青年观众以或专业、或客观、或翔实的材料,让观众自己得出理性结论。

再次,创意密码。

第一,表达形式的极致典型。任何手段或理念运用到极致都极有可能引发强创意的出现。网络纪录片在表达形式上可以对某种或若干个手段进行极致典型的运用,在视觉方面的手段有跟拍、摆拍、搬演、运用资料、制作特效等,在听觉方面的手段有解说、采访、主持、同期声、音乐等。通过对它们的有机使用可以达到表达形式上的创新。

第二,类型样态的嫁接融合。网络纪录片具有很强的包容性和变异性,可以与其他类型和样态内容进行嫁接和融合,如真人秀、网综、网剧、广告、新闻等,从而形成新的内容和样态。

第三,观看视点的距离介入。网络纪录片具有更加灵活的内容创意空间以及技术媒介优势,可以充分调整观众观看纪录片的视点,以及增强或弱化观众与片中事物的距离,以此来调节观众的介入感。

最后,宣推策略。

网络纪录片在宣推上可以充分立足于其真实性的本质属性。因为真实,所以具有极大的宣传空间。网络纪录片在宣推策略上可以沿以下几个思路进行:第一,通过精品内容连接观众;第二,通过工业化和商业化思维将其产品化;第三,打通行业界限壁垒,打造产业链闭环,构建生态系统。

第二节　社会类

社会类题材网络纪录片重点关注人与社会的生存与发展,聚焦社会中的典型问题、社会发展的关键问题、人类生存的普遍问题。同时,社会类题材网络纪录片注重把握社会的时代脉搏,从人类社会发展的历史纵深上把握当下,展现时代风貌,反映时代精神,彰显时代价值。下文结合网络媒介的技术特性、传播规律、审美特质和接受习惯,并按照分析题材特性、寻找选题方向、构建创意路径三个步骤对社会类题材的网络纪录片进行分析。

首先,分析题材特性。要进行社会类题材网络纪录片策划,最重要的就是对题材的特性形成清晰认识。从时空维度来看,这类纪录片的题材具有当下性与接近性,较为关注当下人类社会的现实层面,能够给人新鲜感、时代感和亲切感。从关联维度来看,这类纪录片的题材具有现实性与攸关性,与人们的生产生活和社会发展关联较为密切,往往具有较强的现实意义和功利价值,其功能性易得到凸显。

其次,寻找选题方向。明确社会类题材网络纪录片的题材特性之后,便可针对题材的特性进行审美提炼和审美创作,在选题上从时代价值、地域差异、现实关联、重大问题四个维度进行确定。

一是注重时代价值。注意关注具有时代风貌、时代精神、时代价值的选题,这样的选题在历史长河中更经得起时间的考验。

二是考量地域差异。在设计选题的过程中充分考虑地域及文化差异问题,既可以着眼于人们身边的普遍问题,也可以着眼于探寻社会边缘的独特问题。

三是与社会现实关联。拟定选题时要考察选题与人们生产生活以及社会现实的关联性,关联性较强的选题有助于引起普遍关注。

四是聚焦重大问题。记录社会重大问题是纪录片的重要使命之一,诸如重大政治事件、军事战争问题、公共安全问题、社会重大转型等对人类社会具有极高攸关性的事件,纪录片需为历史存档,成为国家档案和人类相册。

最后,构建创意路径。该类题材的网络纪录片在创意上可以沿着以下四个路径进行。

一是为时代价值加强纵深感。时代价值的纵深感可以从历史和未来两个向度来强化。在时间坐标轴上,通过对历史的回溯,找到当下的新变,赋予当下新的属性;通过对未来的探测,寻找时代的风向,把握时代的动势。

二是为地域差异平衡距离感。对于人们太过接近和熟悉的题材,应着力通过新的角度发掘题材中的新元素,赋予其陌生感;对于太过遥远和陌生的题材,应着力寻找题材中人类共同的情感和结构,赋予其熟悉感。

三是为现实关联提高可视性。社会类题材与人的生产生活关联密切,应从新奇性、话题性和服务性三个方面提升纪录片的可视性:寻找新的角度,提供新的视野,传递新的信息,让题材重获新奇感;提炼社会话题,在话题中凸显观点的对话与冲突,为观众提供社会化语境;提供服务功能,为观众的生产、生活提供指导意见。

四是为重大问题保障原生态。重大社会问题往往具有极高的能量和张力,且能够极大地满足人的求知欲并为其行为决策提供参考。因此,对于重大问题最重要的创意路径即对其进行最大限度的完全记录和真实还原,充分发挥其档案价值和记录意义以及社会功能。

总之,社会类题材的网络纪录片在策划时应充分认识其题材在时空维度的当下性与接近性以及关联维度上的现实性与攸关性,并从时代价值、地域差异、现实关联、重大问题四个维度来综合确定纪录片的选题方向,最终在纵深感、距离感、可视性和原生态等方面对纪录片的策划进行创意构建。下面就一些典型案例对社会类题材网络纪录片的策划亮点进行具体分析。

一、《人生第一次》

(一) 案例介绍

《人生第一次》(图3-1)是央视网联合上海广播电视台纪录片中心、腾讯视频、哔哩哔哩出品的12集系列纪录片。本片撷取的人生片段在时间上贯穿

图3-1 《人生第一次》

于被记录者出生、上学、成家、立业、养老等人生中的不同阶段;空间上分布于医院、学校、军队、房产中介、村庄、工厂、老年大学等不同场景。本片旨在通过蹲守拍摄,观察不同人群在人生重要节点的"第一次",以点带面,见微知著,表达中国人的情感、面临的挑战、坚持的价值观,折射中国当下的时代精神[①]。

该纪录片每集约30分钟,邀请了涂松岩、高亚麟、王耀庆、秦博、韩童生、郎月婷、辛柏青、王仁君、寇振海、张钧甯、许文广、阿云嘎12位声音各具特色的演员(或导演)作为故事讲述人。纪录片从策划到制作完成,最终用了三年多时间(这期间还经历了新冠肺炎疫情),最终于2020年1月15日起在央视网、东方卫视、腾讯视频、哔哩哔哩、优酷视频播出,并于4月15日收官。截至2020年11月,该纪录片分别在哔哩哔哩、腾讯视频、优酷视频、豆瓣影视的评分中获得了9.8分、9.1分、8.8分、9.2分的高分。

(二)策划亮点

1. 定位

(1)当代中国百姓的人生相册

纪录片《人生第一次》是当代中国百姓的人生相册。纪录片深入普通百姓的现实生活,把镜头对准人们一生当中12个最具有历史价值的人生切面,通过刻画积极乐观的百姓群像,展现了当今时代中国普通百姓的人生百态。

(2)探讨生命意义的哲学课堂

纪录片《人生第一次》把目光聚焦至人们从出生到老去的全过程,12个话语表意系统组成完整且开放的生命链条结构,甚至诠释了向死而生的生命哲学。纪录片在对时间的提炼和重组下,再现了普通人的不凡故事,诉说他们伟大的生命精神,触动观众内心的情感,探讨人生的意义和人生的价

[①]《人生第一次》简介,2020年1月15日,腾讯视频,https://v.qq.com/detail/m/mzc002003cp8yvh.html,最后浏览日期:2020年6月9日。

值。可以说，纪录片《人生第一次》是生命哲学的课堂。

2. 选题

（1）关联性

纪录片《人生第一次》在选题上极大地贴近中国最广大普通百姓的现实生活，12集的12个选题均与普通百姓的日常生活息息相关，这种高度的关联性让纪录片具有最为广泛的受众基础，观众可以通过观看纪录片"预知"和"预支"不同人生，通过他人审视自身，并照亮继续前行的人生路，汲取力量走好人生每一步。

（2）典型性

纪录片《人生第一次》在选题上具有高度的典型性。对于个体来说，出生、上学、长大、当兵、上班、结婚、进城、买房、相守、退休、养老和告别代表了人生中最为典型的12个横切面，对人们而言是具有重要意义的人生拐点。对于当今中国整个社会时代来说，这12个横切面辐射的话题，如高考、脱贫、"北漂"、买房、养老等也都具有高度的时代典型性。

（3）全面性

纪录片《人生第一次》在人物、环境以及事件的选择上注重全面性。纪录片相对全面地反映和表现不同阶段、不同人生、不同环境下的不同事件，尽可能地具有最大概括性和公约数。纪录片在时间上涵盖人生各个阶段，在空间上涵盖城市、农村、医院、工厂、部队、学校等多个场景，在人物上涉及健与残、老与幼、男与女、中与外等不同的人物属性，在事件上也尽可能权衡特殊性与普遍性的关系，全面地刻画出中国普通百姓的人生百态。

3. 创意

（1）现实题材内视化

纪录片《人生第一次》属于社会题材的纪录片，将非常典型的现实题材进行了内视化处理，即通过外在人物和事件的"具象"向内构建内在的"心象"，让观众向内看，通过纪录片中人物的内心进而看到自我的内心。纪录片通过非常写实且具有穿透力的镜头表现手法，运用带有前景遮挡的观察视角给观众营造强烈的在场感,运用长镜头让观众充分洞察人物的行为举止并充分体会场景的美学能量,运用特写镜头展现人物的眼神和表情,拉近观众与人物的心理距离。同时,该片重视用内视性的表达来讲述宏大且抽象的主题,比如在第3集《成长》中用诗歌来讲述成长,通过一个个善良坚强的孩子的诗歌,充分诠释了成长不是外在的,而是心灵和生命的能量,叩问内心,直击心灵,让人震撼。

(2) 高光时刻话题化

纪录片《人生第一次》为观众展现了人生中的12个高光时刻,但是又不止于仅展现这一横切面,而是通过具体的人物以点带面地引出一个具有时代性的话题,将具体的人物事件话题化,如脱贫攻坚、残健融合、赡养老人、城市房价、进城务工、子女教育等话题。这些带有时代风貌、时代精神、时代价值的话题极具纵深感和厚重感,这样的话题能够扎下根,立得住。

(3) 悲欣交集诗意化

纪录片《人生第一次》通过文学性的话语以及典型的物象来提升现实的诗意,每一集的解说词不但具有敏锐的细节描写和流畅的故事讲述,而且对人生进行了深刻的情感表达、理性的问题探讨和深刻的哲学思辨。其中每一位故事讲述人的自身经历都与当集主题相契合,他们是观众与纪录片之间的情感媒介,他们通过自身的经历体会讲述片中的故事,表达共通的情感。同时,纪录片每一集的结尾都会对应片尾曲的歌词为观众呈现各种不同的"门"的镜头,具体的"门"这一物体的重复性出现构成了一个整体意象,心灵之门、人生之门、世界之门的视觉母题也提升了这部悲欣交集的纪录片的诗意。

4. 制作

(1) 开篇制作不拘一格

纪录片《人生第一次》没有拘泥于形式结构的僵硬统一,而是在每一集的开头都给予当集导演充分的创作空间,为观众带来不一样的视听感受,比如起始于一本书、一首诗、一部漫画、一幅沙画,或以第一视角呈现网感十足的创意。不拘一格的开篇制作给观众带来了新奇的感受,也映衬出人生本身也是酸甜苦辣、五味杂陈,充满惊喜与不确定性。

(2)片尾歌曲抚慰心灵

"推开世界的门,你是站在门外最孤单的人。"纪录片《人生第一次》由杨乃文演唱的片尾曲《推开世界的门》贯穿于每一集的片尾,很好地为观众的情绪提供了一个安静的落脚点,是观众心灵栖息的港湾。观众在观看纪录片并充分体会坎坷曲折的人生百味后,片尾曲很好地抚慰了观众的心灵,给予人们温暖前行的力量。在系列纪录片中,歌词最后一句"原来你就是我回去的地方"配以有老人和婴儿的镜头画面,彰显了生生不息的生命哲学。

二、《风味人间》

(一) 案例介绍

腾讯视频自制纪录片《风味人间》(图 3-2)讲述了全球范围内以美食为线索的人文故事。纪录片在全球视野下审视中国美食的独特性,在历史演化过程中探究中国美食的流变,深度讨论中国人与食物的关系,并勾勒出恢宏的中华美食地图,通过美食折射中国人所具有的民族个性的侧面。纪录片《风味人间》第一季关注更加宏大的美食世界,触及更广泛人群的美食情结,在美食纪录片领域树立了全新的标杆。总导演陈晓卿全心投入,带领中国最优秀的纪录片制作团队,历时四年,挖掘深度与广度兼具的创作题材,为观众呈现出全新的视听盛宴[①]。纪录片《风味人间》第二季放眼世界,在特色鲜明的美食之中找出千丝万缕的联系,探究相同食材的不同做法、不同

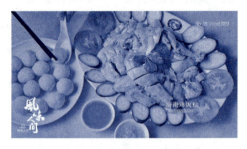

图 3-2 《风味人间》

---

① 《风味人间》简介,2018 年 10 月 28 日,腾讯视频,https://v.qq.com/detail/j/jx7g4sm320sqm7i.html,最后浏览日期:2020 年 6 月 9 日。

食材的相同做法、不同做法的相似味道;寻找新鲜、猎奇、少为人知的食材,提供趣味和知识,不断创造意外之喜;拍摄鲜活灵动的影像,采用故事化的叙事,进行平实亲切的讲述,传递人间至味在身边的温情①。

《风味人间》第一季共 8 集,于 2018 年 10 月 28 日起在浙江卫视首播,并在腾讯视频同步播出。《风味人间》第二季于 2020 年 4 月 26 日起在浙江卫视首播,并在腾讯视频同步播出。纪录片《风味人间》的两季在腾讯视频上的评分均获得了 9.5 分的高分。

(二) 策划亮点

1. 定位

(1) 风格定位:延续"舌尖"美学体式

纪录片《风味人间》系列作为《舌尖上的中国》的导演陈晓卿及其主创团队的又一力作,一如既往地延续了"舌尖体"的美学范式,通过李立宏独特且具有标志性的解说,在人物化和叙事化的审美情境中展现美食的制作过程,并放眼自然环境和人文社会,用美食去透视人类与世界和谐相处的处世哲学。

(2) 内容定位:将美食纪录片推向高潮

纪录片《风味人间》在内容呈现上一以贯之地保持了匠心品质和艺术造诣。它不但更全面地展现了中国的美食,而且还以国际化的视野和高度审视了人类的风味美食。纪录片通过第一季和第二季的先后呈现,在内容的覆盖、空间的拓展以及审美的纵深上都有突破性的推动,进一步将美食纪录片推向了高潮。

2. 选题

(1) 中外版图映衬共同体

纪录片《风味人间》第一季和第二季都分别将美食的版图拓展到全世

---

① 《风味人间》第二季简介,2020 年 4 月 26 日,腾讯视频,https://v.qq.com/detail/m/mzc00200ps708z1.html,最后浏览日期:2020 年 6 月 9 日。

界,在世界范围内搜寻美食和人物及他们之间的故事。纪录片摄制组脚步遍布六大洲、二十多个地区,踏上严寒的格陵兰岛寻找鲨鱼肉,也去往炎热缺水的摩洛哥寻找塔吉锅,一路上奇遇重重①。纪录片展现了在人类对美食共有的味蕾追求的基础上,因自然条件和文化习惯的不同而呈现出的千姿百态的饮食习惯和烹饪哲学,它们共同构成了人类的美食版图。这些美食版图也映衬出同处地球村的人类命运共同体。

(2) 自然视域提升陌生化

相比"舌尖"对家族亲情文化的观照,纪录片《风味人间》将目光聚焦于自然,这也正是片名"风味"的要义所在。纪录片为观众展现了优美的自然风光和险峻的自然条件,用镜头记录了人们从自然中获取食材的猎奇过程,同时也讲述了人与自然和谐共生的生态关系。在自然视域的拓宽下,纪录片更多地呈现出陌生化的自然景观和奇趣食材,提高了纪录片的可视性。

3. 创意

(1) 调和内容比例

对于美食、自然和人文三者之间的比例调配,纪录片《风味人间》需要作出权衡和抉择。美食是纪录片的主体内容,是纪录片成立的根本;自然是纪录片的猎奇情趣,是纪录片可视性的素材;人为选择体现纪录片的韵味,是提升纪录片审美高度的关键。任何一方的内容出现变化,都会导致整个片子出现不同的表达走向。纪录片《风味人间》以美食为内容主体,以全面、重点地展现美食为主要任务。同时,以美食为起点,以悬念和叙事的方式探寻自然界美食的原始食材,谓之"风味之旅"。另外,纪录片以人文故事和人为情怀为落脚点,最终展现人与世界的关系,回到对人的生存观照这一终极命题。

(2) 故事化尝试

如果说纪录片《风味人间》第一季重在从"舌尖"的基础上进行国际化的

---

① 《〈风味人间〉收官在即 跨六大洲奇遇重重》,2018年12月14日,环球网,https://ent.huanqiu.com/article/9CaKrnKfUIl,最后浏览日期:2020年6月9日。

选题呈现,那么第二季则在故事化的呈现上有了更进一步的努力和尝试。纪录片《风味人间》第二季特别突出地在部分故事的开篇给观众呈现外国人惊心动魄地摄取食材的故事,具有极强的戏剧化效果和国际化表达风格。同时,这样的尝试在品质上已比肩一些西方顶级纪录片,不但为国内的纪录片创作作出了积极贡献,也为该团队今后的纪录片创作积累了宝贵经验。

4. 制作

(1)显微摄影解锁食物密码

纪录片《风味人间》在制作上颇具新意地使用了显微摄影来解锁食物的密码,通过显微镜对食材细节进行放大,给观众形象地呈现食物的肌理、状态以及变化过程,令人震撼。特殊的摄影方式在不断展现对象、提升画面信息量和知识信息量的基础上,不但极致地追求纪录片的真实性,也极大地满足了观众的猎奇心理。

(2)声音录制令人仿佛身临其境

纪录片《风味人间》为了给观众营造身临其境的观看体验,对声音的录制和处理也丝毫不怠慢,对包括热油翻滚的声音、刀具的声音、食材碰撞的声音以及自然界的风吹草动、江河湖海等的声音都刻画得细致入微,为观众全面呈现出一个充满风味的世界。

5. 宣传推广

(1)多维联动

纪录片《风味人间》第一季和第二季均在浙江卫视和腾讯视频同步播出,实现了台网联动。同时,纪录片通过官方微博发布预告和话题,并组织线上活动进行联合宣传,与观众和网友进行深入互动。同时,纪录片借用网络综艺节目的热度,"火箭少女"段奥娟为《风味人间》录制主题曲,拉动了综艺节目观众对该纪录片的关注。

(2)构建矩阵

腾讯视频围绕"风味"系列构造了内容矩阵,陆续推出了《风味实验室》和《风味原产地》两档"风味"节目,与《风味人间》进行对美食题材的多元解读和展现。同时,《风味人间》同名书籍出版发行,通过不同的媒介拓展"风味"的延伸价值。此外,《风味人间》携手搜狗输入法上线官方美食表情包,并打造模拟经营类游戏《风味小馆》,还联合故宫文化服务中心发布了限量版中国筷子"风味之箸",举办以片中代表美食为菜肴的"风味之宴",结合中华文化底蕴与"故宫 IP"的"带货"能力,通过作品的落地呈现与实地体验,以更为直观的形式建立起《风味人间》与传统文化的联结,在深化作品内涵、赋予作品更多诠释的同时进一步完成了"风味 IP"的营销①。

三、《人生一串》

(一)案例介绍

《人生一串》(图 3-3)是由哔哩哔哩和旗帜传媒联合出品的汇聚民间烧烤美食、呈现国人烧烤情结的纪录片。该纪录片以展现国内最具特色的烧烤为内容,记录烧烤的制作,讲述背后的故事,让观众体味市井的情怀。该纪录

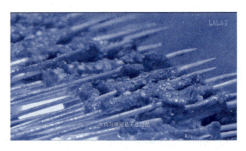

图 3-3 《人生一串》

片共有两季,每季 6 集,每集长度约 30—45 分钟。每集以 3—5 个烧烤店为主要表现对象,以烧烤类美食的制作和烧烤摊主及食客的故事串联成一个主题。

《人生一串》(第一季)于 2018 年 6 月 20 日起每周三 20:00 在哔哩哔哩播出,于 2019 年 7 月 3 日起每周三 21:10 在广东卫视播出。《人生一串》(第二季)于 2019 年 7 月 10 日起每周三 20:00 在哔哩哔哩全网独播。《人生一串》第一季和第二季在哔哩哔哩分别收获评分 9.8 分和 9.7 分,截至 2020

---

① 刘忠波、关叶欣:《纪录片〈风味人间〉全案分析》,《文艺评论》2019 年第 3 期,第 111—116 页。

年 11 月,在豆瓣分别收获评分 9.0 分和 8.6 分。

人民日报中央厨房这样评价网络纪录片《人生一串》:"纪录片的宣传词,所谓'敬我们七荤八素的口腹之欲',其实并不是鼓励大家都去吃烧烤,更深层的含义是在向观众们平凡的生活致敬——这里有'最长情的告白',也有'最脱俗的情调',更有'关于时间的味道'。该片既有真诚的创作态度,亦不乏对真实的表现力、对生活的洞察力。"①

(二)策划亮点

1. 定位

(1) 内容定位:风味十足的烧烤展台

纪录片《人生一串》诚意十足地为观众呈现了中国各地街边极具代表性的烧烤美食。纪录片直接聚焦烧烤本身,浓墨重彩地介绍各具特色的烧烤美食,不进行文化解读和知识科普,不刻意煽情,偶尔在摊主和食客之间撒上些许人情味,构成一个风味十足的烧烤展台。

(2) 受众定位:江湖烟火的网络侠客

纪录片的题材本身具有一定的延展性和指向性,题材往往与主题属性和受众定位联系在一起。纪录片《人生一串》选择烧烤这一具有市井气的平民美食,用人们劳碌工作一天之后的街头夜晚,原始粗犷、放纵野性、不拘一格、有味有情的人间烟火,诚意款待当今网络世界中的豪情侠客。

2. 选题

(1) 聚焦热门题材

中国素来有"民以食为天"的说法,自从《舌尖上的中国》播出以来,网络上掀起了美食题材纪录片的播出浪潮,一系列美食题材纪录片席卷而来,并且都取得了不错的成绩,在口碑和收视上都有良好的表现。纪录片《人生一串》同样取材于中国美食,同时,烧烤是中国寻常百姓闲暇时果腹、朋友相聚

---

① 《〈人生一串〉抚人心|睡前聊一会儿》,2018 年 7 月 11 日,人民日报中央厨房,https://society.hubpd.com/c/2018-07-11/751425.shtml,最后浏览日期:2020 年 6 月 9 日。

时的日常美食，与人们的日常生活密切关联，因此，网络纪录片《人生一串》在选题上得以迅速成为人们的关注热点。

(2) 寻找垂直领域

纪录片《人生一串》在美食选题领域内进行垂直细分，与早餐、火锅、水果等角度不同，《人生一串》选择了烧烤这一题材，填补了国内美食题材纪录片的一个空白领域。同时，烧烤这一选题的"重口味""吃货""熬夜"等标签也极具话题性，网感极强的话题内容使该纪录片具有在网络上引起热议并广泛传播的特质。

3. 创意

(1) 精心选择拍摄对象

拍摄对象的选取在很大程度上决定了片子的肌理构造，本片主创对拍摄对象的精心选择同时体现在对烧烤的选择和对人物的选择上。在对烧烤的选择方面，路边小店、特色绝活、口碑销量、开办时间成为重点的考察方向。路边小店使纪录片紧贴平民定位，特色绝活为片子增加看点，口碑销量是题材成立的关键，开办时间为情感故事埋藏看点。在对人物的选择方面，烤制水平、形象性格、背景经历成为重点考量维度。片中烧烤店的老板是烧烤的幕后英雄，他们连接了美食和食客，既是美食的制作者，同时也是食客们的维系点。因此，《人生一串》才呈现出独具特色的烧烤美食，塑造出形象鲜明的烧烤摊摊主。

(2) 深度挖掘关键信息

纪录片的核心关键信息必须重点挖掘，如此才能让片子立得住。本片内容围绕烧烤展开，烧烤过程的关键要素、方法技术、环节步骤以及食客的喜好等成为片子的核心信息，对其进行深度挖掘和精准描述能满足观众的核心诉求。本片的解说词成为这一过程的关键，因此要精准地将烧烤过程中的关键信息和品尝的关键阐述传递到位。同时，解说词在精准呈现说明性信息的基础上融入故事性信息和情感性信息，做到了浑然一体，相得益彰。

(3) 有序编排内容元素

对内容元素的有序编排包括对不同内容在片中时长占比的设定、逻辑层次的把控以及内容元素的嵌套三个方面。在内容时长的占比方面,本片以烧烤食材为主体,用主要篇幅予以展现;以人物塑造为次重心,通过少量篇幅予以勾勒;以情感为辅,穿针引线予以点缀。在逻辑层次的把控方面,片子以烧烤为最外层的壳、人物为中层的瓤、情感为内层的核,通过烧烤带出人物,让观众体味其中的情感。在内容元素的嵌套方面,用镜头刻画烧烤过程的同时以解说传递信息,在充分展现信息的基础上构建人物故事、食客情感和人生态度,将烧烤过程、信息、故事、情感、态度进行有机衔接与嵌套。

4. 制作

(1) 摆拍与抓拍相结合

本片针对两个重点展现对象即食物和人物分别采取不同的拍摄策略:摆拍的可控性强,利于展现需要精心刻画的拍摄对象;抓拍的真实感强,利于呈现临时突发的生动瞬间。本片针对食物采取以摆拍为主、抓拍为辅的拍摄策略,尽可能地将食物的制作过程、烤制状态、外观色泽刻画得淋漓尽致;针对人物则采取以抓拍为主、摆拍为辅的拍摄策略,最大限度地抓取食客的品尝状态、欢声笑语和人情温度。

(2) 讲述式的解说风格

解说的风格需根据片子的整体风格定位设计。由于本片以展现市井生活、塑造平民形象、抒发烟火情谊为主要定位,因此本片的解说风格没有采用传统的解说风格,而是采用带有讲述色彩而又娓娓道来的"烟酒嗓",字里行间带着轻松诙谐和风趣态度的同时,也满怀对烤烧匠心和生活情谊的敬重与温暖感怀。

(3) 情绪性的背景音乐

音乐是呈现影片基调的重要手段,本片大量篇幅都配有情绪性背景音乐,与画面、解说、剪辑相配合,用以营造氛围、描绘美食、辅助叙事,但又不盲目煽情。片尾的主题曲《如去年一样伤悲》风格高亢激昂，成为情绪的最后释放。

(4) "烟火味"的整体基调

该纪录片的整体基调主要由片头、片尾的包装以及片中综合呈现的内容两部分组成。片头是影片基调的首要展示窗口。本片开篇以老旧的砖墙、闪烁的霓虹、破旧的招牌作为视觉元素进行版式设计，配以电子制作的音响效果，给人以悬疑惊悚类型片的既视感。而片中绝大部分篇幅所展现的内容元素都离不开夜晚，昏暗的天空、狭杂的街道成为画面的背景，与明亮的灯光、灰暗的摊位以及弥漫的油光烟火共同构成带有烟火气息的视觉主基调。

5. 宣传推广

纪录片《人生一串》的走红主要依靠内容的口碑，观众在哔哩哔哩上的弹幕交流也促使它走红加速。除了在哔哩哔哩上设置有奖互动，《人生一串》在新浪微博、知乎等平台也发起话题互动。此外，纪录片《人生一串》在上海开有主题餐厅，不少微博美食博主在餐厅拍摄的视频走红网络。《人生一串》线下体验店也已经成为网红店，吸引了许多大众。

四、《第一线》

（一）案例介绍

网络纪录片《第一线》（图3-4）由国家卫健委中国人口宣传教育中心与优酷联合出品。该纪录片对2020年发生在中国武汉的新冠肺炎疫情进行了全景式的记录和展现，对中华民族抗击疫情的过程还原和精神展现具有特殊意义和重要历史价值。

图3-4 《第一线》

纪录片摄制组克服重重难关,冒着生命危险,深入武汉七家疫情患者收治医院,真实记录了疫情暴发后的 50 多天里,身处疫情漩涡的武汉的真实状态。该片记录了来自国家紧急救援队的医生,日夜奋战在第一线与死神争夺生命的惊心动魄;记录了临时搭建的方舱医院内,数千病人集体生活的细节描摹和内心告白;讲述了普通人在灾难中成为奔走救助,热心义举善行的志愿者的动人故事;赞扬了在自我约束中展示坚韧的居家隔离的普通百姓等。一个个真实的故事展示了疫情中的人间真情[①]。

纪录片《第一线》于 2020 年 3 月 18 日在优酷首播,2020 年 4 月 22 日最后一集播出。该纪录片播出三个月后,在优酷上的评分高达 9.4 分。

(二) 策划亮点

1. 定位

(1) 功能定位:人民战"疫"的历史档案

纪录片《第一线》全景式地记录了 2020 年人民在中国武汉抗击新冠肺炎疫情的真实状态。纪录片对发生在重症看护病房、方舱医院、雷神山医院以及社区街道的真实故事进行了客观记录,对处于"抗疫"前线的医护人员、普通患者、志愿者以及普通百姓的生活进行了真实展现。纪录片作为记录抗击新冠肺炎疫情的影像资料,成为人民战"疫"的历史档案,具有珍贵的历史价值。

(2) 内容定位:深入疫情防控"第一线"

正如本片片名《第一线》,摄制组深入武汉七家疫情患者收治医院前线,近距离、沉浸式地全面观察和记录人民抗击疫情的全过程。这种深入疫情防控"第一线"的近距离,既体现在空间的深入,也体现在心理的深入。从空间的深入来看,摄制组编导和摄像人员同医护人员一样穿上防护服,穿梭于疫情防控的各个角落,把摄影机近距离地架设在疫情最前线,将最真实的场

---

① 《第一线》简介,2020 年 3 月 18 日,优酷网,https://v.youku.com/v_show/id_XNDU5MTg4MjUyMA==.html?spm=a2hbt.13141534.1_3.d_1_1&s=bcac477a00fa4b868854,最后浏览日期:2020 年 6 月 9 日。

景和细节展示在观众面前。从心理的深入来看，摄制组把镜头对准了"抗疫"前线最真实的人，通过特写镜头、现场采访以及跟踪拍摄等手段，刻画了医护、病患、家属、百姓等诸多人物，体味他们的感受，聆听他们的声音，触摸他们的心灵。

2. 选题

（1）时效性

纪录片《第一线》以抗击新冠肺炎疫情为选题，是最早全面展现武汉疫情防控真实情况的网络纪录片之一。在疫情处于最严重的时候，纪录片《第一线》摄制组就深入武汉七家疫情患者收治医院进行跟踪拍摄，并于 2020 年 3 月 18 日在优酷实现线上首播。从武汉 2020 年 1 月 23 日封城算起，摄制组仅用了一个多月的时间就实现了网络首播，体现了纪录片《第一线》极高的时效性。随后，纪录片的第二集至第五集在优酷陆续播出，并于 4 月 22 日播出完结。这种播出与事件进展同步的边制作边播出的方式，极大地体现了该纪录片在选题上的时效性与实时性。

（2）全面性

纪录片《第一线》的五集内容分别主要涉及重症看护病房、方舱医院、雷神山医院、志愿者、居家百姓等。纪录片选题的全面性首先体现在拍摄区域的全覆盖，包括插管科室、患者床边、器械设备、物资仓库、监控中心、走廊角落、救护车内、公交车上、出租车内、航班机舱、蔬菜大棚、社区街道、百姓家中。其次，纪录片选题的全面性也体现在对所摄人物的全刻画，包括医护人员、专家教授、医生夫妇、支援队伍、肺炎患者、病患家属、滞留人员、空巢老人、新生婴儿、康复学生、志愿者等。最后，纪录片选题的全面性也体现在时间上，即对全过程的记录，摄像机从武汉封城开始到进入 ICU，再到 2020 年 4 月 8 日武汉解除离汉通道管控措施，纪录片对武汉"抗疫"过程进行了全记录。

3. 创意

(1) 话题人物化

纪录片《第一线》的拍摄创意关键在于寻找核心话题。抗击新冠肺炎疫情是在特殊时期全社会普遍关心的重要选题，但如何在这个庞大的选题下找到最具价值的核心话题，则要考虑党和政府以及人民的需求。于是，纪录片《第一线》的摄制组在党和政府的立场与人民的利益之间力求寻找最大公约数，向人们呈现医护人员如何平衡家庭和社会之间的关系，方舱医院的真实情况，市内滞留人员的救济情况，志愿组织如何发挥慈善作用，照顾空巢老人等话题。同时，摄制组把这些话题与具体人物巧妙地结合在一起，通过对人物的真实记录来讲述他们的动人故事，在呈现话题时用镜头刻画真实又鲜明的人物形象。

(2) 细节情感化

纪录片《第一线》对情节的展现通过细节这个中介来最终达到情感升华的效果。细节也可以说是情感的催化剂，它最能体现事件的关键要素。首先，编导通过亲眼观察和亲身感悟以及对事件进展的把握，洞察最具有典型意义的细节，如累趴在案的护士、老人无助的眼神、保持距离的夫妻、写满感谢的便签等，这些具有代表性和寓意性的细节，为片子打下与观众产生情感共鸣的基础。其次，纪录片创作者把这些细节进行视听化的呈现，包括运用特写、景深镜头、对比构图以及音乐烘托等视听手段，对这些细节进行艺术化表达，渲染感情，最终提升纪录片的艺术表现力。

4. 制作

(1) 采访串联贴近现实

纪录片《第一线》没有运用解说词，而是用采访的话语来串联和结构全片。摄制组通过对医护人员、肺炎患者、病患家属、志愿者等人员的采访，将他们的所见、所闻、所感通过整理和编辑之后，运用在声画表达中，起到串联事件、表达情感、呈现主题等作用。摄制组通过运用采访对象的口述，让纪录片紧贴现实生活和疫情"第一线"，极大地提升了纪录片的真实感和感染力。

(2)画面定格提升诗意

纪录片《第一线》在呈现重点人物、重点事件、重点场景时,采用画面定格动画的方式加强人物、事件、场景的重要性和典型性。这种将事件进行暂停的剪辑方式,实则是通过延缓事件的进行来对当下时刻进行强调。同时,制作人员又为这种定格画面渲染出插画风格,勾勒人物线条、淡化画面细节、加强明暗对比,最终提升了现实的诗意。

(3)空镜画面渲染氛围

纪录片《第一线》拍摄了新冠肺炎疫情期间武汉的多场大雪,这些空镜头有效地为叙事提供了环境描写,同时也为抒发情绪渲染了氛围。此外,诸如初升的红日、夜幕的街道、闪烁的车灯等空镜头也成为纪录片的叙事母题,具有表达上的隐喻性。

五、《了不起的村落》

(一)案例介绍

《了不起的村落》(图3-5)是由湖南知了青年文化有限公司(下简称知了青年)"了不起频道"推出的网络纪录片。该系列纪录片计划探寻100个东方村落,并对它们进行记录和存档,给世人留下一部村落百科全书。该系列纪录片于2017年11月14日在网络首播,目前已在今日头条、优酷、爱奇艺、腾讯视频、哔哩哔哩等网络平台播出。

图3-5 《了不起的村落》

当今社会的城市化脚步加速向前,而传统文化的内容创新和当代表达不但被迫切需要而且也备受推崇。知了青年"了不起频道"正是在这样的背景下诞生的,它是解读东方文化的垂直文化品牌,致力于用当代视角和审美眼光去关注和发掘社会发展及东方文化。近年来,中国的自然村落正逐步消失,这些传统村落是社会发展的见证,同时也饱含社会文化记忆和文明精神,这些方面的历史价值和当代价值都值得留存和保护。纪录片《了不起的村落》用影像记录并传递出这些村落的美好形象和人文精神。

为了 100 个村落的探访计划,纪录片《了不起的村落》团队整理了 326 个特色村落的选题,探访了 18 个村落,采访了 200 多位村民,旅程达 33 762 千米,最北到内蒙古根河的敖鲁古雅,最西北到新疆喀纳斯的禾木,最南到海南的儋州,最东到福建霞浦。用 5 年的时间对国内百座村落进行存档,用 100 次抨击心灵的本真记录给后世留下了一本关于村落的百科全书[①]。

(二) 策划亮点

1. 定位

(1) 内容定位:东方审美的村落相册

纪录片《了不起的村落》以即将消失的村落为主要展现对象,对这些处于社会边缘但仍然散发着生机与活力的村落进行雕刻式、抚摸式、探寻式的记录,发掘其中蕴含的文明前进脚步和东方审美价值。社会发展的步伐势不可挡,城镇化的脚步大步向前,诸多村落都几乎成为"失落的文明"。《了不起的村落》堪称是一本描绘和刻画美丽村落的历史相册。

(2) 情感定位:心灵栖息的质朴家园

纪录片《了不起的村落》整体散发着"治愈系"的基调定位,给身处都市生活,顶着快节奏生活压力的人们以心灵家园般的栖息地。纪录片以慢节

---

① 《纪录片〈了不起的村落 2〉寻色之旅季重磅回归》,2018 年 5 月 21 日,腾讯网,https://new.qq.com/omn/20180521/20180521A0HYOS.html,最后浏览日期:2020 年 6 月 9 日。

奏的叙事、诗人般浪漫的讲述,抚慰人们的心灵,营造梦境般的童话世界,让人们仿佛回到简单质朴、原始和谐的田园生活。

2. 选题

(1) 以村落解码社会文明和人文精神

《了不起的村落》以村落作为表现题材,立意深远。村落联系着过去和现在,是历史的印记和社会发展的见证。观看、造访这些村落的过程中,观众可以反思"我们从何而来"以及"我们是谁"等问题。纪录片以探寻村落作为切入点,实则触摸了社会发展的脉搏,选题具有极强的纵深感。

(2) 以消逝速度与美丽景观作为村落选择标尺

《了不起的村落》系列纪录片在选择具体村落时,消逝速度与美丽景观是重要的权衡标尺。首先,村落处于消逝之中或具有消逝的趋势,它的留存与生机能够彰显生命的崇高。其次,村落的外在和内在都具有东方美的格调。村落蕴涵的文化内涵、文明基因、情感密码能够提升它的内在价值。村落具有的美丽景观可供拍摄,构筑童话般的世外桃源。村落的内在价值和外在质感都极大地提升了村落的审美价值和精神力量,而它的消逝则夹杂着强烈的崇高感和优美感,令人感伤和惋惜。

3. 创意

(1) 死:消逝增强悲剧效果

纪录片《了不起的村落》在编创上的一个关键词是"消逝"。纪录片将村落作为一个有生命的审美客体进行整体塑造,求生是生命的本体属性和内在要求,村落这个有机生命体在历史车轮滚滚向前的发展进程中,面对种种不利因素,在压力与恐惧中顽强存活。纪录片虽然在关于每个村落的叙事过程中设置有不同的人物,但是并没有对他们进行戏剧性突出的叙事建构,而只是勾勒其群像式存在的形象。人物与村落融为一体,与村落同呼吸、共命运,作为一个完整的生命共同体,在与自然和社会的冲突中进行抗争。纪录片在赋予村落人文内涵和精神价值的同时,消逝的命运也使村落具有了崇高和壮美的审美价值,增强了悲剧效果。

(2) 生：诗意唱响生命挽歌

纪录片《了不起的村落》在编创上的另一个关键词是"了不起"。正是由于世间命运的无常与不可控，具有顽强生命力的村落就格外彰显出"了不起"的精神价值。纪录片对村落这种"了不起"的精神价值的赞颂是通过具有诗意风格的画面进行呈现的，宛若一曲具有悲情意味的生命挽歌。生命是向死而生的，村落也不例外。本系列纪录片是一部讲述出来的故事，平实而略带忧伤的解说语言风格结合画面、音乐、剪辑等综合手段，给故事增添了许多抒情的意味。无论这些村落还能坚持多久，但只要它们生存多一天就是一种"了不起"。纪录片在对"生"与"死"这对永恒关系的辩证探讨中，体现了出世的哲理和智慧。

(3) 美：产品思维点燃情感

纪录片《了不起的村落》利用产品思维打造每个村落，对村落进行差异化特征分析，对其艺术形象和审美内核进行提炼和构建，打造村落产品。同时，纪录片通过年轻化的表达方式和标准化的制作工艺对村落进行审美塑造，点燃观众的情感共鸣。

4. 制作

(1) 后期调色构建梦幻色彩

为了达到主题想要表现的效果，纪录片《了不起的村落》在画面的色调上也进行了精心的调制。通过后期调色使画面呈现淡雅朦胧的整体风格，而画面也尽量倾向于偏冷和柔和的色调，透露出一丝低沉和哀伤，同时谨慎使用高明度、高饱和度的画面视觉效果。

(2) 民谣 MV 唱出抒情旋律

纪录片《了不起的村落》的背景音乐具有较为明显的民谣风格，这种音乐类型本身就具有很强的人文性。本片的背景音乐与解说词及画面的配合宛如一支动人的民谣 MV，更增添了村落动人、优美的气质，也在一定程度上拨动了观众想要前往村落旅行的心弦。

5. 宣传推广

（1）精品内容连接用户

"了不起频道"用文化对内容进行赋能来连接用户。"了不起频道"抓住当代年轻人的审美习惯，运用新的审美思维对内容进行重塑，通过打造文化品牌来黏合用户。"了不起频道"的内容矩阵入驻 40 多家平台，在全网平台粉丝数超过 600 万，单条视频播放量超 3 000 万，全平台视频播放量超 20 亿[①]。

（2）产品思维助力变现

"了不起频道"采取工业化标准打造产品化内容，为观众带来"新视听、新视角、新故事、新知识"[②]。同时，"了不起频道"通过在线下出版书籍、举办展览与首映会、组织文化体验活动、植入汽车品牌等方式，构建产品的文化品牌。

（3）跨界营销打造闭环

"了不起频道"推出纪录片内容衍生产品，并提出"了不起伙伴"计划，签约内容创作者布局内容生产体系。同时，"了不起频道"还与旅游商业平台合作推出旅游路线，拓展商业合作模式，多维跨界营销打造商业闭环。

六、《我的青春在丝路》

（一）案例介绍

《我的青春在丝路》(图 3－6)是由芒果 TV 出品，共青团中央宣传部和湖南广播电视台新闻中心联合摄制的主旋律纪录片。该纪录片讲述了来自中国的青年在"一带一路"沿线国家为世界发展建设积极作出贡献，并努力追

---

① 《纪录片〈了不起的村落 2〉寻色之旅季，重磅回归》，2018 年 5 月 21 日，腾讯网，https://new.qq.com/omn/20180521/20180521A0HYOS.html，最后浏览日期：2020 年 6 月 9 日。

② 《新内容＋产品化＋跨界运营，新一代纪录片如何做到内容和商业双赢？》，2017 年 12 月 31 日，搜狐网，https://www.sohu.com/a/210325038_226897，最后浏览日期：2020 年 6 月 9 日。

图 3-6 《我的青春在丝路》

求青春梦想的故事。该纪录片第一季是献礼 2018 年全国"两会"的特别节目,目前共播出三季,入选庆祝新中国成立 70 周年推荐展播纪录片。该纪录片于 2018 年 3 月 1 日起先后在芒果 TV 和湖南卫视播出。

国家提出"一带一路"倡议之后,如何向公众解读"一带一路"倡议,如何向世人展现"一带一路"的具体成果,如何向世界传播"一带一路"的精神风貌,成为媒体关注和思考的重要问题。同时,这也成为纪录片《我的青春在丝路》的创作背景。纪录片摄制组和国有大型企事业单位进行广泛接触和交流,最终从诸多派往国外的青年才俊中遴选出拍摄对象,作为纪录片的主要人物。纪录片采用互联网思维对主旋律题材纪录片进行故事化创作,取得了良好的传播效果。

纪录片《我的青春在丝路》项目已被中宣部列为"一带一路"整体宣传计划的重点项目。据悉,该纪录片计划推出 100 集系列节目,基本覆盖大部分"一带一路"沿线国家[1]。

(二)策划亮点

1. 定位

(1) 内容定位:"一带一路"倡议的故事化解读

纪录片《我的青春在丝路》通过影视视听的表现方式对"一带一路"倡议进行了故事化的解读,直观形象地向观众展示了"一带一路"涉及的建设领域,中国人民是如何为"一带一路"沿线的国家贡献自己的力量的,以及"一带一路"沿线国家的人们是如何与中国人民精诚合作并结下深厚友谊的。

---

[1] 徐颢哲:《纪录片〈我的青春在丝路〉记录青年逐梦》,2018 年 8 月 13 日,人民网,http://media.people.com.cn/n1/2018/0813/c14677-30224277.html,最后浏览日期:2020 年 6 月 9 日。

每集纪录片通过讲述一个主人公的生动故事,对"一带一路"倡议提出以来所取得的发展成果和深远意义进行了形象的故事化解读。

(2) 功能定位:负责任大国的中国国家形象塑造

纪录片《我的青春在丝路》塑造了一个负责任大国的中国国家形象。该纪录片第一季共五集,分别讲述了中国人民与巴基斯坦、尼泊尔、哈萨克斯坦、柬埔寨、埃塞俄比亚等国家人民情同手足的故事。纪录片向人们呈现了中国在南南合作中致力于探索多元发展道路以及实现务实发展成效,帮助"一带一路"沿线国家经济社会发展,塑造出一个负责任大国的中国国家形象。

2. 选题

(1) 小人物反映大时代

纪录片《我的青春在丝路》紧扣时代话题,以中国国家主席习近平提出的"一带一路"倡议为核心议题展开。"一带一路"已经成为当前我国推动区域合作和加快经济转型的新倡议。该片分别向观众讲述了中国青年建设者带领"一带一路"沿线国家的劳动人民开展包括种植水稻、挖掘隧道、维修油井、修复古建、修建铁路在内的有关农业生产、工业基建和文化建设等工作。该片以"一带一路"为选题,与国家发展和世界新格局、新体系相适应,具有极高的时代精神和时代价值。

(2) 展现异域文化风情

纪录片《我的青春在丝路》展现的国家和事件具有很高的可看性,异域风情是片中的一个关键元素。第一季的五集分别围绕巴基斯坦、尼泊尔、哈萨克斯坦、柬埔寨、埃塞俄比亚五个国家进行讲述。这些国家灿烂悠久的民族文化和民俗特征不但满足了观众的猎奇心理和审美心态,同时为叙事提供了基点,并且为片子最后两国友谊的升华提供了充足的养料。纪录片在开篇就向观众展示了这些不同文化的国家的自然地理、野生动植物、民俗风俗、音乐歌舞、市民生活等画面,为整个纪录片奠定了异域风情的审美基调。另外,纪录片中呈现的事件多是不同肤色、不同种族、不同文化背景的人在不同的自然环境中工作,在影像的表现上具有极高的可看度,可谓一幅绚丽夺目的生动画卷。

3. 创意

(1) 搭建典型戏剧结构

纪录片《我的青春在丝路》通过搭建相对典型和完整的戏剧结构来向观众讲述精彩的"丝路"建设故事。每一集纪录片围绕一个主要事件,设置有主要人物、次要人物、人物弧、鸿沟、激励事件、矛盾冲突、情感升华等故事要素,为观众讲述了具有戏剧张力的人物故事。

(2) 群像构建国家形象

纪录片《我的青春在丝路》第一季向观众介绍了隆平高科巴基斯坦杂交水稻推广项目负责人蔡军、巴瑞巴贝引水隧道工程项目经理胡天然、中石油哈萨克 PKKR 项目修井部工程师王金磊、中国文化遗产研究院文物保护工程师张念、中国中铁二局工程商务经理孙钦勇这五名中国年轻的建设者。片中并没有采取宏大叙事,而是通过故事精心雕刻和塑造每一位主人公的个人形象,最终通过人物群像彰显出中国当代有担当、有作为的年轻人的形象,进而塑造负责任大国的中国国家形象。

(3) 采用第一人称叙事

该纪录片采用第一人称视角进行叙事,正如片名《我的青春在丝路》,纪录片以"我"的视点讲述"我"的所见所闻,分享"我"在"丝路"建设中的切身感受。每集纪录片以主人公的旁白开篇,开始这一集的故事讲述。每一集的结尾则是全片的点睛之笔,纪录片通过主人公的旁白,讲述自己在"一带一路"沿线国家生活和工作的收获和感悟,将主人公的个人叙事提升到"丝路精神"的宏大主题上。

4. 制作

(1) 叙事镜头讲述动人故事

纪录片《我的青春在丝路》以讲述故事为主要内容,在镜头的设计和组接上注重围绕叙事目的来谋篇布局。该片在拍摄上注意抓取具有叙事作用的镜头,并通过一定的场面调度来构建事件的全貌。此外,在剪辑上,该片选取不同景别和角度的镜头,采用叙事性蒙太奇对事件进行铺陈,并通过剪辑的节奏制造和提升故事的悬念。

(2)明快色调映衬美好前景

纪录片《我的青春在丝路》通过后期调色,使纪录片的整体影像色调呈现出高明度、高饱和度和高对比度的风格特征,不仅有利于塑造鲜明的人物形象,传递出"一带一路"沿线国家灿烂悠久的历史文化,还充分表达了纪录片对"一带一路"倡议未来前景光明的美好主题。

5. 宣传推广

(1)线上:新媒体与传统主流媒体合力

纪录片官方微博"湖南卫视我的青春在丝路"发布话题并与网友互动,同时在湖南卫视晚间 7:30 黄金档播出,还在芒果 TV 首页开屏宣传。纪录片第三季播出后还登上了中宣部"学习强国"全国总平台的"人物专栏",新华网、人民网、光明网线上发稿对其进行了重点宣传。

(2)线下:举办发布会邀请沿线国家明星助阵

纪录片在开播前举办了线下发布会,邀请来自"一带一路"沿线国家的歌手及出现在片中的主人公来到现场,为节目宣传推广助阵,引发更多观众的关注,展现中国与"一带一路"沿线国家的深厚情谊。

第三节 人文类

人文类题材网络纪录片重点关注人的生存、人的发展、人的精神以及人的价值,注重以人的心灵为向度,探讨人的意志、观念、思维及信仰等人性的重要组成部分。人文类题材网络纪录片站在文化层面和文明高度去彰显人的精神价值,着重探讨人类社会的历史发展、文化内涵、价值观念和伦理道德,在思辨和哲理中艺术地把握世界的本源。下面结合网络媒介的技术特性、传播规律、审美特质和接受习惯,并按照分析题材特性、寻找选题方向、构建创意路径三个步骤对人文类题材的网络纪录片进行分析。

首先,分析题材特性。要对人文类题材网络纪录片进行策划,首先要对其题材的特性形成清晰的认识。这类纪录片的题材具有以内视性和抽象性为形态,并以悠远性和延展性为动势的典型特征。

一是以内视性和抽象性为形态。人文类题材在形态上具有内视性和抽象性。人文类题材是向内体察的,指向人的精神和心灵,同时,人文类题材是不可名状的,难以用形象去描述和刻画。

二是以悠远性和延展性为动势。人文类题材在动势上具有悠远性和延展性。人文类题材往往与历史文明的长河相关联,散发着悠远的文化质感,同时,人文类题材又是包容贯通的,相互渗透又扩散浸染。

其次,明确选题方向。明确了人文类题材网络纪录片的题材特性之后,便可针对题材的特性进行审美提炼和审美创作,在选题方面从个性与共性、现实与审美、历史与永恒、流行与经典四组关系进行确定。

一是个性与共性。人文类题材网络纪录片在选题上应处理好个性与共性的关系,既充分发掘文化样貌所展现出的独特个性,同时又充分考虑文化底层共振人类心灵的普遍共性。

二是现实与审美。人文类题材网络纪录片在选题上应处理好现实与审美的关系,既要找寻生活现实的具体落脚点,同时又要提升艺术审美的主题生发性。

三是历史与永恒。人文类题材网络纪录片在选题上应处理好历史与永恒的关系,既需要充分尊重其历史定位,同时又要注重从其历史阶段中提炼真理与价值的永恒性。

四是流行与经典。人文类题材网络纪录片在选题上应处理好流行与经典的关系,既广泛关注人文事物和现象中的流行元素,同时又注重开掘经典样态、经典模式与经典精神。

最后,构建创意路径。人文类题材的网络纪录片在创意上可以沿着古典表达模式和创新表达模式两个路径进行。

一是古典表达模式。在视听呈现上,编辑具有内视性的文学话语,通过语言的表述来组织主题和直抒胸臆;创造具有形式感的视听语言,通过视觉和听觉的传导来隐喻和表意。在内容构建上将形象、信息、故事等要素提炼成意象和意境,从而进行情感的抒发;对形象、信息、故事等要素进行感悟和思辨,从而进行观念的探讨。在内核生成上满足观众心灵净化和心智启迪的深层次需求,体现哲理,启发智慧,予人顿悟,促使人们能够更深刻地认识自身与世界。

二是创新表达模式。在视听呈现上,运用趣味性的元素和符号,通过大众化和通俗性的视听表达方式,创造具有娱乐功能的视听形象。在内容构建上,对传统的人文内核进行重新解构,注入新的内涵,或对人文题材进行娱乐性诠释;注重故事化串联与构建,寻找戏剧结构作为内容的主要框架。在内核生成上,满足观众对趣味性的需求,用娱乐化方式来呈现人文内涵。不过,要注意对真实性和人文性的把握,不应歪曲事实、扭曲价值,应在坚持正确价值观的基础上进行娱乐化表达。

总之,在人文类题材的网络纪录片策划方面,应充分认识其题材以内视性和抽象性为形态并以悠远性和延展性为动势的典型特征,并从个性与共性、现实与审美、历史与永恒、流行与经典四组关系来综合确定纪录片的选题方向,最终沿着古典表达模式或创新表达模式对纪录片进行创意构建。下面以一些典型案例对人文类题材网络纪录片的策划亮点进行具体分析。

一、《是面包,是空气,是奇迹啊》

(一)案例介绍

腾讯视频自制纪录片《是面包,是空气,是奇迹啊》(图3-7)将日本作为第一季文化之旅的目的地,共八集,选题囊括文化现象和生活方式,从吃、喝、建筑、设计、二次元、职业、情绪、自由行八个角度切入,陈粒(音乐人)、西川(诗人)、夏雨(演员)三位嘉宾在每集分别带着三本书,到不同的地方触摸真实的日本,解决自己的困惑,探寻自己的答案。与此同时,刺激观众读书

第三章 网络纪录片策划 >>>

图 3-7 《是面包,是空气,是奇迹啊》

的欲望和对旅行的渴求,引领观众感同身受,开阔眼界的同时重新认识自己,重新理解旅行的目的和读书的意义①。

参与纪录片摄制的嘉宾之一,音乐人陈粒也为本片创作了主题曲《多多流意》并进行演唱,作为纪录片的片尾曲。片名"是面包,是空气,是奇迹啊"是对书之于人的作用的形象表达,纪录片开篇这样诠释:"我扑在书上,就像饥饿的人扑在面包上。人离开了书,就如同离开了空气一样不能生活。书是一切奇迹中,最复杂最伟大的奇迹。"纪录片对读书的意义进行了充分诠释,以三位不同嘉宾带着观众旅行的方式,陶冶人的情操,探讨人生的真谛,最终揭示纪录片的主题:"'旅读',是为了确认自己。"该纪录片于 2019 年 6 月 27 日在腾讯视频上线,于 2019 年 8 月 15 日播出完结。

(二) 策划亮点

1. 定位

(1) 属性定位:探寻日本文化与自我认知的散文诗

纪录片《是面包,是空气,是奇迹啊》以探寻最典型的日本文化为目的,通过融入日本文学的内容元素和作者观点来达到嘉宾与观众进行自我反思和自我认知的效果。片名"是面包,是空气,是奇迹啊"具有浓郁的散文气质和想象空间,每集纪录片不但以书单作为文学格调统领,每个段落用词句带

---

① 《是面包,是空气,是奇迹啊》简介,2019 年 6 月 27 日,腾讯视频,https://v.qq.com/detail/p/pqp90hu8zly7ayi.html,最后浏览日期:2020 年 6 月 9 日。

动内容表达,还将三位嘉宾的文艺特质、日本文学的内涵精神以及抒情风格的视听表达融为一体,有情怀、有温度、有观点、有哲理,形成了一篇探寻日本文化与自我认知的散文诗。

(2) 受众定位:年轻网民与精英分子

首先,该纪录片选择了包括动漫、游戏、二次元、设计、美食、物哀文化在内的深受中国年轻观众喜爱的日本文化题材,锁定了年轻网民这一受众群体。其次,它同时也纳入了如职业、建筑、艺术等具有较深文化内涵和社会价值的表现题材,让一部分文化精英也得以进行文化反思。最后,该纪录片没有停留在对青年亚文化的简单陈列上,而是穿透这些文化外衣去探访内核精神和生命感知,吸引更多的年轻网民与精英分子。

2. 选题

(1) 让身心同在路上:旅行与读书

中国有句古话"读万卷书,行万里路",而《是面包,是空气,是奇迹啊》正映衬了当下"身体和灵魂总有一个要在路上"的社会心理。旅行可以开拓人们的眼界,读书则可以陶冶人的心灵。近年来,具有娱乐性质的旅行题材的慢综艺和真人秀在网络上比比皆是,而文化读书类节目则相对较少。这也与网络浅阅读的媒介特性以及人们的收视心理需求不无关系。然而,纪录片《是面包,是空气,是奇迹啊》创造性地将旅行和读书进行嫁接,在片中把旅行的见闻与读书的感悟进行深度融合,既保留了可看性,又提升了思辨性,让观众的身心一同在路上。

(2) 聚焦同源与异质:日本的文化

纪录片《是面包,是空气,是奇迹啊》选择了以日本文化为表现题材。日本与中国同属亚洲儒家文化圈,日本也深受中国文化的影响,日本文化与中国文化具有同源性。在片中,日本的文字、文学、音乐、礼仪等表现元素都与中国文化具有某种对应关系。正因如此,观众在观看该纪录片时,能够相对容易地进入文化的本源去探寻核心内涵和精神价值。同时,日本文化与中国文化相比又具有很大的异质性。这种异质性不但在片中直接体现为元素符号的可看性,还能激发观众潜在的心灵感悟,最终达到反观自身的审美效果。

3. 创意

(1) 借用文学式的篇章结构

纪录片《是面包,是空气,是奇迹啊》具有很强的文学性,在表现形态方面借用了文学式的篇章结构。纪录片首先以"序·出发"开篇,类似于书籍里的"序言"部分,作为整部纪录片的前奏。之后的第一集到第八集全部采用"话"的说法,借用日本文学的表达形式,与中国文学的章回体形式结构具有共通之处。纪录片借用文学式的篇章结构,具有很强的形式感和仪式感,给观众带来如阅读图书一般的体验和享受。

(2) 三个嘉宾引领品位格调

该纪录片选择了三位嘉宾来一同探寻日本文化,领读文学著作,体察观照内心,有代表内敛与深沉的"60后"诗人西川,有代表成熟与活力的"70后"演员夏雨,也有代表年轻与时尚的"90后"音乐人陈粒。他们同时都具有对生命体察的洞见,但又具有不同的人格魅力、文化视角和文化烙印。在每一集中,三位嘉宾分别带着一本文学著作在各自的旅途中了解日本文化。同时,嘉宾将书籍中的一些原文词句用在纪录片的段落中,用以引领该段落的主题意义,达到提升文学性的目的。

(3) 探寻体验式的内容发掘

纪录片整体采取一种阅读式、体验式、接近式的内容表达方式,通过三位嘉宾的视角,带领观众由外而内、由远及近地观察和体味日本文化和社会。这种层层递进的探寻方式提升了观众观看纪录片时的主体性,充分调动观众的主动思考,提升了观众主动获取知识的满足感。

4. 制作

(1) 包装风格提升人文内涵

本片在字体的设计上多采用手写风格和复古的印刷风格,在片头的包装设计上则相应采用了简易的漫画风格。将手工体文字应用于纪录片是对人的价值的彰显和肯定,给人以时尚感的同时提升了纪录片的人文性和艺术性。

(2) 淡雅色调增强诗意效果

本片的整体色调呈现出淡雅的风格,饱和度和对比度相对较低,并在整体上呈现出倾向于怀旧的棕黄色暖色调,给人以陈旧书籍的泛黄纸张的感觉,与纪录片的主题相适应,增强了全片整体上的诗意效果。

5. 宣传推广

(1) 社交话题互动

该纪录片在新浪微博和知乎等社交平台上进行话题互动。纪录片根据相应内容在片中通过字幕的形式呈现"有问题　上知乎"的提示,并通过字幕"进入新浪微博搜索♯是面包是空气是奇迹啊♯参与话题讨论,读书和旅行一起在路上"提示观众进入新浪微博参与话题讨论。

(2) 打造主题歌曲

纪录片的片尾采用了陈粒创作并演唱的歌曲《多多流意》作为主题曲,不但提升了纪录片的情感性,同时也使纪录片的宣传增加了渠道。纪录片将打造的主题曲《多多流意》及其 MV 发布到网易云音乐、QQ 音乐、酷我音乐、腾讯视频、爱奇艺、百度贴吧等网站,提升了纪录片的传播效果。

二、《风云战国之列国》

(一) 案例介绍

系列纪录片《风云战国之列国》(图 3-8)以战国七雄韩国、魏国、赵国、燕国、楚国、齐国、秦国的英雄故事、国家命运为线索,分析国民气质性格对国家运势的影响,旨在穿过波云诡谲的历史风云,探索国家兴亡背后的秘密,寻

图 3-8　《风云战国之列国》

找上古中国神秘的文化密码。作为首档剧情式纪录片,系列片采用史诗、全景式的剧本视角,悬念、剧情化的讲述方式,电影级别的视听语言水准,为观众呈现战国历史[①]。该片于2019年12月11日在腾讯视频播出,共分为7集,每集约60分钟。

纪录片《风云战国之列国》采用剧情的方式来呈现历史,在国内是一次大胆的创新尝试。纪录片邀请了海一天、于荣光、郑则仕、林永健、王劲松、李立群、喻恩泰等实力演员,每一个演员代表一个国家的气质,并与国家命运相关联,探讨国家兴亡的背后原因。纪录片参照包括《史记》《战国策》《吕氏春秋》《战国纵横家书》在内的史书史料进行内容构建,以真实为原则进行剧情呈现。

(二) 策划亮点

1. 定位

(1) 类型定位:剧情式纪录片

纪录片《风云战国之列国》以史实为依据,全片完全采用搬演的创作手法,对历史进行故事化呈现,成为国内首档剧情式纪录片。不同于以往传统的专题式历史题材纪录片,该纪录片在形式和类型上进行大胆创新,将演绎做到了极致,对史实进行剧情化呈现,形成了国内网络纪录片中独树一帜的风格类型。

(2) 功能定位:具有教育功能的历史读物

纪录片《风云战国之列国》首先是一部具有丰富知识含量的历史片,它以史实为基础,向观众展现了战国七雄的历史人物、历史事件以及邦国兴衰的过程,构建了历史影像,传播了历史知识。此外,该纪录片在讲述历史故事的过程中,将国民气质性格与邦国的兴衰强盛进行了联系,深刻分析了国民气质性格对国家发展的影响。纪录片通过历史的结局使观众反观自身,

---

[①]《风云战国之列国》简介,2019年12月11日,腾讯视频,https://v.qq.com/detail/p/pqp90hu8zly7ayi.html,最后浏览日期:2020年6月9日。

以史为鉴,具有良好的教育功能。

2. 选题

(1) 时代性:对话中华民族伟大复兴

当前,我国经济发展迅速,国际地位和国际影响力日益提升,正处于实现中华民族伟大复兴的关键时期。而系列纪录片《风云战国之列国》呈现了战国七雄兴衰成败的历史,向世人讲述了国家的宏大命运。该纪录片总结前人的历史经验,展望当下的国家治理,其选题与当今时代产生了共振,与当今的中华民族伟大复兴历史进程进行对话,具有重要的时代价值。

(2) 可视性:战国六国灭亡引发悬念

《风云战国之列国》系列纪录片一共七集,前六集分别讲述了中国历史上的燕国、赵国、楚国、韩国、魏国、齐国的亡国命运。由于这些国家都是中国历史上的邦国,其传奇的历史进程容易获得中国观众的强烈关注。每集纪录片一开篇便阐述了该国虽然具有强大的实力,却免不了最终亡国的历史结局。纪录片中对亡国原因的历史拷问引发了极大的悬念。最后一集讲述秦国一统天下的原因,整个系列犹如一部完整的电视剧,极大地满足了观众的收视兴趣,具有极强的可看性。

3. 创意

(1) 剧情内容构建悲剧结构

纪录片《风云战国之列国》前六集讲述了国家灭亡的悲剧故事,是通过构建悲剧结构来实现的。纪录片首先肯定了国家在经济实力、军事力量、国土面积或历史文化等方面的优越特性,然后将其毁灭的过程展现给观众。在人物的命运上,纪录片首先刻画了各国帝王将相在治国方略方面的非凡才能以及为国而战的伟大抱负,同时也交代了其人物性格上的缺陷和弱点,他们终究不免落入被俘杀害或国家失守灭亡的悲惨结局。纪录片通过设置悬念和环环相扣的方式构建了悲剧性的故事结构,提升了纪录片的审美张力。

(2) 民族性格解码国家兴亡

纪录片《风云战国之列国》将国家兴亡的原因归结于民族性格特别是重要历史人物的性格,这一点具有极高的哲理性和思辨性。对于本部剧情式纪录片而言,人物性格是剧情发展的关键,而剧情发展也与国家兴亡和历史车轮紧密相关。该系列纪录片对历史的解码具有独创性,正如导演金铁木所言,战国时代是"我们民族的童年"[①]。这种对历史的回望能给当下和未来以智慧和启示。

(3) 旁白解说串联史实史料

解说词由于其文字语言的特征,在概括事实、穿越时空、总结提炼等方面与影视画面语言相比具有较为明显的优势。《风云战国之列国》系列纪录片合理运用解说词的表达优势串联史实,将故事的形象性与解说的概括性进行充分结合。纪录片的解说词不但有凝练准确的宏观陈述,而且有感性意味的文学评论。纪录片通过解说的提炼和串联为故事讲述制造了叙事上的节奏,同时缓解了观众的观看疲劳,充分彰显了纪录片情与理、真与美的典型审美特征。

4. 制作

(1) 实力演员加盟

实力演员的加盟为本片的呈现增色不少,如于荣光、林永健、李立群等都在片中扮演了重要角色。导演金铁木坦言演员的片酬很少,但是这些演员都在塑造历史人物上下足了功夫,塑造了鲜明的人物形象。这些演员一方面因其扎实的演技提升了纪录片的品质和表现力,另一方面也因其较高的知名度为纪录片增添了更多看点。

(2) 电影制作水准

该纪录片以电影级的标准进行拍摄和制作,在编剧、导演、表演、摄影、

[①] 《〈风云战国之列国〉收官:用创新的纪录片叙事语态解读战国时代兴亡》,2020年1月22日,搜狐网,https://www.sohu.com/a/368493227_100262971,最后浏览日期:2020年6月9日。

录音、美术、服装、化妆、道具等各个环节都体现出了精良的制作品质,在国内纪录片的制作上堪称上乘之作。

(3) 片头动画包装

该纪录的片头动画包装具有鲜明的动漫风格,灰暗的色调描绘出战火纷飞的黑暗时代,层次分明的明暗对比塑造了立体鲜明的人物形象,简约写意的视觉元素给人留下了充分的想象空间,游戏风格的影视配乐令观众血脉偾张,呈现出血气方刚的爆发力和时尚感。

5. **宣传推广**

(1) 营造话题传播

纪录片《风云战国之列国》利用剧情式纪录片的优势,通过实力演员的表演以及与导演的配合等话题,在人民网、网易、新浪、《新京报》等进行宣传。

(2) 开展线下宣传

纪录片《风云战国之列国》举办线下媒体看片会,邀请媒体前来报道。同时,在清华大学举办纪录片教学研讨会,导演金铁木与清华大学的教授、学者以及青年学生们针对纪录片的内容创作和播出效果进行了深入交流。

(3) 开发衍生产品

纪录片《风云战国之列国》打造的原创音乐大碟以及主题曲 MV 在网易云音乐、QQ 音乐、酷狗音乐播放。原创音乐根据七国的特质,分别用不同的传统乐器如尺八、笙、黑管和古琴、呼麦、埙、萧与笛、鼓进行表现,并通过管弦乐进行叠加来讲述和表达历史风貌和历史巨变。主题曲则采用了《诗经》中《秦风·无衣》的词句,刻画和讲述当年的战争场面及英雄气概。

三、《历史那些事》

(一) 案例介绍

网络纪录片《历史那些事》(图 3-9)是由哔哩哔哩和北京无奇不有影视文化有限公司出品的具有"实验性"的历史文化题材纪录片,以传统纪录片

图 3-9 《历史那些事》

穿插创意短片的形式,趣味性地解读、呈现、讲述历史人物和历史事件。传统纪录片部分着重展现史料中的真实历史,创意短片部分则采用真人秀、脱口秀、侦探剧、MV、热门综艺、日和短剧、热门广告等形式对史实进行创意改编。传统纪录片部分与创意短片部分既有艺术的碰撞,也有不同风格与不同形式的交融,最终以具有"实验性"的风格展现出中国的人文历史。

国家高度重视中华优秀传统文化的传承发展,强调要使中华民族最基本的文化基因与当代文化相适应、与现代社会相协调,以人们喜闻乐见、具有广泛参与性的方式将其推广开来,把跨越时空、超越国度、富有永恒魅力、具有当代价值的文化精神弘扬起来,把继承传统优秀文化又弘扬时代精神、立足本国又面向世界的当代中国文化创新成果传播出去①。网络纪录片在向年轻人传播传统文化方面具有重要的历史责任,如何让年轻人关注历史、读懂历史、喜爱历史,成为历史文化题材纪录片需要攻克的问题。

纪录片《历史那些事》在严格依据史料史实的基础上,对传统文化的表现形式进行了大胆创新,为传统文化在青年群体中的传播作出了贡献,也为纪录片形式的创新作了有益的尝试。纪录片《历史那些事》目前共播出两季,每季 8 集,每集时长约 30 分钟。截至 2020 年 11 月,第一季和第二季在

---

① 《习近平:建设社会主义文化强国　着力提高国家文化软实力》,2014 年 1 月 1 日,人民网,http://cpc.people.com.cn/n/2014/0101/c64094-23995307.html,最后浏览日期:2020 年 6 月 9 日。

豆瓣上的评分分别为8.0分和8.3分,在哔哩哔哩上的评分分别为9.7分和9.6分,可见得到了诸多观众的关注与认可。

(二) 策划亮点

1. 定位

(1) 风格定位:历史题材的实验表达

纪录片《历史那些事》在题材内容上聚焦于历史事件、历史人物以及历史物件,遵从史实史料,在关键问题上尊重历史,小心求证,是对历史的一次当代解读与传播。同时,该纪录片在表达手段上大胆创新,是一部具有"实验性"的历史文化纪录片。该纪录片不仅对历史进行剧情化再现,而且还利用当代年轻人喜爱的新形式进行了二度创作,实现了对历史题材的实验性创新表达。

(2) 受众定位:娱乐心态的年轻受众

纪录片《历史那些事》在目标受众的定位上主要聚焦于深受网络文化影响并喜爱网络文化的年轻受众,尤其是"95后"的哔哩哔哩用户。该纪录片以历史事件、历史人物和历史物件为叙述起点,实则通过"来料加工"进行娱乐化的编创,深耕网络文化,"设梗"娱乐受众,通过"大事不虚,小事不拘"的创作思路实现寓教于乐的功能,满足怀有娱乐心态的年轻受众。

2. 选题

(1) 与网络文化共振

纪录片《历史那些事》注重在历代史料中寻找能够与当下网络文化产生共鸣的选题。在创作思路上,《历史那些事》实际上是借历史的外衣寻找当下网络文化精神的内核,从历史中找到最能与当下流行文化重叠和共振的具体史料。在这样的选题思路下,产生了"吃货"苏东坡、"败家"的溥仪、"被捉奸"的隋文帝、"逆袭"的鼎、"傅粉"的何晏、"爱豆"嵇康、"爱发弹幕"的乾隆等,与当今网络文化中的"偶像""小鲜肉""美颜""吃货"等网络热词相关联。这些网感极强的选题与当今青年亚文化和后现代主义文化有着千丝万缕的联系,纪录片正是在这样的选题基础上进行了"实验性"创作。

(2)具备历史分量

纪录片《历史那些事》选择了在历史上具有相当分量的历史事件、历史人物和历史物件,如清朝第六代皇帝乾隆、清朝末代皇帝溥仪、隋朝开国皇帝杨坚、"唐宋八大家"之一的苏东坡、"竹林七贤"之一的嵇康、魏晋玄学创始者之一的何晏、青铜器中最能代表至高无上权力的器物鼎和战争中的重要兵器弩等。也正是因为这些选题具有相当厚重的历史感,纪录片在上述选题中做文章具有了相当多的看点。

3. 创意

(1)处处设梗共情

在《历史那些事》中,有三类信息共同构成片子的主要内容,它们分别是历史知识、"梗"和新创作的可看元素。历史知识作为"硬核"信息点,是本片作为历史文化题材纪录片的立足点,是它深层次的知识性表达。"梗"和新创作的可看元素是纪录片的"软性"兴趣点,为的是提升纪录片的可看性。"梗"是经过观众在媒介传播过程中反复加工、筛选和确认的已经成形的经典话语及现象,是既有共情话语对观众心理的一种连接,在纪录片和观众心理之间架设了一座共情的桥梁,连接了纪录片与观众的沟通,同时也引发了不同观众之间的共鸣。这些具有强烈网络特征尤其是 B 站文化风格的"梗",在观众之间构建起共通的话语空间,观众在其中寻找文化上的自我确认,并通过弹幕的形式对纪录片进行解读、二度创作与互动交流,达到一种共享、共鸣、共情的审美状态。

(2)塑造鲜明人物

纪录片《历史那些事》中塑造的人物不求全,但求鲜明。如果在塑造历史人物时面面俱到,一方面因纪录片的篇幅有限而难以达到,另一方面也由于本片的定位使然而不允许。因此,本纪录片在塑造人物时,力求找到人物的一个侧面切入,这个侧面必须是人物身上的一个看点,必须具有新鲜感、猎奇性并且能够与当今时代产生共鸣,或与当下网络流行文化具有接近性,从而提升纪录片的话题性。这种通过放大人物某一个侧面的方式,实则把历史文化名人世俗化,改变了以往观众心中的刻板印象,营造了审美距离,构建出新的人物形象和独特审美内涵。

（3）设置话语变奏

纪录片《历史那些事》在内容上的一个突出亮点就是在片中设置了"历史小剧场"这样一个环节。这个环节具有相当高的自由度,编导可以在这个环节进行较为夸张的创作。也正是由于这个环节的加入,网络纪录片《历史那些事》有了实验性的内容。"历史小剧场"改变了历史史料主线中的时空进展,以一种非线性蒙太奇的叙事方式和话语变奏样式,丰富了纪录片话语表达的时空性、层次性和复调性。"历史小剧场"中的真人秀、脱口秀、侦探剧等形成一条辅线,与历史史料主线一同叙述,共同构成一个新的艺术样式。

4. 制作

（1）杂糅多种元素

纪录片《历史那些事》在视听的呈现上不拘一格,杂糅了多种元素,包括借用王家卫的电影风格、"舌尖体"的表达方式、无厘头的表演形式、世界哲学大家的名言语录等,形成了令观众印象深刻的独特风格。

（2）低成本制作呈现另一种美

纪录片《历史那些事》的制作成本并不高,片中甚至呈现出许多"砢碜寒酸"的场景以及摆拍痕迹明显的镜头。但由于该片本身就是一部带有实验性质的纪录片,而且以"95后"B站用户为主的受众也是本着轻松娱乐的心态观看。因此,这些低成本的场景和镜头便带有了诙谐和搞笑的意味,从某种意义上反而形成了一种"戏谑"的美。

第四节 自然类

自然类题材的网络纪录片在内容上聚焦于对自然地理、动物植物、宇宙气象等自然景观进行记录和展现,力求给观众呈现一个丰富多样的自然世界并留下影像相册;在功能上重在洞察自然规律和探究宇宙奥秘,让人更好地认识自然和了解宇宙,认识人与自然的关系,从而对人类生存发展起到启示作用。下面结合网络媒介的技术特性、传播规律、审美特质和接受习惯,按照分析题材特性、寻找选题方向、构建创意路径三个步骤对自然类题材的网络纪录片进行分析。

首先,分析题材特性。要对自然类题材网络纪录片进行策划,首先要对其题材的特性形成清晰的认识,这类纪录片的题材具有空间疏远性、品性奇异性、关联疏松性、客观存在性四大特征。

一是空间疏远性。自然类题材不直接进入人类社会生活空间,相对远离人类社会生活空间,在空间上具有一定的疏远性。

二是品性奇异性。自然类题材相比而言并不是人们特别熟知的事物,与人类社会的事物相比,在结构上具有一定的差异,在品性上有一定的奇异性。

三是关联疏松性。自然类题材与人类社会生活距离相对较远,诸多自然类事物并不直接作用于人类社会,其与人类社会的关联是一种弱关联状态,体现出一定的疏松性。

四是客观存在性。自然类题材没有社会类题材的人为因素,也并无人文类题材的主观性。相比较而言,自然类题材具有突出的客观性,是不以人的意志为转移的客观存在。

其次,寻找选题方向。明确了自然类题材网络纪录片的题材特性之后,便可针对题材的特性进行审美提炼和审美创作,在选题上可以从稀缺型、奇异型、重要型、技术型四个维度进行确定。

一是稀缺型。自然类题材网络纪录片在选题上可以关注比较稀缺的自然事物和现象,充分发挥这类题材的影像价值和记录价值。

二是奇异型。自然类题材网络纪录片在选题上可以关注比较奇异的自然事物和现象,这类事物与人类社会中常见的事物差异较大,可以满足观众的猎奇心理。

三是重要型。自然类题材网络纪录片在选题上可以关注具有突出重要性的自然事物和现象,这类事物关系到自然生态和宇宙系统的运行状态,具有较高的关注度和话题性。

四是技术型。自然类题材网络纪录片在选题上可以充分利用先进技术对自然事物和现象进行展现,通过重新发现、形象再现或技术创造,为人类打开洞察世界的新大门。

最后,构建创意路径。自然类题材的网络纪录片在创意上可以沿着以下五个路径进行。

一是用影像满足观众的猎奇心态。通过先进的摄录设备对自然事物和现象进行真实清晰的呈现,或通过特殊摄录技术和手段如 VR、AR、3D、航拍、水下摄像、延时摄像、高速摄像、红外摄像、显微摄像、虚拟成像及其他智能设备的拍摄画面等,从不同的视点、角度,用不同的方式对自然事物和现象进行全新展现,还原客观世界的同时满足观众的猎奇心态。

二是用信息丰富知识含量。全面而深入地搜寻、挖掘、梳理相关事物的信息,通过解说、采访、字幕等方式呈现自然科学知识,展现并揭示自然规律和奥秘,提高人对自然事物及其关系的认知。

三是用故事提升娱乐性。在内容中按照故事的结构构建人格化事物、激励事件、鸿沟、悬念、矛盾冲突、形象系统以及幕的结构等要素,或运用解说词营造叙事感,提升纪录片的娱乐性。

四是与人类社会进行关联。将自然事物和现象与人类社会进行关联,映射或直接探讨人们生活生产、生态保护、人类文明、人类生存及可持续发展问题。

五是与人类情感进行共鸣。在自然事物和现象中找到与人类情感中的共通之处,为自然事物和人类心灵之间架起沟通的桥梁,通过人格化、故事化、同构化等方式与人类情感进行共鸣。

总之,自然类题材的网络纪录片在策划上应充分认识其题材在空间疏远性、品性奇异性、关联疏松性、客观存在性方面的特征,并从稀缺型、奇异型、重要型、技术型四个维度来综合确定纪录片的选题方向,最终在影像、信息、故事、关联和情感等方面对纪录片的策划进行创意构建。下面以一些自然类题材网络纪录片典型案例的策划亮点进行具体分析。

一、《未至之境》

(一) 案例介绍

图 3-10 《未至之境》

《未至之境》(图 3-10)是由哔哩哔哩与美国国家地理联合出品的网络纪录片。该系列纪录片共 5 集,内容分别为第 1 集《大熊猫帝国》、第 2 集《古原求生》、第 3 集《金丝猴森林》、第 4 集《高山幽灵》、第 5 集《秘密丛林》,分别讲述了大熊猫、藏狐、金丝猴、雪豹以及丛林动物的动人故事。该系列纪录片于 2019 年 11 月 19 日在哔哩哔哩首播,截至 2020 年 11 月,在哔哩哔哩和豆瓣分别获得了 9.9 分和 9.4 分的高分。

纪录片应有更高的格局和眼光,把观众的趣味与人类社会的发展结合起来。自然题材纪录片与国家生态文明建设的宗旨高度契合,以习近平同志为核心的党中央高度重视生态文明建设,始终把生态文明建设置于中国发展的国家全局战略来考量。党的十八大把生态文明建设纳入"五位一体"总体布局;党的十九大明确指出我们要建设的现代化是人与自然和谐共生的现代化,同时首次把"美丽中国"作为建设社会主义现代化强国的重要目标,要求做全球生态文明建设的重要参与者、贡献者、引领者[①]。

纪录片《未至之境》的主题与社会发展与国家建设不谋而合,以中国大

---

① 黄承梁:《从三地视察系统把握习近平生态文明思想的战略考量》,2020 年 5 月 15 日,人民网,http://theory.people.com.cn/n1/2020/0515/c40531-31710029.html,最后浏览日期:2020 年 6 月 9 日。

地的野生动植物为表现对象,通过趣味性的刻画、故事性的讲述、情感性的表达和中国化的符号,充分彰显了中国智慧和中国方案推动下的生态美和生态文明。

(二) 案例策划

1. 定位

(1) 以可视为诉求的受众定位

纪录片《未至之境》更多地以满足受众的娱乐需求为目的,在猎奇性、可看性和故事性方面具有相对突出的特征。在猎奇性方面,纪录片选择了如大熊猫、金丝猴等中国独有的动物,也选择了如藏狐、雪豹等以往少有人拍摄到的、相对罕见的野生动物为拍摄对象;在可看性方面,纪录片选择的动物物种在外貌和行为举止上都具有很强的趣味性;在故事性方面,每一集纪录片都围绕一个物种的故事展开,轻松地娓娓道来,让观众观看到一部动物版的电视偶像剧。

(2) 以家庭为核心的情感定位

纪录片《未至之境》在满足观众基本娱乐诉求的基础上达到以情动人,每一集在一个物种中选择一个家庭进行叙事,记录了动物家庭的父母养育子女、抗击外敌、子女长大成年的故事。纪录片《未至之境》在叙事过程中注重构建"家"的审美框架,把故事空间划分为家庭内部环境和外部环境,强化了戏剧性的角色关系,同时把生与死、爱与恨的矛盾冲突进行了渲染,以引发观众的情感共鸣。

2. 选题

(1) 行走的表情包:网感化的动物形象

在社交软件充斥人们日常生活的现代媒介社会,表情包已经成为人们特别是网民在日常交流中必不可少的标配。藏狐和旱獭的表情包早已广为流传。"面瘫帝""生无可恋""谜之镇定"的藏狐,正如纪录片解说词所说,是一个"行走的表情包"。纪录片《未至之境》在拍摄上选择了这种极具网感的动物形象,一经播出就引发了网民的收视兴趣,极大地调动了网民的观看情绪。于是,在B站的弹幕上出现了满屏的网络用语刷屏的收视现象。极具网感的动物形象容易引发网民的热议,让网民的情绪在弹幕上得到宣泄。共同的语境基础和社会情绪使这样的选题具有极强的共情性,让网民之间产生高度的心理认同,从而得到观看和表达的满足感。

(2) 独特的地域性:典型的中国符号

纪录片《未至之境》选择了具有独特地域性的动物物种进行展现。这些动物物种有的是仅生活在中国,如大熊猫,而有些物种以中国作为主要的栖息地,如藏狐、金丝猴、雪豹等。大熊猫作为极为典型的中国符号出现在开篇的第一集,带领观众走进一个未知的自然国度。这些具有中国地域特色的动物选题使《未至之境》蒙上了一层具有遥远东方意蕴的神秘面纱,充满生态意义上的美学想象。

3. 创意

(1) 日常化叙事

纪录片《未至之境》在以网感动物的可视形象为娱乐看点基础上,围绕动物家庭进行日常化的叙事风格,充分发挥真实记录的功能,对所选动物家庭进行真实客观的记录,本片在叙事结构和戏剧情节上没有过多的修饰和刻意强化,而是对动物家庭日常生活进行相对原生态的展现。日常化叙事让受众在观看纪录片时犹如观看直播一般,切身感受动物国度的"未至之境"。因为有趣味性的动物形象维持看点,日常化叙事得以让受众在日常娱乐的观看心态基础上进行日常化的审美娱乐活动。

(2) 多样化元素

纪录片《未至之境》在可视元素的搭配上进行了多样化的构建。在动物的选择上,有黑白憨厚的大熊猫、头大呆萌的藏狐、金灿机灵的金丝猴、生性孤独的雪豹以及雨林中上镜效果十足的亚洲犀鸟、亚洲象、石纹猫等,它们的外貌各具特色,生性各不相同,每一个动物种群都活灵活现。在环境的呈现上,有绿意盎然的竹林、一望无垠的草原、地形复杂的山林、险峻陡峭的高山、荆棘丛生的雨林,多样的视觉风格和叙事背景为观众构建了一个多姿多彩的"未至之境"。

4. 制作

(1) 交叉剪辑

纪录片《未至之境》每一集在讲述故事时都采取交叉剪辑、平行叙事的制作策略，以一个物种的一个动物家庭作为故事的主线，其中穿插讲述同处在一片天空下的其他动物的生存故事。这种方式相当于为纪录片设置了主角和配角，形成叙事上的节奏感，不仅缓解了观众的审美疲劳，还扩大了观众的知识面，让观众了解同一个地理环境中的其他动物的生存状态和习性规律。交叉剪辑的方式使纪录片的叙事表达更加完整，环境描写更加丰富，在构建一个更加立体的生态系统的同时，彰显出系统性和整体性的生态美和生态观。

(2) 双语配音

纪录片《未至之境》是哔哩哔哩与美国国家地理联合出品的纪录片，在解说配音上同时制作了中文版和英文版两个版本，以适应其在中国和海外的传播。其中，英文版还有杨紫琼的配音。中文解说和英文解说在内容上一一对应，语言表达方面深入浅出，语气娓娓道来，具有亲切的讲述感。观众可以根据自身需要选择不同的版本进行观看，以提升观看感受。

二、《天行情歌》

（一）案例介绍

《天行情歌》(图 3-11)是由缤纷自然(北京)文化传媒有限公司、哔哩哔哩、Terra Mate 联合出品的自然题材纪录片，是全球首部使用 4K 超高清影像记录和讲述濒危物种天行长臂猿的自然类纪录片。纪录片讲述了天行长臂猿的隐秘

图 3-11 《天行情歌》

生活,揭示了许多从未被观察到的猿类行为,以及人们保护这些小型类人猿的故事。纪录片提名 Jackson Wild 联合国 2020 年"生物多样性"影展,"科学、创新与探索类"决赛影片,并参与联合国相关重大活动的巡展。该片还获得 IWFF 国际野生动物电影节"野生动物保护类"最佳影片提名以及法国戛纳电视节 MIPTV 真实影展"自然历史类"最佳影片提名。《天行情歌》在云南省林业厅、高黎贡山自然保护区管护局、铜壁关自然保护区管护局、铜壁关自然保护区管护局等领导和工作人员的指导和帮助下完成,拍摄制作耗时 3 年半,是缤纷自然"中国猿影像保护计划"中的一部作品①。

可以说纪录片《天行情歌》是一部以天行长臂猿为记录对象的生态相册,唱响了天行长臂猿繁衍生息的爱情挽歌,通过"社交软件""网络直播""网恋"等现代技术手段和社会化话题,讲述了天行长臂猿家族充满爱意的动人故事。该纪录片于 2020 年 4 月 18 日在哔哩哔哩播出,并获得了 9.8 分的高分。

(二) 策划亮点

1. 定位

(1) 生态相册的功能定位

纪录片《天行情歌》从功能上来说是一部以天行长臂猿为记录对象的生态相册。对于普通观众来说,纪录片《天行情歌》详细介绍了天行长臂猿的现存数量、分布状态、生活习性、生存环境等知识,是一部有关天行长臂猿这种珍稀物种的自然科普片。对于濒危野生动物的研究和保护来说,《天行情歌》用大量镜头捕捉和呈现了天行长臂猿的外貌特征、日常行为、求偶叫声等视听素材,为地球家园的生态建设及濒危野生动物的科学研究提供了宝贵的参考观点和影像资料。

---

① 《天行情歌》简介,2020 年 4 月 18 日,哔哩哔哩网,https://www.bilibili.com/bangumi/media/md28228553/? spm_id_from = 666.25.b_6d656469615f6d6f64756c65.6,最后浏览日期:2020 年 6 月 9 日。

(2) 物种延续的内容定位

纪录片《天行情歌》在内容上堪称一曲有关天行长臂猿繁衍生息的挽歌。区别于一般的自然类纪录片把展现的重心放在动物的猎杀与逃生、侦察与伪装、进食与过冬不同，本片把记录的焦点放在物种的延续上。《天行情歌》以天行长臂猿的雌雄交配为叙事动力，讲述该种群的生活规律，以动物的"爱情"为内容定位，与人类的爱情进行呼应和共鸣，达到打动观众的目的。同时，该片也把"爱"这一永恒的主题拓展到自然界，体现出一种博大高远的生态反思和宇宙视角。

2. 选题

(1) 猎奇选题

纪录片《天行情歌》以濒危野生动物天行长臂猿为题材。研究发现，天行长臂猿仅在中国云南省三县(区)有分布，目前现有数量仅一百多只，而且呈现出明显的片断化分布，它们相互之间的往来很少。加上天行长臂猿实行"一夫一妻制"，且生育胎数少、时间长，造成了天行长臂猿的数量减少，它们也因此被世界自然保护联盟列为濒危物种红色名录。此前鲜有人拍摄到相对完整和丰富的天行长臂猿的影像资料。此部纪录片也是国内首次对天行长臂猿这种濒危物种的详细影像记录，为世人揭开了这一神秘濒危物种的生存状态和生活面貌。

(2) 爱的主题

纪录片《天行情歌》以"爱"为主线贯穿全片。首先是天行长臂猿家庭的爱。片中展现了多个天行长臂猿家庭内部的浓浓亲情、和睦温暖的氛围，父母和子女之间的爱，兄弟姐妹之间的情，加上天行长臂猿天生的鲜明的面部表情特征，纪录片通过镜头向观众呈现了其家庭成员之间不离不弃的爱。其次是天行长臂猿异性之间的爱。纪录片向观众呈现了单身天行长臂猿对于爱情的渴求，它们的"情歌"响彻天际。因天行长臂猿具有较强的领地意识，彼此之间的往来甚少，而科研团队通过"牵线搭桥"，将不同区域的异性天行长臂猿引到一起，使它们终于踏出勇敢的一步，这种爱情的力量和生命的凯歌让人动容。最后是人们对天行长臂猿的爱。范朋飞教授等科研人员和护林人员多年来不断地了解天行长臂猿的生活习性,每天用喇叭"morning call"开启与它们对话。科研人员为它们的繁衍生息担心忧虑,为它们的成功配对殚精竭虑,创新使用现代通信工具拉近它们的距离,这是一种超越物种的人间大爱,体现出中华文明天人合一的精神境界。

(3) 社会话题

从受众角度来讲,纪录片《天行情歌》契合当下中国社会"剩男""剩女"的社会现象。"单身""大龄""相亲""催婚"等频繁出现于当今中国年轻人生活中的标签词汇与纪录片中的"爱情"主题形成了某种结构上的呼应。网络用户中的年轻受众群体面对这样一个关于"爱情"主题的自然类纪录片则更容易产生情感上的共鸣。而在B站的弹幕和留言中也能看到确有观众对自身情感状态的自嘲和玩笑。因此,与网络受众生活密切关联的题材定位更容易引发广泛的社会话题并调动大众的参与性。

3. 创意

(1) 以任务为动力,融入社交话题

为了更好地保护濒危野生动物,纪录片《天行情歌》向观众呈现了范朋飞教授一行通过卫星电话、手机软件等现代通信手段,促进身处不同地域的两只异性天行长臂猿之间进行求偶沟通的任务。这一任务的设置极为关键,它通过构建人与动物所处的戏剧化情境,极大地增强了全片的叙事动力。而这一任务与当下的"社交软件""网络直播""网恋"等社会话题紧密相连,契合当下中国所处的社交媒介时代,在纪录片的生态主题和科研价值中增添了时代感和娱乐性。

纪录片的真实性是其最重要的本质属性,而纪录片是否能人为干涉事物的本来面貌也成为纪录片创作过程中需要面对的一个重要问题。本片看似对天行长臂猿的自然状态进行了干预,但实际上这并不是摄制组层面的有意为之,它同时也是对科研人员和护林人员的行为的客观记录。因此,本片实则是有两组记录对象,即天行长臂猿以及科研人员和护林人员这两类行为主体。

(2) 以叙事为架构,记录爱情故事

本片具有相对完整的叙事架构,在遵循叙事的逻辑前提下,以"什么是天行长臂猿""它们遇到什么生存困难""我们如何拯救它们""我们努力的结果如何"四个部分贯穿全片。叙事脉络上大体设计了三幕式的戏剧结构,并且,在科研人员努力保护天行长臂猿的过程中,详细刻画了人们遇到的困难以及克服的过程。纪录片对"激励事件""主动的主人公""矛盾冲突""困难点"都进行了结构性编排,以讲述一个相对完整、立体的爱情故事。故事以一个开放式的结局收尾,解说词以"入洞房"这种中国传统民俗的话语点睛,给予观众一个充满生机而美好期待的结局想象,结束了对一个美丽动人的爱情故事的讲述。

4. 制作

(1) 4K 超高清画质细腻呈现

纪录片《天行情歌》采用 4K 超高清的制作标准,这种超高清的画质在分辨率、高动态范围、色域范围、量化深度以及帧的频率等参数方面都极大提升了画面的清晰度、真实感和表现力,对于真实记录和呈现天行长臂猿这一珍贵的濒危野生动物具有突出的史料价值。同时,纪录片为了拍摄到长臂猿清晰的影像画面特别是局部的特写镜头,并且不过度打扰它们的生活状态,摄制组还多处采用了大长焦进行远距离拍摄。另外,片中的航拍和延时摄影等拍摄技术及手段也把森林的地貌、环境地形以及云山雾海充分地展现出来,融真实性和审美性于一炉。

(2) 人猿情歌咏叹交相辉映

正如片名《天行情歌》,片中对"歌"这一视听元素进行了充分的展现。一方面是天行长臂猿的仰天长啸和"求偶情歌",纪录片对其进行了全方位的立体收音。另一方面,本片在背景音乐的呈现上也独具匠心。片中不但有钢琴曲、交响乐,还有唱诗班的咏叹吟唱,而且片中多次将人类的音乐和语言与天行长臂猿的自然歌声融合,奏响了人与自然的和谐情歌,唱出一曲蓝色星球的生命之歌。

5. 宣传推广

纪录片《天行情歌》围绕环保公益主题，通过线上线下的互动，开展了形式多样的环保公益活动。首先，纪录片的出品方和赞助方在大象书店发起线下观影活动，并结合线上连线，通过直播的方式邀请主创团队与网友进行互动并分享幕后故事。其次，出品方还组织观影活动并赠送观众文化衫、马克杯等纪录片文创产品作为回馈。另外，联名活动中产品卖出的所有收入将全部捐献给缤纷自然，让热心网友为保护自然、维护地球生态环境贡献力量。这些环保公益活动不但为纪录片的宣传起到了助推作用，而且通过集结观众的力量切实为天行长臂猿的保护作出了贡献。

三、《影响世界的中国植物》

（一）案例介绍

《影响世界的中国植物》（图 3‑12）是由北京世园局发起拍摄，北京木子合成影视文化传媒有限公司创作的国内第一部植物类纪录片。该纪录片共 10 集，每集 50 分钟，内容分别为《植物天堂》《水稻》《水果》《茶树》《竹子》《桑树》《大豆》《本草》《园林》《花卉》，共呈现了 21 科 28 种植物的生命旅程，并讲述它们影响世界的故事[①]。

图 3‑12 《影响世界的中国植物》

---

① 《影响世界的中国植物》简介，2019 年 9 月 13 日，爱奇艺，https://www.iqiyi.com/lib/m_221438414.html?src=search，最后浏览日期：2020 年 6 月 9 日。

摄制组参与创作的人员有 200 多位，共有 8 个主要拍摄团队，133 位摄影师同步进行拍摄，遍访了国内 27 省的 93 个地区，包括美国、英国、日本、意大利、新西兰、印度、马达加斯加 7 个国家的 30 多个地区[①]。

纪录片《影响世界的中国植物》拍摄历时近三年，是国内目前时长最长的一部 4K 纪录片。该片用震撼而温暖的镜头语言，科学性与人文性相结合的方式，为观众记录和呈现出一幅完整的中国植物版图，对中国故事进行了国际化的表达。据了解，摄制团队使用了最先进的 4K 超高清摄影机、大型航拍无人机等设备，采用了延时摄影、定格动画、高速摄影、水下摄影、显微摄影等多种拍摄方式，第一次大规模拍摄雅鲁藏布江峡谷的原始森林，寻找到中国茶树最古老的源头，长镜头记录生长最快的植物，解析植物用于医疗的密码，发现世界最年轻的水果的秘密，寻找中国海拔最高的花朵等[②]。

（二）策划亮点

1. 定位

（1）中国植物与国际视野

纪录片《影响世界的中国植物》以植物作为展现主体，在当今社会具有重要的生态价值，也符合习近平总书记的生态文明重要思想和讲话精神。纪录片在内容表达的定位上坚持立足中国，展望世界，通过国际化的视野来讲述中国的植物。首先，纪录片在植物的选择上全面立足于中国，选择在地域分布、成长环境、历史发源及当代经济社会和文化发展的贡献上都与中国紧密相关的植物，构成了中国植物的精美集合套装。其次，纪录片并不仅仅站在中国看中国，而是站在世界的角度，用国际视野展现中国植物对世界的贡献，充分体现出人类命运共同体的智慧和格局。

---

① 赵婷婷：《〈影响世界的中国植物〉正式发布》，2019 年 7 月 30 日，人民网，http://culture.people.com.cn/n1/2019/0730/c1013-31263028.html，最后浏览日期：2020 年 6 月 9 日。
② 《北京世园会推出国内首部植物类纪录片〈影响世界的中国植物〉》，2019 年 7 月 29 日，光明网，http://culture.gmw.cn/2019-07/29/content_33037762.htm，最后浏览日期：2020 年 6 月 9 日。

(2)科学性与人文性相结合

纪录片《影响世界的中国植物》在内容属性的定位上坚持以科学性与人文性相结合。在科学性方面,该纪录片以严谨的科学态度,充分参照自然科学领域的已有研究成果,以精准的表达和严密的逻辑讲述有关植物的自然科学知识;在人文性方面,该纪录片以宏大的人文视角,充分借鉴社会科学领域的已有研究成果,用历史的眼光、社会的视角以及未来的展望阐述了与之相关的社会科学知识,饱含人文情怀与文化思考,给人以哲理和智慧启迪。

2. 选题

(1)对象的全面性

纪录片《影响世界的中国植物》展现的植物有水稻、水果、茶树、竹子、桑树、大豆、本草、花卉等。一方面,纪录片展现的植物在科属纲目上涵盖多个类别,具有较为全面的体现;另一方面,纪录片在对植物的选择上事关人们日常生活的诸多方面,从衣食到住行,从药用到审美,从人们生活的多个角度和层面展现了植物对人类社会和人类文明的重要作用。

(2)系列的逻辑性

纪录片《影响世界的中国植物》共十集,在选题内容的分布上进行了精心的策划。首先,第一集《植物天堂》是整个系列纪录片的开篇,从高屋建瓴的层面综合展现了中国这个植物天堂在植物生长和分布上的总体特征。其次,第二集至第七集每集单独讲述一种各具特色的植物,与第一集形成了从总到分的层次关系。最后,纪录片从第八集开始改换视角,从植物具有的共同特征(药用)来讲述一类植物;第九集从审美的角度来讲述处于人类"第二自然"(园林)中的植物;第十集从植物绽放和繁衍的角度来讲述花卉,作为结尾,以期达到展望未来的效果,把整个系列纪录片的基调提升到一个更加充满生机和活力的精神层面。可以说,该纪录片从总到分,再到不同视角,乃至最后的饱满结尾,均体现出了纪录片在选题策划上丰富的层次性。

3. 创意

(1) 中国故事的表达模式

纪录片《影响世界的中国植物》构建了一套完整而有效的讲述体系和表达模式：首先确定中国重要的植物选题，从选题中寻找具有典型符号特征的中国元素，再将具有中国元素的物件放置到人的生活框架中截取中国故事，之后在中国故事的人物主体及其行为活动中挖掘中国智慧，最后在中国智慧中通过解说统领视听进而提炼中国精神。于是，纪录片在呈现影响世界的中国植物的过程中充分彰显了中华文明和中华文化。

(2) 静态事物动态化处理

纪录片《影响世界的中国植物》在讲述中国故事的过程中注重讲述技巧，核心要点是将静态事物进行动态化处理，即把需要讲述的对象放置到人类生产生活和经济社会发展的动态链条中，对植物本身的作用进行情与理方面的刻画，强化其在动态事件发展过程中的重要作用。纪录片通过人格化的方式赋予植物生命力和主动行为意识，将植物与人类的命运交织在一起，从而提升了整个纪录片的叙事动力，同时也强化了中国植物的主体形象和重要作用。

4. 制作

(1) 创新拍摄增强看点

纪录片《影响世界的中国植物》为了呈现一个全面而清晰的植物世界，团队在拍摄上使用了不同的技术手段以更好地进行画面呈现。微距摄影和显微摄影让观众看得更清晰、更细致，延时摄影让观众看到植物生长的完整动态，滤镜效果让观众看到不同物种眼中的世界。该纪录片也直接向观众展现了特殊的拍摄手段，极大地增强了观众的介入感和现场感。揭秘拍摄手段实则满足了观众的猎奇心理，这种具有戏剧结构的表达方式同时也通过制造悬念极大地提升了纪录片的可看性。

(2) 使用特效辅助表达

纪录片《影响世界的中国植物》是一部具有教育功能的纪录片，为了更好地承担科普角色,纪录片通过后期制作在画面中增加了诸多动画特效来辅助解说词的表达,让纪录片的呈现更为直观和形象。

(3) LOGO 包装凸显风格

纪录片《影响世界的中国植物》的片头包装及 LOGO 设计立足于本片的主题,以绿色为基调,优雅而唯美。从设计理念上看,圆心的框架设计与人类命运共同体及地球村的概念相吻合,而在视觉元素的设计上,本片也精心地将系列纪录片各集选题的元素有机地融入 LOGO 文字。中英文的双语搭配也更加具有国际化的表达风格。

5. 宣传推广

纪录片《影响世界的中国植物》制作了多个版本的宣传片,并邀请董卿、王石、曾孝濂为宣传片配音辅以宣传。同时,纪录片主创团队还编写了纪录片同名图书《影响世界的中国植物》,由四川科学技术出版社出版,并于 2019 年北京国际图书博览会开幕当天举办了"大型纪录片《影响世界的中国植物》同名新书首发式暨版权输出签约仪式"。同名图书与纪录片互为支持,有利于讲好中国故事,传播中国精神,展示中国文化。

第四章 网络宣传片策划

第一节 网络宣传片策划概要

一、网络宣传片的基本内涵

网络宣传片作为一种在新兴媒介平台上投放播映的视听节目形式,具有较强的传播结果导向性,通过对宣传对象和主题的特性展示、解释说明、优化包装等内容创制,充分实现广而告之、认而同之的传播目的和宣传效果。

从内容创作上来讲,相较于以电视为代表的传统媒体宣传片,网络宣传片同样具有社会动员、时政传播、商业宣传和文化展示等服务性功能,同时其本身作为一种重要的网络视听节目类型,拥有较为独立鲜明的类型特色、创作规律和审美价值趋向。从传播效能上来看,依托新媒介技术优势与景观,网络宣传片在传播与接受过程中不断产生并呈现出不同于传统电视宣传片的互联网新属性。针对互联网受众主体的新特征、互联网媒介的新属性、互联网文化的新内涵,以及互联网美学的新空间,网络宣传片的策划定位、叙事逻辑、审美趣味、创新方向等越发独树一帜,自成一派,展现出独特的艺术魅力和广泛的发展潜力。

二、网络宣传片的演进趋向

整体来看,网络宣传片的发展演进路径有三个大的趋势和方向。一是在新旧媒介融合过程中实现从"复制品"到"原创品"的演进。与其他类型的视听节目内容发展轨迹类似的是,由于优质视听内容的匮乏,互联网视听内容平台的发展初期更多是对传统电视节目内容的直接照搬和复制,"先台后网"的传播形势与格局也让该阶段的网络宣传片成为"在网络平台上播出的电视宣传片"。随着互联网视听内容平台的不断发展,主动的、自发的、原创的网络宣传片生产不断扩大,形成了以互联网为主要生产主体的网络宣传片创意集群效应,大量适应互联网生态、体现互联网特征的网络宣传片逐步成形。

二是在功能定位和审美价值上达成从"消费品"到"艺术品"的转向。在互联网视听内容的发展初期,粗犷的、逐利的技术性发展逻辑影响了网络视听内容的生产,网络宣传片的类型也更为简单和集中地体现在商业领域。随着视听内容接受需求的升级和内容生产领域的拓展,富于审美性、创意性、价值性的节目内容逐渐成为新的主导因素,网络宣传片由此走向了更具影视艺术品质和标准的内容生产与传播。

三是在作为独特网络视听节目类型的本体性发展上呈现出从"附庸品"到"独立品"的变化。一直以来,网络宣传片最为人们熟悉的播映场景常常出现在网络剧集、网络综艺、网络纪录片、网络大电影等网络长视频的播映前后或间隙,作为一种调和性的收视行为和商业行为被默认。随着互联网视听内容向着精细化需求、审美化趋向的高标准、高质量发展,作为具有独立功能属性、创作规律、审美趣味和价值要求的网络宣传片开始走向更加纵深化的独立艺术发展方向,创意独到、品质优秀的网络宣传片频频出现,甚至成为现象级的网络视听内容被关注、探讨和研究。

三、网络宣传片的类别划分

网络宣传片的类型划分延续了电视宣传片分类的主要框架结构，从创作主体和传播效能两个维度综合考量，可以将网络宣传片的类型大致分为四个类别，即时政宣传类、机构宣传类、公益宣传类和商业宣传类。

时政宣传类强调以能够代表国家形象、反映国家各领域特征的主体为核心进行宣传片创作，具有较为明确的意识形态诉求和对外宣传与国际传播的宣传功能，注重文化传播、价值传递和理念传达。代表作品有东方卫视主创宣传片《听见中国》、"复兴路上"工作室主创宣传片《领导人是怎样炼成的》、人民日报新媒体主创宣传片《中国一分钟》系列、央视网主创宣传片《我是中国军人》等。

机构宣传类的创作主体是具有官方性质的组织宣传，偏重于面向宣传对象的服务功能的释放，兼具机构介绍和优势展现，通常具有招募、展示、引流的机构宣传目的。常见的机构宣传片创作主体有教育机构、媒体机构、军警机构、文旅机构等，代表作品有中国传媒大学宣传片《传媒之光照亮与祖国同行之路》、浙江大学招生宣传片《你的名字》、人民日报海外客户端宣传片《解读中国》、厦门消防救援支队招募宣传片《我想当英雄，但请别给我机会》、乌镇宣传片《来过，未曾离开——乌镇》等。

公益宣传类聚焦于对公共领域和公共事务的关注，包括社会公共安全提示、社会公共意志建构、社会公共节日纪念、社会公共事件观照等，涉及社会民生、价值引领、道德规范等服务性领域。代表作品有防诈骗主题的《不要被骗》，引发公众共识或情感共鸣的《中国共产党与你一起在路上》《人生能和妈妈吃多少顿饭》，引导公众积极心态的《太阳出来了》等。

商业宣传类是最为常见的一类网络宣传片，无论是产品推销、品牌推广还是企业推介，商业领域对网络宣传片的诉求是最为巨大的，也是思维创意最为密集的。代表性作品有知乎网年度宣传片《2019，该如何回顾这一年？》、耐克宣传片《太阳出来了》、哔哩哔哩网站十周年宣传片《干杯》、方太宣传片《我们真的需要厨房吗？》、天猫"3·8节"宣传片《爱由我喜欢》、厦门农商银行宣传片《乡村来电》等。

四、网络宣传片的研究视角

网络宣传片的观察、思考和研究视角有多重进路。一是跨领域视角。网络宣传片涉猎的领域是宏阔且交织的,其中包含但不限于国家对外宣传,行政公益宣传,机构招商、招募宣传,地域文旅宣传,商业品牌、产品宣传等。这些在政治、经济和文化等不同领域都有着明确传播需求的网络宣传片,所面对的目标受众群必然不一,因此在不同分类网络宣传片的策划与制作时,也会在策划定位、视角、理念等方面各有偏重。本章对网络宣传片策划的分类依据正是基于此:偏重对外传播定位的时政宣传,偏重公众关注与参与需求的机构宣传,以及偏重商业品牌塑造与产品推广的商业宣传。政治、经济、文化等不同领域之间的交织与融合同样构成宣传片在内容、形式、观念、价值等方面的突破与创新。

二是跨类型视角。与纪实类、综艺类等网络节目策划相比,网络宣传片的策划与创作具有一般网络文艺策划的共性,但也有其得以单独成类的独特性。存在共性是因为网络节目是以视听为主要接受方式的影视艺术,综艺、纪录、剧集、宣传片等运用的基本艺术语言、技巧等都具有相似性和一致性。相比网络综艺节目偏重娱乐性、网络纪录片偏重真实性、网络剧集偏重戏剧性等,网络宣传片则具有明确的传播与宣传目的。无论是意识认同、商业认知,还是文化认可,网络宣传片策划的最终目的都是要通过或新颖、或真诚、或极致、或专业的策划与创作,在网民中最大程度地获得关注,取得信任,赢得好感。网络宣传片策划在跨类型的视角中必将借鉴其他类型网络节目策划的基本路径,同时也要聚焦基于自身特性的独特视角、方法与模式。

三是跨媒介视角。网络媒体区别于以电视为代表的传统媒体,其中最为关键的不仅是传播渠道的改变,还有创作与接受环境的革新。这些变化又直接或间接地影响和决定了网络文艺实践不同于以往的趣味、审美和价值。网络宣传片与电视宣传片相比,其创作主体、受众人群、观看方式、审美趣味、价值判断等都产生了一定程度上的转变,因此在策划与创作过程中必定要更具互联网思维逻辑和对审美趋向的考察。中国以"90后""00后"为代表的"网生代"群体在媒介关注、选择和使用的过程中,逐渐形成了具有鲜明青年文化特征的网络文化空间。从传统媒介到新兴媒介,宣传片的策划必然要熟悉网络媒介属性、目标受众偏好、文化调性与趣味等,才能有的放矢,达到最优的宣传效果。

可以看到,网络宣传片的策划既有横跨各领域的综合性,也有区别于其他网络节目策划的独特性,又有在新媒介环境中进行实践的探索性与创新性,这些丰富的视角与标签共同构成了网络宣传片策划的题中之义。

五、网络宣传片的策划要点

整体来讲,网络宣传片的策划要点涵盖从生产、传播到接受全过程的诸多关键因素,同时也涉猎从技术、艺术层面的内容与形式分析到审美、价值层面的各种维度。归纳而言,有十个策划要点需要网络宣传片的策划者注意。

一是基本定位。网络宣传片的宣传本位与传播诉求是吸引关注程度,扩大传播范围,增强认知接受,实现服务动员。

二是目标受众。不同于其他类型网络视听节目对目标受众要求的相对宽泛性,因网络宣传片更为注重传播导向与接受反馈,其对目标受众的精准性和区分度有着更为严谨的要求,这直接影响了宣传内容与形式的策划与创作。

三是文案主题。网络宣传片的内容主题策划既要为宣传目的服务,也要符合宣传对象的整体特性。相较于形式的丰富创意,文案主题更求明确、清晰、鲜明。

四是视听语言。相比动辄四五十分钟的网络视听长视频节目,网络宣传片的小体量对视听语言在品质上的要求更为精致,在形式上的要求更趋灵活。

五是修辞技巧。宣传片的文学和影像修辞应当具有引导受众进行信息和意涵接受与理解的指向性,以达到宣传目的。

六是形象构建。无论是宣传对象的整体形象设计,还是为宣传对象而设立的相应辅助形象,都要突出特性,符合意义设定,并在网络受众对宣传对象既有期待视野的范围内合理建构,即使是颠覆式的新形象建构也要符合传播价值预设。

七是叙事创意。网络宣传片的创意载体常常体现在叙事突破上。宣传故事呼唤强创意勃发、脑洞大开、发散思维,在此基础上使故事传达出的"同情心"与"同理心"被最大范围和最大程度地接受,这能极大地体现策划阶段的功力和水准。

八是视角选择。宣传片创作视角与宣传预设的姿态、态度紧密相关,面对互联网平台平面化和去中心化的传播逻辑与特点,网络宣传片的创作视角应当更趋近于平视和切近。

九是气质调性。网络宣传片的整体气质与调性区别于以广电为代表的传统媒介平台播映的宣传片,互联网新技术逻辑与新文化逻辑下的宣传片策划应在整体上符合并凸显"网感"表达。

十是精神价值。网络宣传片的策划不仅是为了收获关注,也是为了加深了解、引发兴趣,更是为了实现精神共享和价值认同,这是影响最为深远的宣传效果,也是网络宣传片策划中最为深层的宣传意义。

根据网络宣传片的具体类型,下文将具体分析讨论这些策划要点的针对性内容。

第二节　时政宣传类

时政网络宣传片策划一般是以国家级行政、媒体单位等为主要策划主体,旨在通过对中国社会、制度、经济、文化等各个领域的介绍与展示,提升中国国家文化软实力,对内增进民族自信与认同,对外加强中国国家形象在世界舞台上的关注度与认可度，进一步推动中国在国际社会中的吸引力与影响力。策划的关键在于"硬"主题的"软"表达，让国家理念与民族精神被看见，被接受，被认同。

时政类网络宣传片策划概要主要包括以下十个要点。

一是基本定位。时政宣传片策划之初要区分对外宣传与对内宣传的基本定位问题，因此而区别开来的则是目标受众的针对性策划、创作与传播。

二是目标受众。主要分为本土受众和外国受众，区别目标受众是为了让宣传片通过不同语态、逻辑、叙事等，能够最大程度地适应不同受众的审美习惯和接受期待，从而使宣传效果最大化。

三是文案主题。时政网络宣传片要摒弃"就政治论政治"的"有一说一"式文案设计，文案主题应该在多元领域中寻找能够引发受众参与并产生共鸣的政治议题、生活话题和趣味问题等。

四是视听语言。对构图、色调、转场等影像语言的把控，以及对配乐、旁白、同期声等声音语言的运用，决定了宣传片在专业品质层面的优劣，视听语言本身在某种意义上也是国家形象整体展示的重要组成部分。

五是修辞技巧。时政网络宣传片策划往往要将带有严肃标签的政治议题进行展示和解读，这就需要策划者具有一定的政治修辞技巧，无论是动漫化的形式创新、文学化的语言包装等都是需要重点创新的。

六是形象构建。中国国家形象是由一个个具体可感的个人形象、文化符号、地理标志、典型事件等构成的，在网络宣传片中要更多地关注对这些"小形象"的建构，才能让"大形象"更具魅力和感染力。

七是叙事创意。讲让人接受的中国故事是讲好中国故事的基础，叙事创意则是让人更好接受中国故事的关键。耳目一新、眼前一亮的创意策划是最容易打破文化壁垒的技巧之一。

八是视角选择。国家形象建构的宏大视角在互联网传播与受众接受中未必受用，而轻巧、细腻的中观或微观视角往往更能够吸引人、打动人。

九是气质调性。宣传片的整体气质更多表现为一种姿态，无论在文案、视角还是叙事等层面都会或隐或显地展现出一种代表国家的立场和态度——自卑、自负或自信,仰视、俯视或平视,这都需要创作者在具体策划中拿捏分寸。

十是精神价值。对于时政网络宣传片策划来说,其基本核心与落点重心应当是精神价值层面的,无论是执政理念、精神信仰,还是价值观念,都要体现出中国特色、中国智慧与中国魅力。

时政宣传类宣传片不可避免地常常带有意识形态诉求,而在策划中最为关键的是如何转变策划理念。在网络时代,单一的口号式、宣教式、报告式等强行改变观众观点的策划和创作理念必须要被放弃,策划者转而要思考如何使原本"硬性"的主流主题实现"软化"落地,以润物无声的方式撩拨观众的情感和心理,从而使观众的认知和行为发生变化。这一过程应充分重视传播艺术。传播是一门艺术,这不仅与中国人习惯的艺术化地处理人与人、人与世界的关系甚至困境相适应,更重要的是艺术化的传播技巧、方法、手段、策略和智慧也是一种专业性需求。这需要在处理关于信息传播的工作中,有相当的灵活、弹性、调适的手段,懂得情绪、情感、情怀的加持[①]。

一、视听元素的创意融合:《听见中国》

(一) 案例介绍

由东方卫视主要策划的《听见中国》(图 4-1)在新片场网站首发[②],2019 年 12 月 4 日,东方卫视官方微博正式发布[③],并于 2020 年 5 月 6 日被人民日报微信公众号转发,这部时长 2 分 44 秒的宣传片迅速引发"10 万+"量级的网络阅读、转发和评论热潮。该片的联合策划与创作者是来自瑞士的独

---

① 刘俊:《突发公共事件中的"传播艺术"提升论要:信息与舆情》,《现代视听》2020 年第 2 期,第 9 页。
② 《The sound of China 中国之声》,2019 年 11 月 27 日,新片场网,https://www.xinpianchang.com/a10604197,最后浏览日期:2020 年 7 月 2 日。
③ 《感受中国的声音》,2019 年 12 月 4 日,新浪微博,https://weibo.com/tv/v/IjebWq6Oo?fid=1034:4445827509274519,最后浏览日期:2020 年 7 月 2 日。

立艺术家塞-鲁(Cee-Roo),他记录日常生活中各种各样的声音源素材,并将它们混剪在一起后创作出富有音乐性的音频作品,进而通过其中富于感染力的声音来凸显文化的多样性、独特性与吸引力。

图4-1 《听见中国》

(二)策划亮点

1. 定位

宣传片立足中国和中国人形象的对外传播,聚焦中国社会的日常景观,展现"烟火气""原生态""中国风"。不到三分钟的短片将众多极具中国特色符号的事物、场景及同期声音响,如公园剑舞晨练、茶叶采制泡饮等,通过视听剪辑及特效进行了创意拼接与融合。这不仅在视觉上通过镜头将中国和中国人日常生活中的文化实践予以饱含"烟火气"的地道展现,更富创造性的是他对中国人日常生活中"原生态"声音素材的艺术性提炼和音乐性创作,使该宣传片充满了"中国风"曲调的灵动韵律感与节奏感,随影像变换而不断出现新声源的惊喜感与新鲜感,以及取材于不同声源经艺术处理后融合构成完整乐章的艺术感和美感。

2. 选题

与传统意义上的国家宣传片选题不同的是,该宣传片没有宏大历史事件、科技国防力量、当代名人群像的"硬核"展示,也不凸显中国山河风光、城市景观、乡村沃野的情怀呈现,而是以来自各个日常生活角落里、艺术舞台上的声音作为国家文化形象的表达主体,既贴切亲近而又清新脱俗地用中国人的日常声响展现了古老而充满生命活力的艺术形象与文化精神。

宣传片除标题字幕外没有任何辅助字幕和旁白解说,意在使观众最大程度地沉浸在纯粹的视听空间中,尤其是用耳朵去感受日常生活中的魅力文化和日常文化里的魅力中国。

3. 创意

（1）极致的音响效果

无论是电视视听节目还是网络视听节目的策划，从受众感官接受上来说，不外乎视觉体验与听觉体验两方面的侧重与结合。该宣传片在创作时将声音的优势和魅力通过艺术化的音律调和与串联，放大到了一个更为高级的水准。用声音展现中国国家的文化形象，聆听早已浸润在中国人日常生活中的艺术与文化之声，成为该片最具创意的地方。文化可以被听见，这种创意本身就令人好奇和向往，当然，宣传片中各色听觉体验的凸显亦离不开同样唯美的视觉影像的搭配。

（2）丰富的元素展示

片中出现了百余种真实的声音元素，满足受众听觉。通过"拉片"可知，该宣传片展示的声音几乎都带有中国特色文化实践的符号与标签，开头至结尾分别出现了开窗户、铺展画卷的声音，藏族儿童吟唱、欢舞的伴奏声，渔民抛渔网的入水声，茶农采茶、炒茶、煮茶、倒茶声，古筝、琵琶演奏声，水乡船工摇橹声、高歌号子声，中药制作过程的捶擂声、碾压声，中式古建筑檐下悬挂的铜铃随风作响声，染坊布料入缸声，昆曲演员低语吟唱声，市民晨练舞剑声，扇面擦拭声，笼中鸟儿的鸣叫声，副食品店的剁肉声，中餐厅的餐铃声，木盆中水洗衣物声，白发木器匠人的锯木声，中餐厅厨师颠勺的炒菜声，修鞋匠打磨鞋底声，水产店老板水箱捞鱼的声音，年轻人街边滑滑板的声音，杂货铺老板扯塑料袋的声音，制作油条的生面剁切声、捶打声，银匠敲掂银器的声音，平底锅中烹饪水煎包的声音，乘客进地铁闸门时胶鞋底与大理石地面摩擦的声音，有轨公共汽车的启动声，海鸥、信鸽的飞舞、鸣叫声，游轮划过滔滔江水的声音，夜雨滂沱、雷鸣的声音，大都市广场钟表的报时声，善男信女抛掷许愿硬币的落地声，公园民间乐队的唢呐演奏声，游乐场的旋转木马声，儿童滑滑梯落入五彩球池的声音等 40 多种同期声音响。还有一些声音虽然不明显，但也给观众留下了充分的想象空间，如满池荷花盛开的声音、大熊猫啃食竹笋的咀嚼声,以及片尾一个个普通中国人挂在脸上的自信笑容与发自内心的欢悦之声。

（3）巧妙的新意创制

国家宣传片《听见中国》的策划总体体现了三个"新"。

一是视听表达耳目一新,巧妙地将中国人日常生活中的原生态音响素材创意地融合成为一曲流畅的音乐作品,不仅让观众大饱耳福,满足了他们的视听惊喜体验,更凸显和激活了声音源头的文化实践和文化意义。

二是文化展示吐故纳新,该片视角并不是以往"他者"眼中的惯性表达,不再强调"古老而神秘"这种带有刻板印象的中国形象标签,取而代之的是当下中国,现代化进程中的中国,百姓日常生活里的中国,这种新视角带来的是对中国与以往不同的新感受、新认知与新思考。

三是历久弥新,《听见中国》在中国文化的富矿中随声音游走,最终定格在洋溢着自信微笑的一个个平凡的中国面孔上,这样的结尾策划充满了韵味,既体现出中国文化的魅力,又体现出中国人民的文化自信。

4. 制作

该宣传片的制作者来自瑞士,凭借"他者"的跨文化记录视角进行了一场极具音乐流动性的视听影像创作。在 14 天的摄制周期里,制作者对日常生活中的各种声音进行了朴实的收集与记录,并在后期剪辑中充分融合于背景音乐的编曲,使之有机融入音乐作品整体。《听见中国》的创意制作灵感来源于创作者对生活日常的陌生化组合,相互作用之下催生了多元而别样的视听感受,形成了别具一格的作品风格。

5. 宣传推广

宣传片本身就是为扩大接受度、认可度而生产制作的,而对于此类主题宣传片的再宣传、再推广,现阶段通常不会再产生新的议程设置、传播创意和营销事件来对其进行叠加推广。网络视频平台的投放、推广是网络宣传片的常规宣推手段。像《听见中国》等具有电影质感、巧妙创意和传播价值的非商业类网络宣传片佳作,会极大地引发网络"自来水"(参与内容转发、好评等进一步扩大影响力的网民自发传播行为)的传播效应。这种自发的网络口碑传播具有极大的传播到达率和信任度。

二、政治议题动漫化表达:《领导人是怎样炼成的》

(一) 案例介绍

以动漫形象和轻快风格解读国家领导人圆梦之路的《领导人是怎样炼成的》(图4-2)由"复兴路上"工作室策划并制作,并于中国共产党第十八届中央委员会第三次全体会议(2013年11月9—12日)召开的前夕2013年10月14日在优酷视频网站发布。该宣传片共分为中英文两个版本,其中中文版本时长5分02秒①,英文版时长5分28秒②。这是中国国家领导人的卡通形象首次以宣传视频的形式出现在网络新媒体中,引发了广泛传播并迅速走红网络。在众多网友的转发评论中,反馈最多的视听感受是"亲民""可爱""新奇",毋庸置疑,该宣传片是网络空间宣传和舆论引导的全新尝试与突破。

图4-2 《领导人是怎样炼成的》

---

① 《【喜大普奔】领导人是怎样炼成的》,2013年10月14日,优酷视频,https://v.youku.com/v_show/id_XNjIxNTg1NzI0.html? spm = a2hzp.8253869.0.0,最后浏览日期:2020年7月2日。
② 《[英文版]领导人是怎样炼成的》,2013年10月14日,优酷视频,https://v.youku.com/v_show/id_XNjIxNjAyNzM2.html? spm = a2h0c.8166622.PhoneSokuUgc_6.dtitle,最后浏览日期:2020年7月2日。

（二）策划亮点

1. 定位

在策划内容定位上，宣传片《领导人是怎样炼成的》展现的是一个以往在舆论宣传中很少涉及的政治议题，围绕以美国、英国、中国等各国国家领导人的历练和进阶之路展开，将不同国家间不同的政治制度以领导人当选历程的视角进行了知识科普与横向对比，最终以"条条大路通总统，各国各有奇妙招，'全民总动员'一站定乾坤的票决也好，'中国功夫'式的长期锻炼，选贤任能也好，只要民众满意，国家发展，社会进步，这条路就算走对了"作为全片观点总结。宣传片通篇以轻松、诙谐的基调，卡通动漫式的人物形象风格，通俗简练的叙事表达，成为政治议题网络宣传片的新范本，在宣传策划与创作、政治议题传播、文化创新表达等层面具有较为重要的意义和价值。

2. 选题

宣传片通过动漫形式聚焦政治议题，可谓化"庄"为"谐"。政治议题的严肃性与动漫形式的诙谐性在以往传统主流媒体的舆论宣传策划中往往是不会被组合与拼接起来的，政治理念与施政思路等较为抽象。然而，在以互联网为代表的新媒体空间里，依托"90后""00后"等"网生代"网络文艺实践主体的快速成长与新的审美趣味的构建，政治议题动漫化表达这种"庄"中有"谐"、"谐"中有"庄"的元素与符号组合，在受众中成了一种关注度、喜爱度和认可度更高的表达方式。

3. 创意

（1）动漫化形象与亲民化风格

《领导人是怎样炼成的》中所有的人物形象都以真实照片人物头像加上二维漫画式的身体组合而成，形成了颇具幽默风格的叙事元素与表意单位。该宣传片中的人物动漫形象摒弃了传统政治漫画中的夸张戏仿修辞，取而代之的是更加亲民、轻盈、风趣的形象展示与叙事风格，漫画式创作塑造了更加"戏化""萌化"以及"认同化"的轻盈表达方式，出色地完成了一次动漫化政治叙事的正向宣传,也由此启发了更多类似的宣传风格尝试。

(2) 国际化视角与日常化叙事

一是外宣理念的新突破。同时发布中英文两个语言版本的网络宣传片《领导人是怎样炼成的》,无论从解说、字幕语言选择,到切入点话题聚焦,还是宣传接受视角设定,都非常突出地体现了对外宣传功能与国际化视角的重要性。以往我国对外宣传片对人物形象、叙事视角等的设定更多是策划与创作主体逻辑先入为主的,忽略了接受主体视角与接受效果反馈,宣传的吸引力、传播力与影响力不佳,甚至引起歧义与误读。如 2011 年 1 月 17日,由国务院新闻办公室牵头策划与创作的《中国国家形象宣传片·人物篇》首次亮相纽约时代广场电子显示大屏,随后在 CNN(Cable News Network,美国有线电视新闻网)和 BON(Blue Ocean Network, 蓝海电视)播放,其中出现了中国当代各行各业名人翘楚的堆砌呈现,这种虽编码寓意深刻、逻辑自洽且分门别类,但过于标签化、脸谱化和僵硬化的人物群像展示,使"中国人"这一令中国人民洋溢高度情感认同和文化认同的主题元素与西方观众心目中的感知产生了严重脱节,最终并未产生预设的宣传效果与反响,反而加深了西方观众某种意义上带有东方主义色彩的刻板印象。

二是政治修辞的新探索。从方法论与技术性来看,动漫化的政治议题表达是一种新的探索与尝试,同时也是新媒体环境下作为政治宣传来说颇为重要的政治修辞的创新和突破。从外宣定位、政治选题到动漫创意表达,《领导人是怎样炼成的》紧紧围绕亲民性、日常性、趣味性的理念展开,对当前政治类宣传的接受主体特征作出新的审视与评估,对新媒体空间的审美潮流与趋势作出新的适应与调整,对"他者"的认知方式、文化背景和思维模式作出新的体认与探索,这些也都是策划者在外宣实践中需要不断认清和把握的关键要点。《领导人是怎样炼成的》开篇叙事基点以孩童梦想视角切入主题,勾起观众强烈的代入感和共鸣感。视觉上的动漫元素进一步带来兴趣感和新鲜感,政治议题的独特性又延伸引发了求知感与探索感,这些都成为该片在策划与创作上获得成功的重要因素。

4. 制作

该宣传片在动画影像的后期制作上，比起传统的动画作品算不上精细和完美，但凭借这种略显粗犷的律动风格，凸显了互联网文化的包容性和丰富性，将受众代入情绪互动，而非拘泥于细节雕琢。

受这种动漫式政治议题宣传片制作的影响，之后的网络媒体舆论宣传，无论是平面还是视听类型的宣传策划与创作中，政治议题与人物动漫化形象结合的新鲜尝试表达越来越多地出现在人们的视野，它们几乎无一例外地都得到了热评与追捧，逐渐形成了一种政治类宣传的新风格和新潮流。

如2014年2月18日由北京市委宣传部主管主办的千龙网网站发布的漫画风格新闻图表《习主席的时间都去哪儿了？》[①]，将国家领导人的动漫形象进行了深度平面化与卡通化的视觉呈现，这种操作同样使原本通常令人感觉刻板的政治议题更具生动性与贴近性。

又如在中央八项规定实施五周年的时间节点上，2017年12月3日中央纪委监察部网面向全网推出了一套共16款的关于落实八项规定精神成果主题的表情包[②]（图4-3），也是通过动漫形式的宣传策划，创新了时政宣传的方式与路径。无论是网络宣传片、平面漫画时事宣传，还是更具互动性与创造空间的H5作品、VR、AR、MR等不同体裁的政治议

图4-3　落实八项规定精神成果主题表情包

[①]《习主席的时间都去哪儿了？》，2014年2月18日，千龙网，http://comic.qianlong.com/chart/pages/2014/2/18/page-1-1.htm，最后浏览日期：2020年7月3日。

[②]《八项规定表情包来啦！》，2017年12月3日，中央纪律监察部网站，http://www.ccdi.gov.cn/toutu/201712/t20171204_128851.html，最后浏览日期：2020年7月2日。

题舆论引导与宣传实践中,这种充满童趣与回归初心的动漫风格尝试无疑丰富了政治宣传的形式与风格,拉近了官方视角与民众喜好间的距离,达到了更好的政治传播效果。

另外,宣传片《领导人是怎样炼成的》将政治议题、政治人物进行动漫化表达的创新与成功也启发了各种与动漫类似的轻松欢快、风趣幽默的新鲜尝试,来自官方和民间自发创作及带有萌化、二次元化、口语化等互联网文化特征的宣传实践大量涌现。同类型的如"复兴路上"工作室策划创作的具有二次元风格的网络宣传片《中国经济真功夫》[①],以及为庆祝新中国成立70周年策划创作的动漫政治宣传片《中国成功的密码》[②]等。还有动漫类的"神曲",如新华社推出的动漫歌曲宣传片《四个全面》[③]、"复兴路上"工作室策划的动漫歌曲宣传片《十三五之歌》[④]等都让动漫风在时政类网络宣传片中不断丰富和壮大。

5. 宣传推广

宣传片的动漫形象与风格的建构引发了互联网上的趣味传播风潮,并形成"自来水"式的口碑宣传推广。这种"意料之外,情理之中"的时政人物动漫形象构建使互联网受众十分乐于主动传播和推广,极易形成自发传播热点而使片子广泛流传。亲民性、动漫化的策划理念在政治宣传中的带动效应和启发性能够带来"意料之外,情理之中"的宣传推广效果,值得策划者借鉴思考。

[①]《中国经济真功夫》,2016年4月13日,优酷视频,https://v.youku.com/v_show/id_XMTUzMjk3MTkwNA==.html?spm=a2hzp.8253869.0.0,最后浏览日期:2020年7月2日。

[②]《复兴路上工作室:中国成功的密码》,2019年12月4日,人民网,http://cpc.people.com.cn/n1/2019/1203/c164113-31486870.html,最后浏览日期:2020年7月2日。

[③]《新华社推出"神曲"〈四个全面〉》,2016年2月2日,人民视频,http://tv.people.com.cn/n1/2016/0202/c61600-28105035.html,最后浏览日期:2020年7月2日。

[④]《十三五之歌》,2015年10月26日,优酷视频,https://v.youku.com/v_show/id_XMTM2OTkzMzM3Ng==.html?spm=a2hzp.8253869.0.0,最后浏览日期:2020年7月2日。

三、量化数据感性呈现:《中国一分钟》系列

(一) 案例介绍

2018年全国"两会"期间,人民日报新媒体陆续推出了以"中国一分钟"为策划主题的系列国家网络宣传片,即《中国一分钟——瞬息万象》[①](图4-4)、《中国一分钟——跬步致远》[②](图4-5)和《中国一分钟——美美与共》[③](图4-6)。这三集网络宣传片由腾讯视频网、人民日报客户端和人民日报官方微博、微信账号等首发,其策划的主题风格完整统一,视角维度又各自成章,具有鲜明的风格化创作特点。

图4-4 《中国一分钟——瞬息万象》　　图4-5 《中国一分钟——跬步致远》

图4-6 《中国一分钟——美美与共》

---

① 《国家形象宣传片第一集:中国一分钟——瞬息万象》,2018年3月4日,腾讯视频,https://v.qq.com/x/cover/n6j4h0i09jdfmvj/j0565vcieff.html,最后浏览日期:2020年7月2日。

② 《国家形象宣传片第二集:中国一分钟——跬步致远》,2018年3月11日,腾讯视频,https://v.qq.com/x/cover/xy5w2esegjk7d7m/j0603howf5w.html,最后浏览日期:2020年7月2日。

③ 《国家形象宣传片第三集:中国一分钟——美美与共》,2018年3月16日,腾讯视频,https://v.qq.com/x/cover/dkqrhax0ls5xfw6/h06075r4qxi.html,最后浏览日期:2020年7月2日。

（二）策划亮点

1. 定位

这一系列宣传片定位于微观数据中的国家形象展示,通过规定短时间的统一量化数据展示,凸显中国国家的硬实力与软实力。宣传片以"一分钟,中国会发生什么""一分钟,你能做什么",以及"一分钟,世界在发生什么"等设问式文案切入各集叙事,富有创意的"一分钟"时长限定与视角设计将宏阔空间里的国家故事、人民故事和世界故事用人们切身可感的时间单位进行丈量,使量化数据得到感性表达。无论是国家工程、经济发展、科技进步,或是个体奋斗、行业成就,还是文旅交流、贸易往来、全球合作中取得的骄人成绩,都在该系列宣传片"一分钟"的命题框架设置中得以直观而感性的传达,并在上亿次的网络传播与互动中不断凝聚共识,激励人心。

2. 选题

该系列宣传片的选题丰富,囊括众多具有代表性的国家形象。在"中国一分钟"系列网络宣传片中,与以往风光展示类的国家宣传片一样,出现了很多代表中国国家形象的符号、面孔、建筑、景观等元素,如《CHINA》《美丽中国》《亚洲正青春》等偏重视觉盛宴、风光展示的国家形象类宣传片。然而,通过"一分钟"的叙事设定,"中国一分钟"系列宣传片使这些铺陈与拼贴的景观瞬间有了故事,故事背后显露的感情和折射出的意义都使该系列宣传片中的中国风景有了鲜活的生命力。当数字与人产生关系,一切风景就变得韵味十足,富有诗情画意,在同类型的国家宣传片策划与创作中,人民日报社的新媒体也都遵循了这一策划理念,使不同视角下的中国风景充满了生命律动。如《创新中国一分钟》[1](图4-7)、《开放中国一分钟》[2](图4-8)、

---

[1] 《微视频:创新中国一分钟》,2018年12月12日,腾讯视频,https://v.qq.com/x/page/t0812ctl1k4.html,最后浏览日期:2020年7月2日。

[2] 《微视频:开发中国一分钟》,2018年12月12日,腾讯视频,https://v.qq.com/x/page/j0811poyij2.html,最后浏览日期:2020年7月2日。

《奋斗中国一分钟》[①](图4-9)等。

图4-7 《创新中国一分钟》

图4-8 《开放中国一分钟》

图4-9 《奋斗中国一分钟》

同时,这种策划理念也带动了城市宣传片的创意表达,如2018年为庆祝改革开放40周年,人民日报社新媒体中心与中央网信办联动各地推出的"中国一分钟·地方篇"系列宣传片,《北京一分钟》(图4-10)、《四川一分钟》(图4-11)、《贵州一分钟》(图4-12)等,在中国不同的地域特色下讲述中国故事,展示魅力城市的文化名片。

图4-10 《北京一分钟》

图4-11 《四川一分钟》

---

① 《微视频:奋斗中国一分钟》,2018年12月13日,腾讯视频,https://v.qq.com/x/page/l0812p0w8hg.html,最后浏览日期:2020年7月2日。

图 4‑12 《贵州一分钟》

3. 创意

(1) 有温度的中国时刻

时间刻度里饱含情感性,"一分钟"里充满了亲近感,同时在叙事角度上也多了一份悬念感。相比"五千年"的历史厚重感,"一分钟"对于一个国家来说多了一分轻盈与亲近,而短短的一分钟里,当今中国发生了什么?中国人又经历了什么?中国与世界之间又有着怎样的关联与故事?这种命题式的悬念叙事不但引人入胜,而且可以激发观众参与与想象:《中国一分钟——瞬息万象》中的"一分钟 33 个新生儿诞生","一分钟'复兴号'前进 5 833 米"等展示的中国国家故事;《中国一分钟——跬步致远》中的"一分钟铁路质检员黄望明能检查完列车的一个转向架","一分钟纺织工许小英可以做好一双鞋面"等呈现的中国人民故事;《中国一分钟——美美与共》中的"一分钟 55 名外国人来到中国领略华夏文明","一分钟超过 2 300 部国产手机销往全球"等传达的中国与世界协同与互动的故事。这些或民生、或科技、或经济的数字在"一分钟"的小时段里汇聚了丰富的写照,受众在解开悬念之后所产生的认知与情感的双重叠加进一步增强了民族身份认同与国家未来想象。

(2) 有故事的中国数据

大数据中的见证感与代入感令人心动,以往的数据大多用大数据罗列、图表呈现或动态展示,而"一分钟"里的中国却用天地时光之短反衬了家国情思之长。"中国一分钟"系列宣传片通过"一分钟"的创意策划,将人们通常印象中带有客观、真实、理性标签,同时也具有严肃、冷峻、厚重特点的数字、时间等严格量化的内容元素,通过日常化情景的感性书写,既使其拥有了情感的温度,也赋予了接受主体一种如"天涯共此时"的精神体验。这种叙事角度的创意策划也契合新媒体时代快捷高频、碎片认知、即时体验等信息参与的整体特征,贴合网络受众的期待。

4. 制作

该宣传片在制作过程中的最大亮点是编辑内容时对国家领导人原声原画的合理引用。这种制作中的点睛之笔既切中文义,展现权威,又升华内涵,凝心聚气,通过国家领导人在重要场合公开发言片段的原声再现,使"一分钟"系列国家宣传片更具分量,更有力量。

具体分析而言,在"一分钟"系列国家宣传片的片尾都出现了诠释与凸显宣传片相关主题词的"领袖之声"(见表4-1)。形式上创新鲜明,内容上振奋人心,可谓宣传制作上的匠心独运。

表4-1 "一分钟"系列宣传片片尾的"领袖之声"

宣传片名称	片尾"领袖之声"
《中国一分钟——瞬息万变》	"经过长期努力,中国特色社会主义进入了新时代。"
《中国一分钟——跬步致远》	"广大人民群众坚持爱国奉献,无怨无悔,让我感到千千万万普通人最伟大,同时让我感到幸福都是奋斗出来的。"
《中国一分钟——美美与共》	"中国人民愿同各国人民一道,推动人类命运共同体建设,共同创造人类的美好未来。"
《创新中国一分钟》	"当今世界变革创新的潮流滚滚向前,创新决胜未来,改革关乎国运。"
《开放中国一分钟》	"中国开放的大门不会关闭,只会越开越大,中国推动更高水平开放的脚步不会停滞,中国推动建设开放型世界经济的脚步不会停滞,中国推动构建人类命运共同体的脚步不会停滞。"
《奋斗中国一分钟》	"四十年来,中国人民依靠自身的智慧和勤劳的双手在风雨中砥砺前行,迎来了从站起来、富起来到强起来的历史飞跃,中国的今天是中国人民干出来的。"

四、"硬"实力的"软"展现:《我是中国军人》

(一)案例介绍

2018年"八一"建军节到来之际,央视网策划并制作了展现国家"硬实力"形象的军事主题网络宣传片《我是中国军人》①(图4-13),献礼建军91年。该片一经发布,迅速引发国内全网传播,之后在国外视频网站上也收获了大量关注与好评,浏览量一度逼近国外军事类官方网站的征兵宣传视频,在YouTube视频网站上,该宣传片的英文版也得到了各国网民的称赞与正向评价。作为代表军事"硬实力"主题的国家形象宣传片,《我是中国军人》无论在文案撰写、镜头语言、影像叙事,还是情感书写、信念展示、价值传递等方面,都是中国国家形象在国际传播中的上乘之作,是宣传片中用影视讲好中国故事,提升中国文化软实力的经典案例。

图4-13 《我是中国军人》

(二)策划亮点

1. 定位

该宣传片定位于中国军人形象的国际传播,通过情感叙事展现中国军人的铁骨柔情。策划者将"我是谁"作为宣传片《我是中国军人》的开篇旁白设问,把一个普通、平凡的中国军人的个体视点带入整篇的叙事中。从宏观到微观,从集体到个体,从大国到小家,《我是中国军人》由大到小、由粗到细

---

① 《我是中国军人》,2018年7月31日,腾讯视频,https://v.qq.com/x/cover/z26seo7oia6w04a/s0741qfdf12.html,最后浏览日期:2020年7月2日。

的策划视角转变打破了以往军事类主题宣传片"坚如磐石"般厚重的力量感,取而代之的是个体世界的细腻、温情与感动。

2. 选题

选题聚焦军人"家"与"国"之间的情感勾连。"舍小家为大家"作为中国军人的理想信念,当它只是字幕、横幅中的一句口号或标语时,意义虽足够简约凝练、直白清晰,但容易缺失其应有的情怀、信念与理想的温度。而在宣传片《我是中国军人》的前半部分影像中,策划者基于情感与责任的主线,将中国军人眼里的"家"与中国军人心中的"国"作了一种非冲突、非对立的感性融合,"没有国,哪有家"的价值观也在受众的潜意识中得到印证和凸显。

3. 创意

(1) 情感叙事:铁汉与柔情

"流血流汗不流泪"恐怕是大多数人对中国军人的一个深刻的群体印象,他们勇猛、坚毅、顽强、硬气,英气逼人,军威十足,像铜墙铁壁一般守卫着我们的家园。充满敬畏感的标签化形象也同样给人带来一种心理上的距离感,"军民鱼水情"也在某种程度上更多地成为一句称颂佳话。宣传片《我是中国军人》在传播效果上的成功,一个重要的原因就是策划者通过最直接、最普通的情感叙事,使被符号化的中国军人形象回归到了一个有血有肉、有情有义、有铁面也有柔情的人的感性世界——"我是母亲倚在门口牵不到的那只手,我是妻子舍不得挂掉的电话,我是儿子眼里不敢靠近的陌生人,我是亲人的牵挂与骄傲。"与文案对应的影像描绘出了一个中国军人真实的家庭身份与情感关联,让观者产生情感共鸣的同时,也对军人、中国军队,进而对国家形象产生某种程度上的理解与认同。在面向国际传播的中国故事中,人类共通、共享的情感体验是能有效消弭因不同文化和不同意识形态而产生的隔阂,拉近彼此的距离的。

(2) 价值格局:中国与世界

随着中国以负责任大国的形象逐渐主导和引领新全球化格局的发展,

中国与世界的关系正悄然发生着变化。因此,策划与创作"硬实力"类国家形象宣传片时,就不仅要在影像中展示中国力量,同时更要表现中国与世界的有机关联,中国对世界的责任与贡献,以及中国对世界的影响与改变等体现中国智慧、中国价值和中国风范的事件。在军事类主题的国家形象宣传片中,需要策划者对"硬实力"作出基于中国视角的诠释。"我身后是和平,我面前是战争。拿起钢枪,就要放下儿女情长。穿上军装,就要舍弃舒适安逸。"片中的文案辩证地解读了中国军人在中国与世界、战争与和平、铁面与柔情之间的担当与信仰。

同样在"硬实力"的呈现中表达世界舞台上中国军事力量的担当与信仰的,还有一部军工商业类的中国战斗机宣传片《Fly with Catic》[①],虽然它展示的是国企品牌形象,但其代表的"硬实力"则是向世界展现中国力量的具体体现。该片表现了中国制造的战斗机一飞冲天的英姿与世界各国守护人民平安、成就梦想等内容,传达出安全、可靠、值得信任等中国力量给世界人民留下的印象。中国要走向世界就要与世界并肩同向,这就需要中国"硬"实力的"软"展现,中国在世界舞台的角色定位、互动关系、价值担当等都是需要策划者用心宣传的。

五、 政治理念的生动阐释: 以《中国共产党与你一起在路上》为例

(一) 案例介绍

作为一部将中国共产党执政理念与中国进步发展、中国人民幸福生活紧密结合的宣传片,由"复兴路上"工作室策划的《中国共产党与你一起在路

[①] 《〈中国战斗机海外形象宣传片〉——重新定义你对中国飞机的感官》,2019 年 1 月 2 日,新片场,https://www.xinpianchang.com/a10580473?from=ArticleList,最后浏览日期:2020 年 7 月 2 日。

上》[①](图 4-21)在外宣定位、文案设计、叙事视角等方面都让人们耳目一新。全程英语旁白配音意味着其主要定位于对外交流与宣传,而真诚、客观的"自我介绍",质朴、亲切的叙事视角,都成为宣传片最为加分的策划亮点。

图 4-21 《中国共产党与你一起在路上》

该片在 2013 年全网发布时并未引发现象级关注,但因其颇具国际化的气质成为很多中国民间团体进行对外交流活动时推广播放的开场宣传片,后来逐渐被网友发掘而走红网络。宣传片的自信气场带来了国际信任与认同,片中关注个体发展与幸福的影像体现了中国共产党的执政理念与信仰,影像力量取代了口号宣传,将"为人民服务"的宗旨进行了更加深刻的诠释与表达。

(二) 策划亮点

1. 定位

该片定位于对中国共产党国家治理理念、社会服务理念等的对内与对外宣传,通过客观视角展示了真实、生动、立体的共产党人形象,同时也将抽象的政党执政理念转换成可感、可信的个体化、个性化表达。时政宣传片的宣传并不一定是一味的褒扬、拔高,现实中国的媒介形象表达需要更多客观而真诚的平实视角。相比于某些时政类宣传片为凸显亮丽的刻意美化和为强调成绩而忽视客观现实的"用力过猛"表达,该时政宣传片对受众更具亲和力与信服力。

2. 选题

该选题聚焦现实中国发展中面临的客观现实,辩证地讲述了真实中国

[①] 《中国共产党与你一起在路上》,2013 年 12 月 30 日,优酷视频,https://v.youku.com/v_show/id_XNjU1MTMzMTk2,最后浏览日期:2020 年 7 月 2 日。

的国家故事。宣传片《中国共产党和你一起在路上》走红网络,并且被国际受众认可的一个关键因素就是它真诚自信地展示了中国高速发展中有待关注和解决的阶段性问题。"这是一个古老而又朝气蓬勃的国家,这是一个快速成长但发展不平衡的国家,这是一个充满机遇却又面临无数挑战的国家。"文案对应的宣传片影像中出现了城乡对比、环境污染、交通拥堵等画面和场景。正是因为真诚与自信的姿态,该片才会得到众多"他者"的认同。我国当前追求的四个自信,即道路自信、理论自信、制度自信、文化自信,也正是因为直面问题、不避矛盾,主动真诚地肩负大国责任与担当而尽显光芒。

3. 创意

(1) 从集体成就到个人梦想

如果对"中国人"形象或"中国共产党人"形象进行感性描述,其方式不能是群像标签式的,而应是能展示鲜明个体及个性印记的。《中国共产党与你一起在路上》将镜头对准了普通中国人的平凡梦想:"我想明年有个好收成""我想开个小饭馆""我想养老金能不能再多一点""我想娶个漂亮媳妇""我想天更蓝水更清""我想大家都不打仗"。每个中国人的个性梦想组成了推动国家未来发展的中国梦,每个中国人的奋斗与幸福组成了整个国家前进的动力,这些梦想和幸福感便是社会共识。这种共性中凸显个性,个性中凝聚共性的表达,将家与国、个体与集体进行了有机融合,展示了自信而充满活力的中国共产党作为执政党的魅力形象,凝聚了社会公共意志,将中国共产党的执政魅力与社会公共意志的凝聚进行了较好的结合。

(2) 宗旨与口号的具象诠释

"为人民服务"作为中国共产党始终追求和遵循的一个重要原则,成为一种共产主义信仰和道德的特征与规范。但高度凝练深刻的党、团组织的宗旨、口号等很难让人们有深切的认识和体会。《中国共产党与你一起在路上》则通过"你我都是追梦人"这一主题设计,巧妙而接地气地阐释了中国人与中国共产党同心同德,一路同行,共圆梦想的伟大征程,凝聚了社会共识,印证了"人民对美好生活的向往,就是我们的奋斗目标"的铿锵誓言。

同样对中国共产党执政理念进行具象而生动的诠释的还有2019年7月1日《人民日报》为庆祝中国共产党建党98周年,特别策划推出的网络宣传片《你好,我是中国共产党》[①]。虽然该片从《中国共产党与你一起在路上》的人民逐梦视角转向共产党人的奉献服务视角,但二者都从个体鲜活经验与故事出发,使政治理念深入人心。

第三节 机构宣传类

在对机构网络宣传片的策划分析与探讨中,本节聚焦最有民众参与基础和最有宣传需求的机构,包括教育、媒体、军警,以及包括地方行政部门在内的诸多社会分工领域的机构,它们都针对各自的专业特征与服务领域进行着机构宣传片的策划与制作。无论是机构形象宣传、机构招募宣传还是机构服务宣传,一个共同的宣传目的是获得更多的社会民众参与性。这一点有别于时政网络宣传片追求的国家理念的广泛传播与深刻认同,也有别于商业网络宣传片追求的经济效益最优化目标定位,具有特定的策划方向与规律。

机构网络宣传片的策划概要主要包括以下十个要点。

一是基本定位。机构网络宣传片策划定位于对服务属性的展示与释放,追求提升自身的社会美誉度,同时收获更多的大众参与,建构起机构组织与受众之间的和谐互动。

二是目标受众。根据不同专业领域、背景人群的不同认知、需求、喜好等,有针对性地进行宣传片的策划与创作,如准大学生、新闻阅读者、易受骗人群、旅行爱好者等,为他们提供信息、知识、服务等方面的宣传推广。

三是文案主题。对机构的历史回溯、功能介绍、现实体验、特色展示和未来展望等都是机构网络宣传片文案主题设定中的常见内容。

---

① 《今天,为中国共产党打个广告》,2019年7月1日,新浪微博,https://weibo.com/tv/show/1034:4389147184426941?from=old_pc_videoshow,最后浏览日期:2020年7月2日。

四是视听语言。结合自身的专业特色与服务属性,机构类宣传片在视听语言与形式的使用和表达上具有一定的专业发挥。

五是修辞技巧。通过文案撰写中的排比、设问等将符号与关键词进行颇具创意的艺术化表达,这些都是机构网络宣传片策划常用的修辞技巧。

六是形象构建。组织机构的形象必然是与其功能属性与社会定位相符合的,以专业特色与服务辐射领域为基础,构建起的机构形象必然是专业、亲切和令人向往的。

七是叙事创意。讲好机构故事,无论是历史的、现实的,还是独白的、对话的,重点是要避免在过于直白的宣传叙述中,直接呈现对机构专业属性与特色功能的功利性宣传,语态的变换与创新往往是构建叙事新风格的关键。

八是视角选择。无论是非机构成员作为"局外人"中立客观的评说,或是机构成员作为"局中人"鲜活感性的描述,还是没有人为视角的机械性表达,都是叙事的切口,最终目的是把机构的优势特色说明、讲透。

九是气质调性。机构网络宣传片的气质不仅体现在专业性与服务意识上,而且延伸到互联网媒介形象与风格的构建方面,线上与线下形成有合理反差的气质与调性更能引发观众的兴趣与关注。

十是精神价值。机构的文化传承与价值信仰等是使受众对其由关注、喜爱到认同、迷恋的重要因素。不同机构主体应以润物无声的方式,最终表现出立德树人、求真务实、奉献服务、文化坚守与自信等核心而关键的价值理念。

一、教育机构宣传:以《传媒之光照亮与祖国同行之路》和《你的名字》为例

(一)节目化专题创作:中国传媒大学宣传片《传媒之光照亮与祖国同行之路》

1. 案例介绍

作为有广播电视类学科专业优势的高校之一,中国传媒大学在65周

年校庆之际策划推出的学校宣传片《传媒之光照亮与祖国同行之路》[①](图4‐14)可谓特色鲜明,专业属性极强,可视化包装丰富。宣传片采取了节目化的策划与创作模式,其叙事主线由中国传媒大学校友、北京电视台《档案》栏目主持人担纲讲述,其中既有学校珍贵的历史资料、对影像的梳理回顾,也有学校成长与国家发展、社会进步历程的同频共振。总体来说,该片的节目化形式及其精良的包装制作都是体现专业化和创意感的关键。

图4‐14 《传媒之光照亮与祖国同行之路》

2. 策划亮点

(1) 定位

该宣传片定位于通过节目化的形式进行高校形象的网络宣传,突出体现高校专业优势与学科特色。电视节目式的包装、剪辑,以及主持人(讲述人)视角的串联、叙事,都使该宣传片在众多高校宣传片中显得与众不同,特色鲜明。

(2) 选题

该宣传片的选题聚焦高校发展史中的标志性、典型性事件,如成立、转型、特色、成就等,并通过主持人的讲述串联成完整的节目化叙事。同时,在叙事中将学校的历史沿革与国家的发展脉络紧密结合,体现了中国大学的

---

① 《中国传媒大学新版宣传片》,2019年11月12日,腾讯视频,https://v.qq.com/x/page/k3020l6zsx9.html,最后浏览日期:2020年7月2日。

独特使命与责任担当。

(3) 创意

一是节目化包装与主持人叙事,可以说中国传媒大学的这部学校宣传片充分展示了该校的专业特色与学科优势,无论是优势专业的广电编辑制作,还是特色专业播音主持艺术等,都在宣传片中得以体现,优秀校友们的参与也使这部宣传片的呈现更富专业性。当然,在这个宣传片中观众看到的"播出级"纪实类电视节目的影子是离不开该校传媒类专业特色优势的,给其他此类作品的制作带来一定的启发和借鉴。

二是与时代发展同步并彰显家国情怀。纵观中国大学的进阶之路,总是与国家发展历程同向而行,社会思潮进步、教育事业革新、学科建设发展等历史轨迹都或多或少地占据着国民共同记忆。宣传片《传媒之光照亮与祖国同行之路》的策划凸显了该校办学、治学等方面清晰而坚定的价值追求。以教育、传媒、军事、工业、工程、医药、卫生等为重点专业的高校都应当将学科发展融入时代变革大潮中审视,同时也必当体现"国之重器"的社会主义特色,注重家国情怀和使命担当。

(二) 概念化情感投射:浙江大学招生宣传片《你的名字》

1. 案例介绍

与"自我介绍"式的学校宣传片不同,浙江大学在招生季策划推出的纪录片《你的名字》①(图 4 - 15),定位于提高大学招生的生源吸引力,因此加强认同感的主题策划和充满个性化的创意表达最为重要。《你的名字》在这两点上都较为出色,将"你的名字"进行概念化表达,强调了进入浙江大学学习和生活的每一个学生主体都是校园的主角,也都是未来的希望。另外,该片镜头和调色十分考究,无论是影像风格还是影像品质都具有精良制作的"电影感",值得借鉴和学习。

---

① 《浙江大学 2019 招生宣传片〈你的名字〉》,2019 年 6 月 24 日,腾讯视频,https://v.qq.com/x/cover/6wa30f7w1e2nq92/v0889741g6d.html,最后浏览日期:2020 年 7 月 2 日。

图4-15 《你的名字》

2. 策划亮点

(1) 定位

该宣传片定位于通过创意叙事将学子与高校进行双主体融合,展现高校独特魅力的同时,也让莘莘学子感受到身处校园的归属感与荣誉感。

(2) 选题

该纪录片的选题突出强调大学中"人"的文化传承与情感关联,并以"名字"的概念融入叙事,在人才培养的古今对照中强化大学的独特价值与精神。名字作为一个独特的符号和标识,其背后必然是一个个独一无二的生命个体,浙江大学招生宣传片中巧妙地用"名字"表达和强调了个性、主人公意识以及责任感等。

(3) 创意

一是主体性与归属感。"无论你叫什么名字,一段全新的历程将以你的名字开启。"宣传片将进入浙江大学的每一个学生的主体性价值放大,用"你的名字"来呼唤每一个学生的归属感。很明显,这些概念的感性体验都是每一个渴望进入大学深造并展现自我价值的准大学生认同的,这也是大学价值观的应有之义。大学作为一个学生张扬个性、实现自我的青春舞台,在宣传片的策划中要将这一充满无限想象力和可能性的标签属性予以强调和放大,使其成为年轻学子的梦之所向,心之所往。这种向往也同时成就了同为"浙大人"的身份认同与归属感。"童年""故乡""梦想"等概念都有这种个性化表达的创意策划空间。

二是大学精神的对话式表达。该片文案借"你的名字"这一意象化的概念,对大学精神的核心意涵进行了文艺十足的表达:"这个名字的每一笔每一画,都将被赋予求是精神的基因。它带给你敢于发声的勇气,和洞穿未知边界的信念,带给你点亮真理的微光,也带来与世界对话的力量。"讲述中将求是、求知、求真、敢言等大学的精神追求与"名字"这一全片的主题元素关联,运用第二人称的对话式文案风格,不仅让大学的精神内核与每个浙大学生产生了紧密关联,同时也在影像的结合中以大学各专业为例具象化了追求大学精神的直接形式与路径,让概念化的精神更加形象、生动、可感。

二、 媒体机构宣传: 以《解读中国》为例

(一) 案例介绍

《人民日报》作为中国共产党的机关报,以及国家最重要的新闻媒体机构之一,肩负着内外宣传的重要责任和使命,尤其在对外传播领域正在逐步建立自主的外宣平台。2017 年,人民日报海外客户端应用应运而生。由人民

图 4‑16 《解读中国》

日报英文客户端推出的《解读中国》①(图 4‑16)将对海外用户推广和宣传该应用的宣传重点放在了对纸媒形象、新闻属性、专业素养、媒介升级、中国视窗等概念的展现上。快节奏的剪辑使宣传片给人以新媒体式的便捷性感受,以及互联网时代新闻传播的快速与高效印象。该片因策划与创作上的高品质与创意表达获得第 19 届 IAI 国际广告奖(International Advertising

---

① 《〈READ CHINA〉人民日报英文客户端宣传片》,2018 年 8 月 16 日,新片场,https://www.xinpianchang.com/a10232649? from = ArticleList,最后浏览日期:2020 年 7 月 2 日。

Awards)影视类媒体、文化教育类别金奖。

（二）策划亮点

1. 定位

该宣传片立足媒介特性，突出功能特点，定位于为海外用户关注中国现实，倾听中国声音，了解中国故事提供新媒体平台。

2. 选题

选题聚焦中国城市形象与文化符号，以墨色印刷的形式展示中国特色地标与文化，凸显媒介平台全面、真实、立体的功能与特点。宣传片用报纸字符拼贴的形象闪现了世界各大洲、地球、人民日报社大楼、上海外滩、北京天坛、长城、故宫等符号，包括通信卫星、国家大剧院、高铁、无人机、市井生活、戏曲艺术、短道速滑、大熊猫、龙舟、跨海大桥等各类新闻事件中能代表中国发展面貌的形象符号都由报纸文字符码创意构成，数字化的媒介形象跃然屏端，令人印象深刻。

3. 创意

一是特色符号强调媒介特征。人民日报海外客户端策划的《解读中国》是一部在视听创作中淋漓体现报纸媒体特征的网络宣传片。当前媒体融合的媒介背景推动以报纸、广播、电视等为代表的传统媒体加快了升级转型的步伐，作为中国报纸媒体领头羊的《人民日报》在新媒体平台中频频发力，迅速获得了互联网新规则与新逻辑下的认可度与权威性。在融媒时代，以报纸作为媒介发展起点的《人民日报》并没有舍弃其作为主流报纸媒体的新闻专业性、责任感与权威性，在宣传片《解读中国》的影像语言的设计中，策划者将报纸媒体中密密麻麻的文字符号作为一种身份标志参与国家形象、城市形象、文化形象、媒介形象的构建。中国元素的使用也强调了《人民日报》作为中国新闻资讯类新媒体产品的主体性特征，便于有意愿了解中国的媒介用户选择使用。

二是象征性剧情诠释功能。在整个宣传片的文字符码形象中，穿插了一个具有象征性的剧情设计——几个来自不同国度、肤色各异的外国青年人形象在行走间迈入了一个红色的框架,此时他们的表情舒展变化,仿佛打开了一个新空间,进入了一个新世界。这段微剧情的设计寓意着下载使用人民日报英文客户端的外国用户能够更加清晰准确、立体全面地认识中国,发现中国,走进中国。当然,在象征性的演绎上完全可以拓展思维,如形象隐喻、功能隐喻、价值隐喻等都是很好的宣传创意,比起直白、口号式的宣讲与说明,这种意象化、象征性的表达具有更强的审美性和更高的信息认可度与接受度,因为接受视觉思维往往比接受文字信息更具有深度印象和记忆点。

该片肩负着对外传播的重要功能。中国传媒在国际传播力的提升过程中需要在如下维度下功夫:在传播主体维度,需要淡化官方身份和背景的主体形象,突出民间、行业、专业的主体身份与形象;在传播诉求维度,需要从以单一"宣传"目标为主导的诉求逐步走向以"传播"目标为主导;在传播渠道维度,需要从单一扁平传播渠道走向多媒体渠道融合的立体传播[①]。

4. 制作

影像制作上的快节奏能凸显宣传对象的专业气质。《解读中国》的影像风格简洁明快,1分15秒的时长里伴着轻松、欢快而富有节奏的背景音乐和新闻剪贴报形式的影像变换,画面之间使用轻快的剪辑方式转场。片尾出现的产品应用信息类型也进行了快闪切换展示,这些快节奏的视听语言使《解读中国》的风格与人民日报海外客户端媒介产品即时新鲜的新闻属性、快捷便利的产品调性,以及精准聚焦信息服务的专业态度十分贴合。

受此启发,策划者在策划宣传片时,对宣传对象的气质与调性要有一个整体的把握,在影像表现上要注重内容与形式的结合,如生活服务类调性标签的舒适感、伴随感,文体赛事类调性标签的紧张感、参与感,影视娱乐类调性标签的艺术感、梦幻感,等等。

---

① 胡智锋、刘俊:《主体·诉求·渠道·类型:四重维度论如何提高中国传媒的国际传播力》,《新闻与传播研究》2013年第4期,第5页。

三、军警机构宣传：以《我想当英雄，但请别给我机会》为例

（一）案例介绍

由厦门消防救援支队策划推出的宣传片《我想当英雄,但请别给我机会》[①]（图4-17）以"我想当英雄,但请别给我机会"作为开篇话题,巧妙运用悬念叙事技巧引起受众关注,通过具有带入性的对话,展示了消防英雄辛苦付出、不畏艰险的精神,以及刚毅外表之下内心的柔软与温情。宣传片在网络上一经推出,受到《人民日报》《光明日报》、共青团中央、新华网等的新媒体平台转发推广,还被"学习强国"App在首页推荐,全网播放量超过2 000万,引发了强烈的社会反响。

图4-17 《我想当英雄,但请别给我机会》

（二）策划亮点

1. 定位

该宣传片定位于通过水火无情的情景叙事,以第一人称的独白形式让消防战士与"你"进行真情告白与隔空对话,最终实现提高全民防火意识的宣传功能。

2. 选题

该宣传片的选题聚焦对消防员救火场景的描述,建构消防员这一"水火无情,生死守护"的人民护卫者形象。虽然该宣传片定位于军警机构的人员

[①]《2019中国消防超燃宣传片〈我想当英雄,请别给我机会〉》,2019年2月25日,腾讯视频,https://v.qq.com/x/page/s0842ciqxod.html,最后浏览日期：2020年7月2日。

招募，但是其文案策划的内容中也以"平凡英雄"的概念阐释对防火知识进行了激励式和赞美式的科普。"我受得了火场的400摄氏度，却受不了牵起的小手瑟瑟发抖；受得了60斤的装备磨烂后背，却受不了60岁的你快要崩溃的眼泪；受得了负重30斤，2分钟爬上10楼的喘息，却受不了你在屋顶说'人间不值得'的抽泣；受得了365天无休的火患排查整治，却受不了每一次的生离死别，都因为相同的侥幸麻痹；受得了第一次跳下8楼时的恐惧，却受不了你趴在窗边呼喊的无力；受得了50个小时不睡，却受不了隔壁床的战友，在浓烟里永远沉睡。"该片文案通过数据化的场景复现，尽显消防员的职业本能与忠诚奉献。

3. 创意

一是文案兼具热血与温情。宣传片文案用了"我受得了……却受不了……"的句式表达，将消防员职业性的坚韧刚毅与人性的悲悯博爱展现得淋漓尽致。同时，理性数字背后的灾情与磨难也更衬托了消防员内心的热血与感性的释放，对他们内柔外刚的形象进行了细腻剖析，让观者产生共情而又心生敬佩。宣传片的文案将消防员在面对灾难的艰巨考验以及营救幕后的刻苦训练等场景与"为人民服务"的职责与信念紧紧相连，充分展现了消防员的奉献精神与敬畏生命的意识。

二是记录真实影像，震撼人心。尽管出于对影像质量等的考量，宣传片在部分情节叙事上采用了还原演绎，但在消防员第一视角的真情独白中，宣传片还是选用了一些震撼人心的一线救灾视频素材，真实再现了消防员在人民群众危情当前的不惧艰险、勇敢守护以及血浓于水的军民情意。婴儿被救援时令人揪心的嗷嗷啼哭、洪水滔滔中消防员肩上扛起的孩童、火光中孤胆英勇的身影、震后的一线抢险救援、人民百姓对消防救援的簇拥与爱戴等，都让人们对消防员这一职业充满无限赞美与感激。宣传片的创作在策划上往往注重于美化和包装，追求一种更宽泛意义上的广而告之的功能，但像军警类、教育类等具有强服务属性的宣传主体，其对真实素材、故事、场景的展示要比概念化、口号化、戏剧化的呈现更具有动人的魅力，其宣传效果也会更加深入人心。

三是以定义英雄之名,行知识科普之实。如果说宣传片中"我想当英雄"表达的是消防员职业的崇高与魅力,那么"请不要给我当英雄的机会"则将话锋转向了一种基于情感投射和道德感十足的常识提醒与知识科普。有难必帮,有险必救是消防员的职责,但从另一个角度来看,防患于未然,科学地普及防范知识同样是消防员们非常重要的职责。宣传片将百姓的平凡有益之举称为"英雄之举",实际上也是想在激励语境中达到说服目的:"不随地乱丢烟头,你就是英雄;不要堵塞安全通道,你就是英雄;管好家里的水电煤,你就是英雄;教会孩子逃生技能,你就是英雄;为消防车让出条路,你就是英雄;不留孩子一个人在家,你就是英雄;不在楼道停放电动车,你就是英雄。"人们日常生活场景中的注意与防范将会避免灾难发生,也就降低了消防员负伤甚至付出生命代价的概率,这种带有情感投射的表达也进一步牢固了军民一心、和谐交融的状态。

四、文旅机构宣传:以《来过,未曾离开——乌镇》为例

(一)案例介绍

图4-18 《来过,未曾离开——乌镇》

乌镇作为具有江南水乡特色的文化旅游小镇,举办了富有文艺气息的著名戏剧节,同时被定为世界互联网大会的永久举办地,无论是作为行政单位、科技会馆、文化符号还是商业项目,它都具有独特而迷人的魅力。由乌镇旅游股份有限公司推出的网络宣传片《来过,未曾离开——乌镇》①(图4-18)邀请明星刘若英作为片中的第一人称叙事视角,她以乌镇居民的身份出现,展示了

---

① 《来过,未曾离开——乌镇》,乌镇官网,http://www.wuzhen.com.cn/web/poto/album?id=7,最后浏览日期:2020年7月2日。

人与镇、人与人之间惬意、舒适的生活环境与烟火气息,令人心驰神往。

(二) 策划亮点

1. 定位

该宣传片定位于文旅小镇特色文化的商业宣传,通过多特色场景的体验式展示,传递地域文化旅游的独特魅力,吸引游客的参与观览。

2. 选题

该宣传片选题聚焦明星主人公的文旅场景体验,从公众人物的个体视角切入小镇的日常叙事。同时,在明星选角上,宣传片的策划聚焦于与乌镇有现实关联性和情感性的人物。2003年,刘若英与黄磊联合出演的电视剧《似水年华》就是在乌镇取景拍摄的,刘若英细腻、温婉的角色风格与乌镇的水乡气质十分贴合。宣传片以刘若英饰演的乌镇居民视角融入乌镇的饮食、居住、农耕、游览、购物、娱乐等多个场景的生活体验,与其说她是乌镇特色文旅的代言人,不如说她是乌镇生活的体验官,而体验的临场感和代入感所带来的接受度是远远优于对风景的展示与堆砌的。

3. 创意

一是明星代言。以宣传地方特色文化旅游为定位的《来过,未曾离开——乌镇》,因其与戏剧这一艺术类型的深度关联性而将戏剧与影视表演明星设定为乌镇故事的主人翁,具有标签上、气质上和调性上的统一。乌镇作为江南水乡的恬静、温润与雅致,作为戏剧之镇的青春、热情与活力等标签,与刘若英的媒介公众形象是贴合的,人与镇的和谐关系的建立以及气质调性的统一令人信服而心生向往。调动明星为地域文旅代言不仅需要相符的气质,还要有人与地域之间的现实关联以及打动人心的叙事串联。如丽江市旅游形象大使演员孙俪,她因为很多影视作品的拍摄地为丽江,以及对丽江这座城市的认同和喜爱而为其代言。另外,乌镇邀请刘若英以乌镇居民的角色在乌镇的美景中下厨、下地、晨练、购物、看戏等,都是普通人日常生活中的琐事,这种明星视角的素人人设体验能让受众产生一种亲切和梦幻的感受,来乌镇偶遇明星也成为一种巨大的吸引力。

二是个体视角。相较于其他大多数地域文旅宣传片的整体、宏观、全景视角的风光展示和炫技镜头而言,《来过,未曾离开——乌镇》的个体视角、叙事镜头明显拥有更多的对话空间,受众在这种平视的个体视角中也更容易被代入和吸引。城市的故事、小镇的故事、地域的故事,其背后必然是人的故事。人们常常可以看到地域文旅宣传片中加速镜头下的车水马龙、高空航拍的高楼林立、动感炫酷的转场等,会让人有一种千篇一律的都市繁华感,但也往往缺失城市中的人情味和生活气息。符号化的地域文化、景观等的视觉罗列,虽做到了展现城市要素的面面俱到,但这种文化拼贴和景观堆砌的影像风格往往带给受众的是一种审视、观摩、欣赏,而非参与、跟随和体验。城市中最动人的风景永远是人,是人的故事、人的情感、人的收获、人的思考、人的关联等。

另一部《马鞍山城市宣传片》①也是以生活在城市中的普通人视角,展开人与城市息息相关的故事和话题,让人有一种闹中取静的安逸感,以及以人为本的城市理念。把握住这一点,城市文旅宣传片在策划定位、视角选择、叙事编撰上就应当将人置于中心,用更多的镜头语言表达人的处境与感受,这也能得到更多观看者的心领神会与价值认同。

三是场景体验。对于地域文旅宣传策划来说,如何让人在观赏宣传片后产生"说走就走"的旅行冲动,最重要的就是通过影像叙事策划使城市的陌生化印象变得亲切、熟悉和令人向往。场景体验的影像叙事将旅行目的地的特色、景致等用主体行动作为主线串联,既没有文化标签拼贴的突兀感和分离感,又增添了置身此地的参与感与体验感。宣传片《来过,未曾离开——乌镇》展现的代入式体验感真实而自然,例如刘若英清晨与邻居互道早安,她在晨曦中跑步锻炼,路过乌镇早市,穿梭于乌篷船和小石桥间,来到早餐店购买一份"还是老样子"的早饭,到剧场看戏,在街巷参与戏剧节狂欢,与菜农一起在乡野间劳作,下厨烧制农家菜,与街巷间的猫咪对视玩耍,

---

① 《马鞍山城市宣传片》,新浪视频,http://video.sina.com.cn/view/252930594.html,最后浏览日期:2020年7月2日。

在夜间的湖边放飞孔明灯等。这些场景体验最终融汇成"来过，未曾离开"这一兼具口语化和文艺范的宣传语，令人心生慕意，蠢蠢欲动。

第四节 公益宣传类

公益网络宣传片策划旨在通过引人关注的影像叙事，在公众范围内达成对社会公共事务的解读呈现和宣传服务功能。公共领域和公共事务作为公益类宣传片的核心主题，无论是对社会道德风尚的建构，还是对弱势群体的观照，无论是对社会民生的关注，还是对公共安全、医疗卫生等的倡议，都将民众的公共利益视为核心宣传诉求。公益宣传类的公共文化属性使此类宣传片的人文关怀与社会价值得以凸显。

公益网络宣传片策划概要主要包括以下十个要点。

一是基本定位。公益宣传类必须强调公共服务意识的基本定位，以此实现利民、便民、育民、为民的核心传播诉求。

二是目标受众。公共议题的内容标签使公益宣传类的目标受众应面向全体社会公民，尽管目标受众的身份背景、学历层次、审美习惯各不相同，但其公益属性在传播上应具有较强的文化辐射力与渗透力。

三是文案主题。在文案主题方面，应当充分围绕公共事务、公共诉求、公共情感、公共安危等公共话题或实践进行创作。

四是视听语言。一方面以社会公共审美为最大公约数，可注重强调平和、温情的视听风格；另一方面要主动引领文化潮流，特别要注重强化对以青少年为主的美育对象的吸引力。

五是修辞技巧。对于公共议题的修辞，应当以群体情感与公共价值的最大共鸣为纲，不宜在情感上过于波动、跳脱，在形式上过于乖张、奇异。

六是形象构建。不拘泥于个体或群体形象，但真实、可信、易引发情感共鸣的主体代表形象更易于传达公益宣传片的思想内容主旨。

七是叙事创意。结合不同类别的公共议题，围绕不同层次的情感氛围展开叙事。总体而言,将严肃的公共议题以轻松化、舒展化的方式展开叙事,传播和接受效果会更佳。

八是视角选择。对于公共议题的视角切入,应以自上而下的方式突出关怀与观照,以自下而上的方式强调共情与共识。

九是气质调性。整体应突出公益宣传为群体利益发声的服务调性以及守护群体和群体价值的正义气质。

十是精神价值。公益宣传类作品应在公共精神价值层面予以确认和引领,在策划创作中,整体上要体现正向的社会群体意志与社会核心价值观。

一、社会公共安全提示:以《不要被骗》为例

(一)案例介绍

由榆林市公安局榆阳分局策划推出,以说唱形式进行提醒警示、知识科普的公安系统宣传片《不要被骗》[①](图 4‑19),主要定位于向青年人群进行防诈骗科普宣传。公安民警们参与演出和献唱,通过信息量大、接受度高、娱乐性强的宣传片新形式,不但提高了此类宣传片在青年人群中的传播力度,同时也塑造了人民警察有勇有谋亦有才华的网络媒体新形象。

图 4‑19 《不要被骗》

---

① 《Rap〈不要被骗〉》,2020 年 5 月 12 日,新浪微博,https://weibo.com/tv/show/1034:4503689323544588?from=old_pc_videoshow,最后浏览日期:2020 年 7 月 2 日。

（二）策划亮点

1. 定位

该宣传片定位于防诈骗官方公益宣传,通过说唱这一新颖的艺术表达形式为民众公共安全服务,同时在"传唱"中形成深入人心的宣传效果。

2. 选题

宣传片选题聚焦民众日常生活中遇到的麻烦事,通过说唱形式开启防诈骗公益宣传的"洗脑"模式。说唱形式的军警机构科普宣传片其实早在2019年5月26日就有走红网络的宣传策划案例,湖北省神农架林区公安局的反诈骗RAP风格MV宣传片《不要联系》[①]（图4-20）也是用"洗脑"式的说唱歌词,在节奏感十足的律动中实现真正的"说教"目的。无论是呼吁

图4-20 《不要联系》

民众不要轻信和联系不法分子的《不要联系》,还是关注刷单、网贷、中奖、冒充公检法、网络投资等一系列高发网络诈骗行为的《不要被骗》,都主动地融入青年文化实践,并去其糟粕、取其精华地进行了创新性演绎与价值升华,不失为一种新鲜而又有益的尝试。

3. 创意

一是利用说唱新形式。网络宣传片《不要被骗》用说唱形式传播防诈骗警示信息,将娱乐精神与专业精神十分融洽地结合起来,趣味传播对宣传片推广起到了至关重要的作用。军警机构策划出品的宣传片代表了国家立场和人民利益,因此不单单在传递信息、发布公告、招募征兵等相关议题上需要在场和发声,同时,在立场、站位、态度等议题上同样需要人民公仆充满力

[①]《防诈骗说唱歌曲》,2019年5月26日,腾讯视频,https://v.qq.com/x/page/i0875i2qzjs.html,最后浏览日期:2020年7月2日。

量、旗帜鲜明的呼声。说唱具有的节奏、押韵、气质与态度等特点,在风格硬朗、干练的军警机构成了很好的宣传策划体裁。

相同创意形式的宣传片还有作为中央政法委新闻网站官微的中国长安网微博公众号 2019 年 8 月 15 日发布的说唱风格 MV 宣传片《撑港警》[①],以说唱形式表达了立场。除说唱形式以外,改编、喊麦、快闪等有力量感和节奏感的创作形式都可以与军警类的宣传片策划创作进行有机结合与尝试。

又如 2020 年 6 月 14 日由海南省禁毒委员会办公室策划推出的禁毒民警版 MV 宣传片《禁毒 Mojito》[②],改编自歌星周杰伦同年 6 月 12 日于网络发布的新歌《Mojito》,巧借娱乐热度,一改宣传形式与风格,为禁毒工作公益宣传引流造势。当然,这种改编策略不仅需要确认原创作品风格及版权问题,而且也要在文案的改写上紧密围绕宣传主题展开创作。

二是建立职业新形象。由于人们对人民警察守护平安、服务民众的敬业精神和刚正形象充满敬畏,他们硬朗、严肃、一丝不苟的刻板印象一定程度上深入人心,但是亲和力没有得到应有的凸显。权威与亲和力在前互联网时代似乎是较难调和的,然而以"90 后""00 后"为主体的"网生代"的快速崛起,将互联网文化的多元性与包容性提到了一个新的高度。在《不要被骗》节奏感十足的剪辑中,警察说唱歌手不仅身着警服,还搭配街头风等各种风格的服饰,在港口、办公室等不同的场景中交叠说唱,警察形象随着曲风的改编也有适应性的改变,这种变化看似是对青年群体审美习惯的迎合,实际上却是一种融入文化圈层,走进受众内心的创作姿态与策划理念。因此,网络宣传片的策划者应当对网络文化的特征与潮流有充分的了解和把握。

---

① 《内地警察热血说唱〈撑港警〉》,2019 年 8 月 15 日,新浪微博,https://weibo.com/tv/show/1034:4405569558123337? from = old_pc_videoshow,最后浏览日期:2020 年 7 月 2 日。
② 《海南禁毒民警版〈Mojito〉》,2020 年 6 月 4 日,新浪微博,https://weibo.com/tv/show/1034:4515848988327952? from = old_pc_videoshow,最后浏览日期:2020 年 7 月 2 日。

二、社会公共事件观照：以《太阳出来了》为例

（一）案例介绍

2020年，一场突如其来的新冠肺炎疫情席卷全球，给人们的生活方式带来了不同以往的巨大变化。在中国人团结一心抗疫期间，人们为避免因为群体聚集而给疫情防控带来额外压力与不确定性，都纷纷以区域内居家的线上活动取代户外公共场所的线下活动，而部分倚重公共空间和集体合作的体育运动与锻炼则更多地在家庭个人空间、区域内小范围进行。正是在这种背景下，体育用品商耐克推出了一部记录疫情期间中国运动员和普通人克服一切困难，坚持居家进行体育锻炼的商业网络宣传片《太阳出来了》[①]（图4-22）。

图4-22 《太阳出来了》

（二）策划亮点

1. 定位

该宣传片定位于通过彰显公共卫生事件中民众的积极状态，宣传乐观的社会心态，同时契合品牌文化精神，达到社会价值与商业价值的结合与统一。

2. 选题

该宣传片的选题聚焦公共卫生突发事件中的民众生活状态，结合品牌的

[①]《太阳出来了》，2020年4月9日，NIKE中国官网，http://www.nikeinc.com.cn/html/page-3463.html?rewrite=5&istest=true，最后浏览日期：2020年7月2日。

特征,以"哪儿挡得了我们"的体育精神与乐观心态的表达,不仅在疫情期间宣传了品牌,同时也将人们在疫情中的居家精神状态与品牌价值观进行了有机结合,不仅对社会公共事件进行了态度引领,还凸显了品牌文化与价值。

3. 创意

片子的策划创意突出了重大事件中的品牌在场,在疫情这种突发公共卫生事件的特殊时期,商业力量的体现既在于社会责任感的释放,也在于品牌文化与品牌价值的强化与推广,形成一种传播学意义上的"在场",使消费者对商业品牌产生一种与之同舟共渡的印象与感受。需要注意的是,这种"在场"不能是"蹭热度"和"挂靠"性质的生硬拼贴与杂糅,而必须找到符合品牌价值的主题和内容,从这个层面来说,耐克中国策划的《太阳出来了》是较为成功的。

新冠肺炎疫情期间,知名牛奶品牌特仑苏策划创作的宣传片《没有什么能阻挡更好发生》[1]从宣传角度来讲,虽然也用充满文学性的文案表达了疫情中人们的坚毅、勇敢与责任担当,但并没有展示出品牌文化的独特性甚至是唯一性,若把宣传片中的品牌换成其他品牌或商品也同样适用的话,那么这种模板化的宣传片只做到了"在场",却没有做到真正意义上的事件场景融合以及对品牌价值的强化与延伸,有待以更优的创意或价值提炼进行升级。

4. 制作

《太阳出来了》的制作亮点在于影像素材的民间集合,在对现实生活的真实记录里就地取材。片中的影像取材都来自人们居家真实记录的原始素材,有的还来自大家熟悉的网络短视频片段,竖屏拍摄格式也强化了家庭记录式的影像风格。这种基于特殊时期的特殊记录,让《太阳出来了》更具真实、亲切和温暖的气质与调性。无论是家庭版马拉松、云健身还是亲子运动,无论是家庭版简易篮球场、羽毛球场,还是极具娱乐精神的"隔空"斗舞

---

[1]《特仑苏:没有什么能够阻挡更好发生》,2020 年 3 月 12 日,腾讯视频,https://v.qq.com/x/page/q09320qxu54.html,最后浏览日期:2020 年 7 月 2 日。

模式,都在真实记录中传递出一种对生命与健康的追求与热爱,以及自强不息、乐观向上的体育精神。可以说该片为社会公共事件中民众精神的鼓舞和凝聚贡献了力所能及的力量。

三、社会公共节日纪念:以《人生能和妈妈吃多少顿饭》为例

(一)案例介绍

作为生鲜食品电商平台的"每日优鲜",在2020年母亲节到来之际,通过品牌宣传片《人生能和妈妈吃多少顿饭》[①](图4-23)向消费者提出了一个极富情感色彩、触动人心的问题,将宣传片的叙事视角从自身主营的生鲜食品延伸到一日三餐的饮食概念,再聚焦到与母亲一同吃饭的温馨场景,最后升华到珍惜与陪伴的情感共鸣,使其品牌形象与社会情感中的亲情陪伴得以紧密关联,增强了每日优鲜作为一个商业品牌的文化属性与其在消费者心目中的感性认知。

图4-23 《人生能和妈妈吃多少顿饭》

(二)策划亮点

1. 定位

该宣传片定位于通过对社会公共节日的情感表达,将母亲节的情感性、

---

① 《每日优鲜母亲节短片:人生能和妈妈吃多少顿饭》,2020年5月9日,腾讯视频,https://v.qq.com/x/page/i0964cgdzh7.html,最后浏览日期:2020年7月2日。

代际性、传承性进行故事化展示,将商业精神与社会文化价值进行有机结合,实现从公共文化价值到公共情感的认同,再到商业品牌价值接受的有效转化。

2. 选题

该宣传片选题聚焦普通家庭的情感故事,通篇采用动态照片的影像风格,尽显情怀,并以成长中的女孩视角讲述了她与母亲一起吃饭的故事。随着女孩年龄的增长,她与妈妈相处的时间也在减少,一年中与妈妈一起吃饭的次数也由孩童时期的四位数减少至成人后的两位数。该片主人公的成长足迹和数字变化引发了公众的情感共鸣,触动人心的同时也激发了个体渴望为母亲做顿饭的情感冲动以及其潜在的消费心理与购买行为。

3. 创意

一是在老照片与独白中尽显情怀。该片的影像形式使用了加入局部动态特效的照片展示,宣传片选取的 24 位产品用户的 57 张老照片,以跨越 40 年的时光刻度探讨了关于与妈妈吃饭这件事的情感体验与人生感悟。老照片的怀旧感和回忆感充盈着整部宣传片的情感基调,同时,宣传片文案的叙事主线通过对岁月匆匆的感叹,回忆了个人成长历程中那些与妈妈相关的一餐一食。人们成年后虽然吃过各种各样的饭,有告别宴、喜宴、外卖、聚餐、旅行美食、烛光晚宴等,但和妈妈一起吃饭的时光随着年龄的增长而越来越少。"5 岁,一年和妈妈吃 1 095 顿饭;14 岁,一年和妈妈吃 492 顿饭;25 岁,一年和妈妈吃 196 顿饭;30 岁,一年和妈妈吃 57 顿饭;40 岁,一年和妈妈吃 21 顿饭。"这些回溯时光的数字令人惊觉,不经意间,人们与妈妈一起吃饭的次数越来越少。片中老照片里的旧时光与美好回忆戳中了消费者内心深处的柔软部分,走心的文案引人动容,令人感悟"一荤一素里,一碗一筷间,爱在静默流淌"的岁月静好。这些都是商业宣传片中情感叙事、情感营销的常用策划思路与方式。

二是诠释爱的主题以增强品牌情感认同。中国人对家的概念充满了温情与爱的印记,亲情、友情、爱情等各种情感类型对于消费者来说似乎都具有一种"不可抗拒的力量",甚至在面对深奥、晦涩的各种问题时,只要以情感视角加以解读似乎都会更利于观众的接受。母亲节作为一个维系中国家庭情感最重要的节日之一,充满了温情脉脉的氛围,每日优鲜的宣传片《人生能和妈妈吃多少顿饭》正是抓住了这张中国人熟悉的"感情牌",通过对爱的温情解读,强化了品牌与消费者之间的情感认同,构建起品牌的文化形象。

第五节 商业宣传类

商业网络宣传片策划旨在通过符合传播规律和接受心理的宣传片创意制作,直接或间接提升商业品牌的知名度、接受度和美誉度,增加商品的关注度、认可度和销售量。与其他类型的网络宣传片不同,商业类网络宣传片策划的最终目的必然是经济层面的获利诉求,而如何更为精确地研判消费心理,获取他们的广泛关注与参与,赢得目标消费人群青睐,从而促使消费人群产生消费行为,成为策划商业网络宣传片时要重点思考的问题。

商业网络宣传片策划概要主要包括以下十个要点。

一是基本定位。即提升商业形象、品牌美誉和产品销量,并通过影像视听宣传激发消费欲望,将视听受众转变为产品用户。

二是目标受众。面对普通大众,吸引其对品牌和商品的关注并转变为品牌爱好者与产品用户;面对对产品具有潜在消费能力和消费意愿的人群,加强其对品牌和产品的认同与好感。

三是文案主题。商业网络宣传片文案主题设计具有更宽泛的开放性,在经济社会和经济生活中不悖法律与道德,不违背社会群体情感与认知的各类题材、话题、故事、情感等都可以作为文案主题来源。

四是视听语言。相较于其他类型的网络宣传片,商业网络宣传片常常更加追求"大片感"或"电影感"的营造,编辑技巧也更显成熟与创意,尤其叙事类型宣传片的影像风格更为凸显,一些商业网络宣传品甚至可单独成为一部艺术性极强的影视作品。

五是修辞技巧。商业类网络宣传片在修辞技巧的使用上更加注重吸引受众关注的修辞功用,变形夸张、重复循环、一语双关、语言押韵、拟人化等都可以成为"夺人眼球"的修辞法宝。

六是形象构建。经济领域的商业形象具有逐利性质,在宣传片的策划中要对品牌和商品进行富有情感内容和价值内涵的包装,让经济元素具有更多的文化意味与更高的文化品位。宣传片中的文化形象亦成为商业形象的代名词。

七是叙事创意。经济活动驱动下的商业网络宣传片策划在创意方面的束缚性因素更少,创作空间更大,极具"脑洞""网感"的创意叙事风格与策略可以使商业关注度与好感度剧增。

八是视角选择。生活、家庭、职场等场景,消费者、记录者、讨论者等视角都是商业网络宣传片中常用的,能够在最大程度上引起最广泛人群的情感共鸣和价值共鸣是多元视角选择的核心目的。

九是气质调性。宣传片针对不同的商业品类需要精准把握气质与调性,如知识服务类要体现专业气质,生活服务类要体现温馨调性等。当然,个性化的气质表达同样具有很好的宣传传播效果。

十是精神价值。企业文化、商业品牌形象等的建构过程需要不断赋予其价值属性与精神标签,不同品类商业宣传片中精神价值体现各不相同,但其最大公约数大多包含平凡梦想、奋进励志、迎难而上、温情与爱等价值理念。

一、把握宣推时机与内容契合度:以《2019 该如何回顾这一年?》为例

(一)案例介绍

作为一个知识服务类的互联网问答社区,知乎为用户提供的是一个共同参与,彼此分享知识、经验与观点的平台,讨论的话题与问题也涉及世界

各地的各行各业。基于知识讨论、观点分享论坛的产品定位,近年来知乎都会结合一年中的国内外社会各界,如科技、影视、灾难等的标志性和现象级大事件,在年末岁初之际进行梳理和盘点。知乎2019年年末发布的《2019,该如何回顾这一年?》①(图4-24),2018年发布的《2018,我们如何与世界相处?》,以及2017年发布的《2017,什么在影响世界?》等,都以知乎标志性的提问句式为题,在回溯世界年度事件时表达自己的态度与观点,不断追问世界未来发展新问题的新答案。

图4-24 《2019,该如何回顾这一年?》

(二) 策划亮点

1. 定位

该宣传片定位于结合社会重要节日节点的仪式性与关注度,连接公众情感与品牌价值,实现社会价值与商业价值的双赢。

2. 选题

该宣传片的选题依托品牌产品的内容与形式优势,结合世界范围的年度重大新闻事件,将产品平台中的相关议题进行汇总展示。知乎《2019,该如何回顾这一年?》聚焦年末岁初这一人们总结过去、展望未来的时间节点,

---

① 《「2019年度大事记」首发:知者无畏,知「难」而上》,2019年12月17日,知乎,https://www.zhihu.com/zvideo/1188897270811410432?utm_source=weibo,最后浏览日期:2020年7月2日。

将一年中发生的各种世界大事件及各类问题进行了汇总,试图寻求独特的观点与见解。知识服务的内生动力促使知乎的这种宣传策划具有全球视野与问题导向。

3. 创意

一是依托节日节点宣传。一年 365 天中,中国有许多作为固有文化传承和仪式而存在的节日节点。新年、春节、母亲节、父亲节、劳动节、青年节、儿童节、植树节、世界爱眼日,甚至还有商业性的"双 11""6·18"等网购消费节等,这些节日自身具备时间本身特有的文化、情感或态度,或能引发喜悦兴奋,或能引起温情感动,或能提醒责任担当等。在这些时间节点上的商业宣传是展现品牌文化、营销产品的好时机。

二是热门盘点与总结。热点事件本身就具有高度传播性,对热点的盘点、汇总不失为一种对媒介注意力的二次获取。其实这种盘点风格的商业网络宣传片在互联网知识服务类商业领域有很多,包括谷歌、百度等互联网搜索引擎公司的年度盘点宣传片也都是以"关心用户的关心"为策划理念,从自身产品的功能属性出发,对大数据、大事件进行梳理与总结。如 2017 年 12 月,谷歌公司发布了 2017 年的年度视频《Year in Search 2017》[1],将年度搜索关键词定为"how",凸显了谷歌与推动世界进步的关联,以及谷歌给予用户的帮助。

除此之外,还有一种年度盘点类的商业宣传片聚焦于个人年度的喜怒哀乐,这种盘点具有更强的代入感,容易使受众产生情感认同。如康王在 2019 年策划推出的网络宣传片《2019,没毛病》[2]就将过去一年中每个普通人可能会遇到的失业、隔阂、艰辛、误解等生活压力事件进行了再现,并表达了尽管艰辛也要对未来充满希望的理想信念,结语"2019,没毛病"一语双关

---

[1]《Year in Search 2017-Google》,2017 年 12 月 14 日,AcFun,http://www.aixifan.com/v/ac4135650,最后浏览日期:2020 年 7 月 2 日。

[2]《2019,没毛病》,2019 年 3 月 24 日,腾讯视频,https://v.qq.com/x/page/o0853hi9uc5.html?start=13,最后浏览日期:2020 年 7 月 20 日。

地凸显和强调了产品自身的护发功能。这部宣传片在理念嫁接的创意上有一定的亮点,但在情绪基调等的拿捏和细节打磨上还有待提升。

二、深耕品牌价值观与口号演绎:以《干杯》为例

(一) 案例介绍

哔哩哔哩(简称 B 站)作为聚集青少年网络文化的社交平台与视频平台,深谙"网生代"青少年们的文化兴趣,不仅注重对动画、漫画、游戏等"二次元"文化的植育,而且能够较为精准地把握青少年群体在网络空间的文化趣味与价值认同。2019 年,哔哩哔哩在创建 10 周年之际策划推出了品牌宣传片《干杯》①(图 4-25),以音乐团体五月天演唱的歌曲《干杯》作为宣传片的背景音乐,并基于原版歌曲和歌词重新创作了哔哩哔哩版的 MV。

图 4-25 《干杯》

(二) 策划亮点

1. 定位

该宣传片定位于通过 MV 形式的情感叙事和"干杯"的文化概念拓展,推广网络平台的品牌文化与价值观。在以"90 后""00 后"为主体的青少年网

---

① 《bilibili 十周年纪念影片〈干杯〉》,2019 年 6 月 26 日,哔哩哔哩,https://www.bilibili.com/video/BV1h441137Uc/?spm_id_from=333.788.videocard.0,最后浏览日期:2020 年 7 月 2 日。

络二次元文化中,友谊、努力、胜利是长久受追捧和热爱的三个主题,这一点与"干杯"的青少年网络文化意涵不谋而合。同时,哔哩哔哩在形象推广上进行了相应调整,使"干杯"涵盖的文化内核更易于被青少年认同。

2. 选题

宣传片的故事主线围绕青少年一代从孩童时期到中学、大学,再到工作、婚育一路走来的温暖友谊展开。"干杯"是哔哩哔哩标榜的一种态度和精神符号,无论是哔哩哔哩全网推广的"(゜-゜)つ□干杯~"这个"颜文字"口号标签,还是在客户端开屏画面中的二次元"干杯"形象,都表达了哔哩哔哩对青少年网络文化的植育与引领。

3. 创意

一是商业口号的场景化叙事表达。哔哩哔哩标榜的"干杯"作为一种文化符号和价值观念在宣传片《干杯》中体现为场景化、情景化的演绎,让受众更加直观、生动地感受到"干杯"包含的珍贵友谊与生活态度。宣传片中展示的主人公们从孩童时期手持汽水高呼"干杯",到大学毕业、生日派对等各种友情欢聚的"干杯"场景,使商业口号标语通过场景的叙事演绎更加深入人心,令人印象深刻。在商业口号演绎与表达上同样出色的还有锤子科技公司,它对产品设计理念、价值观与"天生骄傲"口号的场景化演绎非常打动人、鼓舞人。《"天生骄傲"之一个司机的骄傲》[①](图4-26)、《"天生骄傲"之一个菜农的骄傲》[②](图4-27)两部品牌价值观宣传片也在当时让很多消费者对这个新创立的手机品牌"路转粉"。如《"天生骄傲"之一个司机的骄傲》中就演绎出一个"天生骄傲"的司机形象——一个正在电话中向别人抱怨自己"好心当作驴肝肺"的糟糕经历,发誓再也不会见义勇为的出租车司机,说话间正巧碰见路边倒地临产的孕妇,冒着再次被讹的风险,"食言"的他最后

---

① 《"天生骄傲"之一个司机的骄傲》,锤子商城,https://www.smartisan.com/pr/videos/proud-driver,最后浏览日期:2020年7月2日。
② 《"天生骄傲"之一个菜农的骄傲》,锤子商城,https://www.smartisan.com/pr/videos/proud-farmer,最后浏览日期:2020年7月2日。

图 4-26 《"天生骄傲"之一个司机的骄傲》 图 4-27 《"天生骄傲"之一个菜农的骄傲》

还是坚持了自己的内心原则,再次援手相助。这种"骄傲"的精神实质与企业所标榜的品牌价值观深度一致,这种场景化的口号演绎与表达使消费者在对商业品牌产生情感认同的基础上,也更加趋向价值认同,最后也会延伸为对商业产品的认同。

二是商业口号契合目标受众价值观。"干杯"所承载的精神内涵与以二次元为代表的青少年网络文化推崇的"友谊、努力、胜利"价值观念深度吻合。哔哩哔哩正是把握住了作为目标用户的青少年文化的价值内核与追求,才吸引和俘获了更多潜在用户对哔哩哔哩的参与和互动,哔哩哔哩也因此成为青少年群体极为喜爱和使用频率极高的视频网站之一,甚至成为新生代网络文化的代言人。

同样因商业口号契合甚至引领了目标受众价值观的商业网络宣传片《奇点》[①],作为"支付宝"应用创立 15 周年的品牌宣传片,再现了"支付宝"初创时第一单交易曲折但圆满的商业故事,以"因为相信所以看见"的口号,富有哲理地深刻阐明了"支付宝"始终坚持以信任作为产品核心价值的美好愿景。

在商业宣传片口号的策划中,需要强调的是要用最凝练、简洁的语言来表达最能触动人心、引发共鸣的态度、理念和价值追求。一语双关的语言技

---

① 《支付宝 15 周年品牌宣传片〈奇点〉》,2019 年 12 月 2 日,腾讯视频,https://v.qq.com/x/page/e30295veud2.html?start=143,最后浏览日期:2020 年 7 月 2 日。

巧是能让人会心一笑的创意策划,但也有宣传片口号引发歧义和误读的案例值得警惕,如知乎2019年策划推出的品牌宣传片《我们都是有问题的人》①中,"我们都是有问题的人"这句口号虽然讨巧地指涉了两个维度的"问题",但是因为没有充分考虑受众的接受心理而引发误读,甚至给品牌形象带来了负面影响。

  三是体现以陪伴、植育为主的文化态度与商业立场。当下青少年文化尤其是青少年网络文化中出现了新的价值信念与文化追求,逐渐形成了张扬个性、经营小众、崇尚友谊、欣赏幽默、抗拒教条、自主定义等文化特点。基于此,哔哩哔哩在总结、回望与忠实用户共同走过的15年历程时,以商业品牌宣传片《干杯》表达了其一贯的文化理念与价值追求。同时,作为青少年网络文化的大本营,哔哩哔哩也凭借《干杯》中的情怀叙事,体现了其以陪伴和植育为主的文化态度与商业立场,不过分干预青年文化自我成长与构建的过程,但会以易被接受的姿态指引其应有的文化出口与方向。在如何与青少年群体打交道这一点上,宣传片《干杯》分寸把握得比较到位。

  当然,哔哩哔哩商业品牌宣传片的文案设计与价值表达也曾引发争议。2020年"五四"青年节之际,哔哩哔哩策划推出的品牌价值宣传片《后浪》②(图4-28)就遭遇了青少年群体对其的价值认同危机,出现的两极分化评价基本来自不同代际的受众群体。而快手短视频在2020年6月6日发布的9周年商业品牌宣传片《看见》③(图4-29)正是对标饱受争议的《后浪》而推出的。相比而言,《看见》得到了广泛的好评。对上述案例成败分析的角度有很多,

---

① 《知乎2019全新品牌片〈我们都是有问题的人〉》,2019年4月17日,哔哩哔哩,https://www.bilibili.com/video/av49581881/,最后浏览日期:2020年7月2日。
② 《bilibili献给新一代的演讲〈后浪〉》,2020年5月3日,哔哩哔哩,https://www.bilibili.com/video/BV1FV411d7u7? from = search&seid = 8299000481768 94557,最后浏览日期:2020年7月2日。
③ 《看见》,2020年6月6日,快手直播,https://live.kuaishou.com/u/3xzwm4cm5yxi55u/3x49uc6z4487ejc? did = web_50e43789f3d14d3a80ceb35b13633750&csr = true,最后浏览日期:2020年7月2日。

图 4-28 《后浪》

图 4-29 《看见》

有人认为是因视角的峰与谷,也有人认为是因调性的高与低等。而从青少年文化特征的视角来看,相处模式、对话语态及立场偏差是导致两部商业品牌宣传片接受效果截然不同的重要原因之一。《后浪》中来自"长辈"的定义,与《看见》中来自"玩伴"的认同,两相对比来看,宣传片把握价值判断的策划水准高下立现。

三、痛点话题引发共鸣与品牌关注:以《我们真的需要厨房吗?》为例

(一)案例介绍

方太策划推出的商业网络宣传片《我们真的需要厨房吗?》①(图 4-30),通过对现代家庭空间功能布局与生活品质情趣之间的观点讨论与碰撞,让"有厨派"与"无厨派"之间产生各有理据的争鸣。话题具有天然的传播性,因其宣传片内容中有讨论评价、观点表达和互动交流,能够较为有效地吸引具

图 4-30 《我们真的需要厨房吗?》

---

① 《我们真的需要厨房吗?》,2020 年 3 月 23 日,腾讯视频,https://v.qq.com/x/page/y0938sai0w5.html,最后浏览日期:2020 年 7 月 2 日。

有一定兴趣的受众参与。相比专业话题的深度，与大家息息相关的热点问题甚至痛点问题更能获取关注度、参与度与传播度。

（二）策划亮点

1. 定位

该宣传片定位于通过话题性的讨论，引导消费者参与兴趣与注意力，进而对产品进行潜在的推广与宣传。

2. 选题

该宣传片在策划选题上设置了一个带有悬念感的话题，同时也使消费者抱有继续探讨的兴趣，因为品牌本身销售的厨电产品主要就是为家庭厨房服务的，这样的话题讨论显然是危险的，但这种自己"挖坑"式的主题设置也更能引发观众的好奇心理，继而俘获消费群体的"路人缘"。无论受众是"有厨派"还是"无厨派"，观看完宣传片《我们真的需要厨房吗?》后受众或许并没有对自身原有的意见和观点产生怀疑，但是他们与商业品牌之间的距离正在缩短。选题中议题设置的开放性使宣传片的受关注度与传播度大大提升。

3. 创意

一是痛点话题引发受众焦虑性思考和主动参与。商业品牌与产品如何获取消费人群的关注与参与或许是商业网络宣传片需要解决的头号问题，而这个问题在话题设置的策划中似乎找到了可行路径。现代社会的快节奏不仅逐渐改变了人们以往的生活方式与习惯，同时也带来了或隐或显心理压力的剧增，这就使当代人尤其是当代年轻人在身份认同、生活抉择等热议社会话题上有了更为主动的关注与参与，希望以此来排解心理焦虑。《我们真的需要厨房吗?》所涉及的话题讨论正是瞄准了在城市中生活空间紧张、时间和精力有限的年轻群体，向他们征询内心对这个话题的答案。在针对这个本身并没有标准答案的话题探讨中，延伸出来的是当代年轻人对生活态度、生活方式的讨论，这就更加具有普遍性和传播性。即便在现实生活中他们与厨房从无关联,但不妨碍他们对这个开放式话题的好奇、关注与参与。当然,厨房有与否的话题或许并不是最能引发焦虑与认同的话题,但这种话题议程的激活能使人感同身受,从而产生对品牌的亲近与认同。

这种带有"焦虑"标签的话题或问题在很多商业网络宣传片中都有呈现。如万科的《过完年,你还回这座城吗?》[1]、SK-Ⅱ的《为什么她们不回家过年》[2]、腾讯地图的《最贵的一分钟》[3]等,都在设置话题的策划策略上体现了较为出色的示范。

二是没有观点也有价值。开放式讨论与对话的场景、人物具有代表性与可信性,同时这种讨论并未预设任何结论,也并不因方太自身的"有厨派"身份而驳斥、抨击"无厨派"的观点。从传播学的角度来说,在这个话题的讨论中,方太作为话题提出者本身不强制推行观点,不偏重任何一方,以无观点的态度进入辩论场域,反而更加具有实事求是的品牌魅力,不但具有宣传效果意义上的价值,而且也体现了商业品牌的自信与包容。即使大多数人都选择"有厨派"一方的观点,方太的宣传片在文案策划中仍一并尊重和维护了少数群体"无厨派"的表达观点和选择生活方式的话语权。

当然,商业品牌宣传片策划中的一些观点表达最需要考虑的还是文化价值观问题,开放的、包容的姿态与理念是最容易收获消费者好感的。不过也有一些反面典型案例值得引以为戒,如2017年宜家策划播出的电视广告宣传片《轻松庆祝每一天》[4]中母亲角色的一句"再不带男朋友回来就别叫我妈",立即引发了观众对该片所引导的价值观的争议,对品牌形象产生了负面影响。宜家事后的道歉与下架宣传片的举措都难以弥补这种因价值观错

---

① 《过完年,你还回这座城吗?》,2017年1月22日,腾讯视频,https://v.qq.com/x/page/z0368dtufpz.html,最后浏览日期:2020年7月2日。
② 《为什么她们不回家过年?》,2019年2月17日,腾讯视频,https://v.qq.com/x/page/f08396vluqy.html?start=42,最后浏览日期:2020年7月2日。
③ 《〈最贵的一分钟〉腾讯地图》,2019年10月11日,腾讯视频,https://v.qq.com/x/page/q30070f1v7m.html,最后浏览日期:2020年7月2日。
④ 《宜家家居轻松庆祝每一天高清广告》,2017年12月23日,优酷视频,https://v.youku.com/v_show/id_XMzI1NjQwNjY3Mg==.html,最后浏览日期:2020年7月2日。

位而引发的消费者对品牌的负面印象及排斥心理。

四、多场景系列迷你剧创意集合：以《爱由我喜欢》为例

（一）案例介绍

图4-31 《爱由我喜欢》

在2020年"三八"妇女节之际，天猫策划推出了针对女性目标消费人群的宣传片《爱由我喜欢》[①]（图4-31），通过多个场景、多个品类、多个情节的"桥段"式叙事演绎，让一句充满多义的"哎哟我喜欢"变为"爱由我喜欢"的商业口号。该片兼具口语化传播特点及对品牌认同度建构，不仅体现了天猫对女性用户消费心理的了解，同时也是对女性生活方式与价值理念的一种护卫、赞同与引领。

（二）策划亮点

1. 定位

该宣传片定位于对商业节日的消费引流，通过"爱由我喜欢"这一商业口号，传达出欢乐购物的消费情感预设体验，也激励目标消费者成为一个做自己、爱自己、释放天性的快乐女性，这很好地迎合了女性消费群体的消费心理与购买欲，起到了较好的商业宣传效果。

2. 选题

宣传片的选题聚焦中国传统节日春节期间社交场景中的诙谐趣事，通过系列喜剧化的情景演绎，轻松展示了自身美食产品的情感标签与价值延伸。调皮捣蛋的孩子用妈妈的口红作画，让妈妈悲喜交集地喊出"哎哟我喜欢"；失恋青年吃下一口薯片，心情阴转晴地感慨"哎哟我喜欢"等片中将各

[①]《天猫3·8广告》，2020年3月2日，腾讯视频，https://v.qq.com/x/page/i30758wxsmo.html?start=18，最后浏览日期：2020年7月2日。

色场景中令人忍俊不禁的"哎哟我喜欢"转接到"天猫 3·8 节"在场景中关联的各类商品推广，并重复性地亮出活动的商业口号"爱由我喜欢"，在受众层面完成了从对诙谐场景剧情的关注到对商业口号形成记忆，再对到品牌价值产生认同的宣传策划。

3. 创意

一是"一题多解"凸显主题，加深品牌记忆。重复是宣传片中相比其他修辞技巧来说更加简单、有效的方法之一。在过去接触的众多广告中，令人记忆颇深的或许是恒源祥的"恒源祥，羊羊羊"和脑白金的"今年过节不收礼，收礼只收脑白金，脑白金"等循环音。在互联网媒介中，这种单调的重复已经无法吸引受众的关注，但一部具有多种主题、剧情丰富的系列剧宣传片模式却能使"重复"策划策略焕发新机。商业网络宣传片《爱由我喜欢》的策划便是这种一题多剧的重复设计。

围绕同一主题进行小剧场式幽默剧情演出，这种"一题多解"式的策划越来越多地被商业网络宣传片借鉴和使用，它们大都产生了趣味传播的良好效果。如某品牌蛋黄酥的《酥酥福福过大年》[①]，将"舒服"这一主题口号与蛋黄酥产品本身"酥"的特点以及春节期间的祝福氛围巧妙融合，在一系列微剧情的策划中，幽默地诠释、演绎了不逼婚、不吹捧、不假客气、不装、不贴标签等令人"舒服"的春节欢聚状态，在令人捧腹的剧情演绎下也潜在地增进了消费者对品牌的好感与认同。

二是喜剧化剧情更受观众欢迎，更易于接受。包括以上提到的系列微剧情宣传片在内，它们都是以喜剧风格的剧情表演在互联网空间收获了许多的关注与喜爱，轻松、幽默且充满喜剧精神的宣传片在互联网的娱乐传播中独具优势。毋庸置疑的是，互联网空间的受众群对娱乐化内容的追求是充满需求的，而有戏、有创意、有共鸣的内容策划更容易受到受众欢迎。《爱

[①] 《轩妈蛋黄酥〈酥酥福福过大年〉完整版》，2019 年 12 月 24 日，新片场，https://www.xinpianchang.com/a10630475，最后浏览日期：2020 年 7 月 2 日。

由我喜欢》中的每个微剧情都拥有一个令人会心一笑的共同特质——"囧",窘迫的处境带来了喜剧效果,进而为品牌带来"吸粉""圈粉"的传播效应。

此外应注意,喜剧化的剧情策划不仅对商业类型和商业目的的宣传片有积极影响,同时,在一些有关公共领域的严肃话题的警示宣传中,从宣传效果层面看,喜剧风格使片子显得更加"得体"和易于接受。如字节跳动策划的内部宣传片《字节范》[1],它运用喜剧化的剧情演绎,对不能过于严厉、直白表达的工作警示语进行了系列剧式的娱乐化包装,让受众会心一笑的同时接收到来自组织的提醒。这种策划策略运用到消防宣传、防诈骗宣传、交通安全宣传、公共卫生宣传、文明公德的警示宣传、公益宣传中同样具有可行性。

五、"脑洞"与网感叙事:以《乡村来电》为例

(一)案例介绍

厦门农商银行策划推出的商业网络宣传片《乡村来电》[2](图4-32),讲述的是一位闽南地区的老爸在电话中催女儿结婚的故事。宣传片融汇了"脑洞"大开的剧情反转、快节奏剪辑、"土味"审美判断和语言文字"梗"等,使全片充满笑点、槽点和"雷点",很容易让年轻人群体产生"无障碍感"的文化亲近和认同。

图4-32 《乡村来电》

---

[1] 《字节跳动〈字节范〉》,2019年7月2日,优酷视频,https://v.youku.com/v_show/id_XNDI1MTgxNTY1Mg==.html?,最后浏览日期:2020年7月2日。

[2] 《传疯了!全程高能!结局竟是……》,2018年11月21日,腾讯视频,https://v.qq.com/x/page/e0797s614pd.html,最后浏览日期:2020年7月2日。

（二）策划亮点

1. 定位

该宣传片定位于通过网感化的戏剧情节搞笑叙事创作，触发网络空间的"段子"式爆点评论、转发等传播行为，进而增强商业产品的宣传曝光度。该片突出喜剧效果与"无厘头"叙事，深耕欢乐传播的无限可能。

2. 选题

宣传片选题聚焦乡村父女"囧事"，通过网感化情节叙事，在父亲滔滔不绝的"花式"催婚表演中，最终落脚到消费产品的露出展示，巧妙地完成了商业宣传。通俗来讲，网感代表了互联网文化的一种包容、开放、娱乐、创新的气质、态度和理念。网络宣传片的策划不仅需要策划者熟悉和掌握宣传片的基本要素与规律，更为重要的是精准把握互联网文化的生成逻辑、思维方式、传播模式和接受形式等。可以说，具备网感的网络宣传片在互联网文化空间更有生命力、吸引力、传播力和影响力。

3. 创意

一是"脑洞"叙事。《乡村来电》开头设计了一段让人意想不到的反套路叙事。片子一开始呈现的是独自一人生活在农村的老爸过着清苦节俭的老年生活，吃着清水挂面却对女儿说自己吃的是三菜一汤，塑造了一个思念女儿也替女儿着想的隐忍内敛的典型农村父亲形象。然而，画面风格突然一转，剧中剧的摄制组演员感动得落泪，老爸直呼"演不下去了，这广告是谁写的"，随后便一改内敛的父亲形象，开始滔滔不绝地"训女"和催婚。这段表演在剧情反转之间，使受众产生了常规思路被打破的惊喜感，同时也增添了出戏、入戏的错位感，以及台前、幕后互动的好奇感，具有典型的网感属性。

"脑洞大开"在叙事上是一种极富想象力和创造力的创作实践，不仅要求策划者拥有丰富的积累，还要有活跃的联想力。无论是剧情叙事的、形象的，还是观点性的，找到不相关的事物间的关联性，或打破常规框架并创造新景观都是这种策划策略的主要路径。如美的策划的品牌网络宣传片《回来就好》①,五芳斋推出的产品网络宣传片《五方宝盒》②《招待所》③等,都凭借创意十足的"脑洞"叙事使以年轻人为主的消费群体产生文化亲近感。

二是"梗"文化表达。"梗"也就是人们通常意义上说的"段子""桥段""笑料",但相比起来,"梗"更加注重新鲜感、时效性以及可复制性,因此也就有了"新梗""老梗"的鲜明区别。《乡村来电》中的幽默表达,有将别墅读作"biéyě"的语言文字梗,有"同安吴彦祖"的土味审美"梗"等,这些笑点的密集出现使宣传片欢乐十足,能够更好地引发受众群体转发、评论等主动传播行为,扩大商业品牌的关注度,从而吸引更多的潜在客户。厦门农商银行策划推出的另一部网络宣传片《春节最强尬聊》④(图 4-33)同样是笑料不断,"梗"味满满,激发了受众观看、关注和传播的积极性。

图 4-33 《春节最强尬聊》

总之,在内容为王的时代,从本体层面来讲,尽管策划方面已有很多关于网络宣传片的案例支撑、经验总结和规律探索,但宣传片对于宣传对象来说终究只是一种辅助内容传播的表达方式。事实上,宣传片给宣传对象带

---

① 《〈回来就好〉美的新年,身心同回家》,2020 年 1 月 14 日,新片场,https://www.xinpianchang.com/a10646348,最后浏览日期:2020 年 7 月 2 日。
② 《五芳斋五方宝盒》,2018 年 6 月 28 日,新片场,https://www.xinpianchang.com/a10267180,最后浏览日期:2020 年 7 月 2 日。
③ 《1LIN1×五芳斋〈招待所〉》,2019 年 6 月 12 日,新片场,https://www.xinpianchang.com/a10443311,最后浏览日期:2020 年 7 月 2 日。
④ 《春节最强尬聊!农村贺岁神片笑到流泪》,2020 年 1 月 20 日,新片场,https://www.xinpianchang.com/a10658625,最后浏览日期:2020 年 7 月 2 日。

来的更多是"锦上添花",而非"雪中送炭"。相比于传播、价值与文化视角中的宣传与包装,我们更要崇尚实力:国富民强用实力说话,为人民服务用实干说话,货真价实用实物说话。若将"体"与"用"本末倒置,指望通过宣传片来彻底改变和影响现实是不可行的。

一个非常典型的案例是 2019 年春节档院线电影《小猪佩奇过大年》的先导营销网络宣传片《啥是佩奇》。这个宣传片本身的热度甚至超过了作为宣传对象的电影本身,与网络上对宣传片《啥是佩奇》[①](图 4‐34)疯狂点赞转发、评论热议景观截然相反的是,《小猪佩奇过大年》因内容低幼、节奏拖沓、叙事平淡等原因而票房惨淡。这个网络宣传片案例所引发的思考是深刻的,宣传片再好,它也只是一件衣服,真正需要投入更大精力提升的还是外表之下的刚健筋骨。

图 4‐34 《啥是佩奇》

[①]《啥是佩奇》,2019 年 1 月 17 日,新片场,https://www.xinpianchang.com/a10365113?from=search_post,最后浏览日期:2020 年 7 月 2 日。

>>> 第五章　网络短视频策划

第一节　网络短视频策划概要

网络短视频,简言之,是指在互联网传播且篇幅较为短小(一般在5分钟内)的视频影像。作为一种新型互联网内容传播方式,网络短视频已然成为当下互联网受众信息发布、获取的重要抓手,其信息内容对网络受众也产生了不可替代的重要影响。由此,创作者应该生产什么样的网络短视频内容,为观看者带来怎样的内容表达,同时在生产中又应该注意哪些问题等,这都是网络短视频策划应关注的基本问题。具体而言,网络短视频策划包括以下八个方面的要点。

一是精准定位。网络短视频策划的第一步,也是最重要的一步,那就是对短视频进行定位,有了清晰、准确的定位,才能在创作中使网络短视频具备中心思想和清晰的脉络,从而有利于网络短视频的后续发展和推广。定位的方法有多种,包括数据收集、竞品分析、用户画像等,而对于定位的考量则主要包括两个方面:一方面是内容定位,即是否确定具体的方向或内容,是否确定要呈现哪个领域或行业的风貌等;另一方面是用户定位,即是否确定短视频的主要受众,以及是否确定潜在受众等。

二是明确选题。网络短视频策划离不开对选题的探索,一个好的选题就等于成功了一半。因此,建立选题库、拟定标题、切入选题等是开始网络短视频创作的重要步骤,而应如何选择主题、选择什么样的话题等则作为选题的主要难点,值得策划者探索与思考。

三是树立标签。为避免雷同化、同质化的情况,网络短视频的策划仍需要考虑标签的树立。标签是唯一、独特、与众不同的象征,因此,网络短视频策划需要形塑标签,将标签固定下来并不断强化,从而使这个标签具有高辨识度,以此形成特有的符号,打造特色品牌。

四是类别选择。网络短视频种类繁多,不同类别有不同的表达方式和作用效果,因此,在网络短视频的策划中,对类别的选择尤为重要。从整体上看,网络短视频一般可分为泛娱乐和垂直两大领域,泛娱乐领域的网络短视频内容涵盖领域较多,但其用户成分复杂、功能性较弱,主要为观看者消磨时间所用。而垂直领域的网络短视频内容精准,在行业领域中有较强的指向性,对于刚入局的短视频创作者而言操作性也更强,具备强烈的商业潜力。本章偏向于对垂直领域的网络短视频进行类别研究,即从不同垂直领域按照功能形态分为新闻资讯类、知识传播类、文化娱乐类、生活服务类等网络短视频类别,以此作为案例选择的依据。

五是内容呈现。作为网生内容,网络短视频所显示出的强大生命力离不开它对内容的想象和创造。因此,网络短视频的策划仍需对内容进行推敲,如何保持内容的稳定性、连续性呈现,如何避免内容短缺、内容注水等现象发生等,也是策划时需要重视的内容问题。

六是制作方法。网络短视频的制作方式有多种,呈现效果也不一。因此,策划者要制作出什么样的短视频,运用哪些技术,过程中又需要添加哪些元素等,这些制作方面的问题值得探讨。此外,诸如横竖屏拍摄、配音运用、字幕设计等前后期的具体制作方法,也需要策划者仔细考量和选择。

七是宣推质量。网络短视频策划离不开对宣推质量的把控,这主要分为两个方面。一方面是对宣推方式的考虑,即通过什么形式来对网络短视频进行推广,这就需要从网络短视频本身的定位、选题等方面进行比对分析,从而制订合适的宣推方案;另一方面则是对宣推效果的跟踪,即对前期的传播效果进行回收分析,包括有哪些成就与不足,需要在哪些地方进行调整等,作下一步的规划探索,进而让更多的观看者参与进来,提升网络短视频的宣推质量。

八是责任坚守。在网络短视频的快速发展过程中,监管、用户、平台等方面仍存在不少责任缺失的问题,网络短视频中诸如失真、失德、失雅等现象也常有出现。因此,策划网络短视频时仍要重视对责任的坚守——作为自媒体及社会中的一分子,生产和传播怎样的网络短视频内容,这些内容将带来怎样的社会效果和社会影响等,都值得策划者认真把握。

伴随互联网技术的发展,5G(第五代移动通信技术)的到来为人们带来了更丰富的海量内容呈现,同时也涌现了一大批现象级的网络短视频作品。接下来,本章将通过对不同网络短视频的分类梳理,结合相关案例分析,探讨网络短视频策划的要点。

第二节　新闻资讯类

新闻资讯类网络短视频的传播内容以新闻、资讯为主。伴随网络短视频的迅速崛起,人们接收时政、财经、社会、文化等新闻资讯的方式也由此发生了改变,新闻资讯类网络短视频的发展深刻影响了当下的舆论生态和媒体格局。

新闻资讯类网络短视频策划包括以下五个方面的要点:第一是严谨性,即要求认真谨慎,以提供客观、准确、有效的新闻资讯为目标;第二是时效性,即注重及时采集信息,选取热门话题进行解读;第三是关切性,即注重与受众息息相关的新闻资讯,从而形成固定的用户群体;第四是深度性,即要求信息内容挖掘要有深度与观点,避免信息的表面化与模糊化;第五是专业性,即要求内容制作具备一定的专业性,呈现出资讯媒体的基本素质。

与娱乐类短视频不同,新闻资讯类网络短视频的发展相对缓慢,影响力较大的新闻资讯类网络短视频产品还相对较少。但近年来,随着国内各大媒体相继布局这一领域,例如以中央电视台、《新京报》等为主的传统媒体平台,以梨视频、抖音等为主的新兴媒体平台,在相互合作的基础上,推出了部分现象级的短视频内容产品,如《主播说联播》《四平警事》《我们视频》等,它们正是以最前沿的资讯、最亲近的方式获得了受众的青睐。而在众多新闻资讯类网络短视频中,大致又可分为时政评论、财经资讯、社会新闻、文化资讯四个小类别。

一、时政评论类短视频:以《主播说联播》为例

(一)案例介绍

伴随短视频的快速发展,以时政评论为主要内容的短视频不断涌现,在重大时事热点上及时报道,创造话题,引导舆论,在网络上取得了良好的传播效果,开创了新闻资讯传播的新局面。

值得关注的是,2019年8月19日,由央视新闻新媒体中心正式推出的时政评论短视频栏目《主播说联播》(图5-1)在微博、微信、抖音等多家媒体平台的分发下,一跃成为当下时政评论类短视频的风向标,并受到广大用户的青睐。截至2020年5月,其微博热搜话题"#主播说联播#"的讨论量已经到达137.4万,阅读量达52亿,每条微信公众号的阅读量平均"10万+",每条抖音点赞数平均达到"30

图5-1 《主播说联播》

万+"。该栏目以主播为主体进行竖屏拍摄,围绕当天重要的新闻事件或网友讨论度较高的热点事件进行评论,时长1—3分钟不等,每晚22:00以后在微博、微信、抖音、快手等媒体平台发布。目前,从已发布的视频来看,其内容紧跟热点,将国内外大事、社会舆论关注度较高的话题进行整合,传播语态也一改传统媒体的严肃风格,符合当下受众碎片化的阅读习惯。可以说这是主流媒体在探索新传播形态和与新兴媒体融合发展的一次大胆尝试,同时也是新闻资讯类短视频中时政评论的一次勇敢创新。

(二)策划亮点

1. 定位

《主播说联播》定位于对时政新闻、资讯的评论,其目标受众多为关注时事政治的老百姓,节目样式以1—3分钟的主播评论为主。其定位策划的亮点可以归纳为以下三个方面。

第一,优质内容呼唤受众的价值认同。在信息爆炸的移动互联中,形形色色的短视频内容比比皆是,大量过度娱乐化、同质化的短视频泛滥成为一个显性的社会问题,而应为受众提供的健康向上的短视频内容却遭到忽视。鉴于此,《主播说联播》依托中央电视台《新闻联播》栏目的权威性,定位于优质新闻内容,将主流意识形态进行整合输出,引导正向社会舆论,提升大众对正确价值观的认同感。

第二,简短内容定位网络受众。与央视《新闻联播》栏目不同的是,短视频栏目《主播说联播》定位以简短的内容进行表达,篇幅更接近当下网络受众的碎片化阅读习惯,从而使受众以最便捷的方式接受新闻内容。

第三,聚焦热点,深耕垂直领域。短视频栏目《主播说联播》定位于电视新闻《新闻联播》中的时政热点,并通过主播评论来表达政府、媒体、大众的观点和意愿。因此,《主播说联播》更注重于对垂直领域的坚守,特别是对时政评论短视频的开发和探索,使其在新闻资讯类的短视频中更具行业性、专业性。

2. 选题

《主播说联播》的选题策划亮点可以归纳为以下三个方面。第一,《主播说联播》选取当下人们最关心的话题,通过对此前发布的视频进行梳理,不难发现,点评最多的是人们关注度高、讨论度高的热点事件,如"抓捕乱港分子""人民币上新与生态发展""国产航母山东舰""长征五号复飞成功""疫情防控""攻坚脱贫"等,这些短视频新闻内容都对热门话题作了回应。

第二,《主播说联播》的选题更贴合年轻人的视角。由于当下短视频用户以年轻人群为主,因此《主播说联播》的选题策划也偏向于对该群体的关切,如对"NBA莫雷'犯规'""高校应届生就业难"等话题的评述更为年轻受众所关注。

第三,《主播说联播》选取了更具互动性的主题。可以说,《主播说联播》一改传统新闻的单向传播模式,注重传受之间的互动性,将网友的评论编排进节目内容。其中,常见的"网友说""最近网友"等字样突出了由两位主播共同来"说"的"答疑解惑""探索揭秘"主题环节,他们解答了如"主播的稿子是啥样的""联播结束后两个主播在聊什么"等网友问题,"一行九个字,字体都比较大""咱下班别走啊,开个会"等主播回复更是满足了当下互联网受众的猎奇心理,同时言语间也拉近了新闻媒体与网民大众的距离。

3. 创意

《主播说联播》的创意策划体现在三个方面。第一,《主播说联播》一改传统新闻中的严肃语态,主持人以第一人称"我"为叙事者,采用了对话播报的方式,通过面部表情、肢体动作、播报语气等,实现了与观看者的隔屏对话,使观看者在对话中获得具有真切情感的观看体验。

第二,官言民语打破传统壁垒,《主播说联播》采用幽默有趣的活泼风格,将网络流行语进行了充分发挥,通过方言、谐音等将整个话语体系塑造得更加年轻化,如对"老铁们""霸道总裁""no zuo no die""我们太难了""V5"(图5-2)等网络流行语的使用,以及结合当天视频进行恰到好处的表达,让观看者在愉悦的氛围中能快速理解、接受信息,进而产生思想共振。

图 5-2 《主播说联播》

第三,《主播说联播》力求通过小文本展现大主题,即对新闻报道采取通俗化解读,让受众能在短时间内把握核心内容与观点。如在 2020 年 4 月 23 日播出的《习近平总书记陕西行传递哪些重要信息》中,主播刚强通过"一""一""四"三个数字,即"一个教训""一种精神""四'新'"来对总书记的重要思想进行总结,同时也在最后与西安著名旅游景点"大唐不夜城"的网红不倒翁联系起来,表达出对中华民族在历练中成长、在艰难中奋起的殷切希望。

4. 制作

《主播说联播》的制作策划亮点包括以下三点。第一,竖屏呈现亲近用户习惯。随着移动终端的广泛普及,竖屏作为移动设备的物理技术构造,改变了用户的观看习惯,即逐渐从横屏转向竖屏模式。因此,当下大多数短视频内容都以竖屏呈现,竖屏新闻也由此悄然兴起。在此态势下,《主播说联播》应运而生,竖屏的表达呈现很好地契合了用户的接受方式,让用户的阅读过程更具直接性、舒适性。

第二,音响效果产生情感共鸣。在《主播说联播》中,大部分内容都配有符合时政评论内容的背景音效,如 2019 年 9 月 6 日为袁隆平老人庆生时,播放的背景音乐是《生日歌》;2019 年 9 月 30 日李梓萌为祖国庆生时,播放的背景音乐是《我和我的祖国》的伴奏;2019 年 10 月 10 日,当欧阳夏丹在"什么能治疑难杂症"中提到"我太难了"时,播放的背景音则是网络上较为流行的音效"我太难了"等。如此贴切、生动、有趣的音效呈现,可以说在短视频中与当下流行文化产生了强烈共振,进而也拉近了与大众的距离。

第三,图文呈现增强画面感。在《主播说联播》中,相当一部分的短视频还设计有图文效果。譬如在 2019 年 9 月 10 日的节目《欢迎宝贝回家》中,主播刚强在介绍文物时,屏幕上也出现了相关的文物照片;有的节目则对文字进行变换特写,如在 2019 年 9 月 29 日的节目《致每一位奋斗者》中,字幕"牛"则成为主角,通过"牛人""不吹牛""气冲斗牛""默默耕耘如牛""俯首甘为孺子牛"等写照,描绘出当代中国每一位奋斗者的坚强形象。这些方式丰富了屏幕上的信息含量,使时政评论类短视频更具看点。

5. 宣传推广

从宣推策划来看,《主播说联播》的亮点主要体现在两个方面。一是"多平台+多屏幕"的同步呈现。《主播说联播》每晚在央视新闻的微博、微信、抖音等新媒体平台官方账号播出后,各大媒体之间相互推送,腾讯、爱奇艺、优酷等视频网站也不断转载,形成多媒体转发和多屏幕播放的景观,促使更多不同平台的观看者关注。

二是观点舆论的二次传播。《主播说联播》将关注度较高的内容上传到多个门户网站,并且通过媒体平台、网站等评论区中的受众留言继续发酵,延伸出如"令人喷饭""退出群聊"等话题金句,其趣味性、独特性等予以观看者更强的传播动力——经过转发、点赞、分享等吸引更多的人参与。

二、 财经新闻类短视频: 以《央视财经》《直男财经》为例

(一) 案例介绍

财经新闻类短视频主要指呈现财经信息、资讯和新闻的短片视频,其专

业性较强,具有相当的垂直传播力,但从整个分类环境来看,其优质内容相对短缺,并一直处于"少而寡"的状况。随着我国经济的不断发展,人们生活水平不断提升,财经越来越成为当下人们关注的焦点,诚然,在互联网和新媒体的语境下,财经新闻内容的短视频受众面并不窄,但关键还在于其内容和观看者需求的匹配度,同时也要求节目形式和制作水平上的提升,这样才有可能在碎片化的市场里抢占一片天地。下面选取新媒体平台上关注度较高的两档短视频节目《央视财经》《直男财经》(图5-3)为例,探索它们的亮点,同时为财经新闻短视频策划提供一定的思考。

图 5-3 《央视财经》(左)和《直男财经》(右)

作为中央电视台财经频道的官方栏目,《央视财经》的短视频发布平台包括抖音短视频、微博等,其主要的分享内容以财经频道播报出的新闻片段为主,包括财经资讯、政策信息、时事热点等,截至 2020 年 5 月,其抖音粉丝数接近 460 万人，微博粉丝更是接近 3 450 万人。作为消费日报社旗下的栏目，《直男财经》发布的平台主要以抖音短视频为主，各大视频网站如好看视频、哔哩哔哩等也有部分转发，其主要发布的内容以主持人"讲述＋评论"为主，其中包括国内外财经热点、经济现象、政策法规等方面的解读，截至2020年5月，其抖音粉丝数接近 470 万人。

（二）策划亮点

1. 定位

在定位策划上，财经新闻类短视频栏目《央视财经》和《直男财经》有相似的亮点：在内容方面，二者均定位于对财经类资讯的分享表达，常见的有类似"美国暴跌""油价新低""数字货币"等内容，具有较强的专业性；在用户定位上，二者也都定位于有财经新闻需求的受众，为该群体提供财经资讯的内容信息。

从细分上看，二者均有定位亮点。栏目《央视财经》定位于客观描述，即更注重对客观事实的阐述与介绍，其内容更多为对中央电视台财经频道中新闻内容的二次分享，以及部分的原创资讯发布等；栏目《直男财经》则定位于主观表达，即更注重于对现象的分析和解读，其内容更多为主持人对财经内容的见解和思考。因此，二者虽然都为财经新闻类短视频栏目，但在内容呈现上也有各自的特色，这也更符合了不同平台对不同新闻资讯表达的特点和诉求。

2. 选题

在相通性方面，首先，二者均设有相关的财经专题，如《央视财经》设有"全球资本市场观察"等专题，《直男财经》设有"石油系列"等，都是对当前经济发展现状的梳理表达；其次，二者均注重对当下财经热点题材的选择，如"2020美股熔断""石油油价暴跌""瑞幸咖啡熔断"等，均为财经受众密切关注的内容。

在差异性方面，二者最明显的区别在于，《央视财经》的选题注重综合性，而《直男财经》的选题更注重垂直性。《央视财经》的题材较为丰富，其部分题材除了与财经类直接关联外,由财经延伸出的主题还包含对社会现象、社会奇闻、社会时事的关注,如 2020 年新冠肺炎疫情期间推出的"依法战疫进行时""武汉实拍 vlog"等专题,体现出《央视财经》对泛财经题材的关注,以开阔的视野带来与经济发展相关的资讯内容。《直男财经》的选题则更专注于垂直领域,几乎所有的短视频题材都与经济、商业等有紧密的联系,如对全球经济的趋势分析、各行各业的商业分析、财经个案的影响分析等。

3. 创意

从共同的创意策划亮点来看,《央视财经》和《直男财经》都注重富于时效性、专业性、探索性的表达。第一是时效性,二者的新闻内容与当下的财经发展紧密结合,对新近的财经新闻做到了即时呈现。第二是专业性,从二者所在的平台来看,《央视财经》所属的中央电视台财经频道和《直男财经》所属的消费日报社都具有较为专业的行业背景和媒体素质,对于专业财经内容的建构具备一定权威性。因此,在短视频创意策划中,二者所呈现的内容都专注于财经领域,并注重对领域内容的解析、延伸和评论,都具有较强的专业性。第三是探索性,二者的内容呈现都具备较强的探索能力,不论是泛财经领域的播报还是对财经热点的评析,都是对财经热点、现象的延伸思考——从纵向来看加深了对财经行业的探索,从横向来看扩大了对财经领域的审视。

从各自的创意策划亮点来看,《央视财经》注重官方权威发布与实时更新,其播报形式较为正规、官方,且内容、观点等均带有较强的客观性。《央视财经》随着每天的财经新闻播报而不断更新,每日呈现约 13 条短视频,让观看者能实时收获最新的泛财经资讯。《直男财经》则注重包装制作与个性化表达,其表达方式与传统资讯播报不同,栏目的个性化呈现较为突出,不论是主持人的风格还是节目中的各种戏谑元素都具有强烈的辨识度。与《央视财经》不同,《直男财经》平均 2 天一更,更新内容一般是经过短视频专业团队制作的,表达方式与传统资讯播报不同,栏目的个性化呈现较为突出,不论是主持人的演说风格还是节目中的各种幽默元素,都具备强烈的辨识度。

4. 制作

在制作策划亮点上,二者都有较为标准的制作流程,《央视财经》以精选中央电视台财经频道的新闻内容为主,制作上符合新闻内容的制作要求;《直男财经》以媒体自制为主,在制作上体现出新媒体语境下的样态特征。

就《央视财经》而言,由于中央电视台财经频道的新闻内容以横屏拍摄为主,而大多数的短视频平台都是竖屏的呈现。因此,在制作上,《央视财经》将横屏内容与竖屏表达进行了结合,通过增加字幕等方式进行填充。当有部分公告资讯需即时发布时,则通过竖屏文字直接表达,并通过颜色变化突出重点内容,增强资讯的可视化。

就《直男财经》而言,其制作策划与《央视财经》有较为明显的区别。《直男财经》直接由竖屏拍摄,以"隔屏对话"的方式进行内容表达,并针对不同的内容配备相应的音效、文字、图片等,特别是口语化的表达和网络表情包的加入,如"家人们呐"等的使用,直接拉近了栏目平台与观看者的距离。

5. 宣传推广

在宣推策划上,两个栏目都保持着"多平台＋多屏幕"的同步模式,如《央视财经》的相关内容在微信公众号、微博、抖音等平台共同播出,《直男财经》的相关内容也在抖音、好看视频、哔哩哔哩等视频平台共同播出。同时,不同平台也开展了互动功能,如评论、点赞、转发、分享等,促进了栏目与用户的宣推交流。

不过二者在宣推策划上也有各自的偏向。《央视财经》更注重热点资讯的即时传播,在平台发布时常链接到相关的热点模块或相关话题,方便用户点击查看与该资讯相关的更广泛信息,同时也能让其他用户能通过模块和话题的链接来获取《央视财经》的内容信息,实现双向的流量互通。《直男财经》在呈现观点评论的同时,还开展了相关的商务合作,并注重商业化运作传播，以寻求与行业的合作共赢。

三、社会新闻类短视频：以《我们视频》为例

（一）案例介绍

社会新闻类短视频是指报道以涉及民众日常生活的社会问题、社会事件、社会风貌等为主要内容的短片视频。从整个新闻资讯类短视频来看，社会新闻类短视频占比较大，从最初以自媒体拍客为主的社会新闻类短视频生产，逐渐发展到主流媒体的加入，再到当下主流媒体和自媒体的融合发展，社会新闻类短视频已然发展到一个较大的规模，并在此基础上进一步扩张。而伴随5G技术的到来，社会新闻类短视频也将以更快、更准、更好的姿态呈现给受众。作为当下社会新闻类短视频内容的生力军，由《新京报》和腾讯新闻合作推出的新闻资讯类短视频栏目《我们视频》(图5-4)在满足用

图5-4 《我们视频》

户需求、进行技术革新的过程中稳步向前,以专业的新闻生产能力、开放融合的互联网思维、精细化的运营模式、矩阵式的产品结构等获得了较快的发展。

《我们视频》以"新闻视频看我们"为口号,重点突出新闻(品类)、视频(形式)、手机(平台)、专业(品控)、人性(价值观)五大关键词[1],强调"只做新闻,不做其他",获得了大量新闻受众的关注。经过三年多的发展,截至2020年5月,《我们视频》累计发布短视频3万多条,腾讯视频平台播放量将近62亿次,微博账号粉丝将近1200万人,日均阅读量为"100万+"。

(二)策划亮点

1. 定位

从定位策划上来看,《我们视频》有以下三方面的亮点:一是定位于新闻领域,专注于对社会突发事件的报道,同时对时政、人物、暗访、街采等新闻内容也有所涉及;二是定位于社会视角,将服务社会大众作为主要关注点,注重社会大众情绪,力求呈现快速、真实、丰富的资讯画面;三是富有责任意识,《我们视频》不仅快速、及时地为观看者传播信息,同时更加注重新闻报道的真实性和全面性。

2. 选题

在选题策划上,社会新闻类短视频栏目《我们视频》的亮点可以归纳为以下三点。第一,注重选题的时效性,指的是即时内容及时发布。《我们视频》注重对社会热点题材的发掘,特别偏向于对社会突发事件、正在发生的社会重大事件等进行报道,如2020年5月5日,栏目对虎门大桥波浪式抖动事件进行了及时报道,后续也对该事件进行了相关的追踪,使受众能第一时间关注大桥的安全和通行情况。

第二,注重选题的真实性,指的是内容的客观非虚构。作为《新京报》旗

---

[1] 彭远文:《彭远文:"关注新闻中的人并把人作为最高价值"|新京报转型路上的变与不变》,2018年5月9日,腾讯媒体研究院微信公众号,https://mp.weixin.qq.com/s/UMcWOOEjfTS_kOWGo6TdQ,最后浏览日期:2020年5月31日。

下的短视频栏目,《我们视频》注重对选题的真实性考察,特别是在当下短视频新闻内容鱼龙混杂、真假难辨的背景之下。对于无论是记者自采还是拍客爆料,《我们视频》都注重对题材的信息来源进行考究,防止虚假内容的传播。

第三,注重选题的关切性,指的是内容的用户贴近度。首先,紧贴用户心理满足点,选题符合用户关切的社会生活内容;其次,新闻选题在一定程度上关注人性,避免人们对选题内容产生歧义,进而引发负面社会影响。

3. 创意

《我们视频》的创意策划亮点有以下三个方面。第一,内容为王,双模式采集。《我们视频》以内容来吸引受众对社会新闻报道的关注,如注重社会新闻内容的真实性、有效性,注重新闻内容的跟踪连续报道等,从而弥补了互联网、新媒体的重要不足,即由于巨量信息而产生的模糊性与不确定性。《我们视频》利用自身平台系统进行 UGC(user generated content,用户生产内容)和 PGC(professional generated content,专业生产内容)的双模式采集,通过3 000 余人的拍客团队和专业生产团队来共同完成对社会新闻内容的生产,从而确保生产内容的差异化定位。

第二,融合报道,多类别延伸。由于传统媒体《新京报》善于做新闻的深度报道,《我们视频》正是在《新京报》的基础上创新结合了传统媒体的生产方式,将新媒体的技术优势与传统媒体的内容优势融合在一起。此外,《我们视频》还逐渐注重对类别的覆盖延伸,在社会突发事件的基础上开辟了"有料""局面""陈迪说""背面""拍者""面孔"等多个版块,除了社会热点资讯的传播,还拓展了泛社会资讯的内容,进而满足更多不同层次受众的需求。

第三,互动交流,多平台分发。《我们视频》注重与用户的互动交流,在平台设置评论、点赞等基础上推出了互动视频,即通过屏幕提示进行与视频内容的相关互动,从而增进用户的交流体验。在此基础上,《我们视频》为满足不同层次的用户需求,除了"有料"组是自采、自编、自分发,其他所有的栏目生产完成后都移交新媒体组进行全网与合作平台的分发,特别在腾讯新闻的精准化推送和新浪微博的差异化推送下,满足了不同用户对社会新闻信息的不同诉求。

4. 制作

在制作策划方面,《我们视频》的短视频制作流程由前期(记者、拍客)和后期(编辑和编导组成)组成,前期制作方面主要是由记者采访、拍客现场传回素材为主,实现了双渠道的信息采集。

《我们视频》在后期制作方面有以下三方面的亮点。第一是标题。好的标题很大程度上决定了一条社会新闻短视频的传播效果,因此,标题的呈现在制作策划中尤为重要。《我们视频》对标题的提炼注重如下三个方面:一是总结提炼新闻重点,即通过对新闻细节的概括提取,在标题上呈现出主要观点,让人们能第一时间把握新闻要点;二是热词"槽点"引发受众关注,即通过相关热词和"槽点"来提升新闻内容的可阅读性;三是数字量化提升新闻深度,即通过提取相关的数字内容增强新闻内容对观看者的吸引力。

第二是字幕。《我们视频》中的每一条短视频都加入了字幕内容,字幕位置、字体大小等与视频内容相关,字幕信息则与新闻内容相关,部分短视频还加入文字表情包,使短视频在整体上更具活力。

第三是剪辑。由于《我们视频》的新闻采集由记者和拍客等共同完成,因此采集到的视频内容往往存在差异,但《我们视频》尽量保持对采集视频的直接呈现,尤其对于监控视频、采访视频等基本上以零剪辑为主,在最大程度上还原新闻的真实性。

5. 宣传推广

在宣推策划方面,《我们视频》的宣推亮点主要表现在以下两个方面。一是大数据精准推送。通过大数据抓取、个性化推荐等技术,《我们视频》栏目生产的短视频在互联网传播中力求实现精准推送,特别在微信视频号、QQ头条等平台为不同用户提供个性化的社会新闻内容。

二是跨屏联动,布局全民用户。为了形成较大的影响力规模,《我们视频》注重各个渠道平台的跨屏联动,如《新京报》官方网站、腾讯视频网站等互联网站平台,以及微博、秒拍、微信视频号、微视、新京报客户端、腾讯新闻客户端等移动互联平台等,共同组成了联动新媒体矩阵,对短视频进行同时播出或内容转载,进而覆盖不同的受众群体。

四、文娱资讯类:以"浙江卫视""猫眼电影"抖音号为例

(一) 案例介绍

文娱资讯类短视频是指呈现与文化、艺术、娱乐相关的资讯内容短视频,与一般文化娱乐类短视频不同,文娱资讯类短视频更注重收集呈现文化、艺术、娱乐等方面的信息、资讯和新闻。下面以在抖音平台关注度较高的两个媒体账号"浙江卫视""猫眼电影"(图 5-5)为例,探索二者在文娱资

图 5-5 "浙江卫视"抖音号(左)和"猫眼电影"抖音号(右)

讯类短视频策划方面的亮点异同。

抖音号"浙江卫视"是浙江卫视的官方号,截至 2020 年 5 月,其抖音平台的粉丝关注数量达 1 500 万余人,短视频作品 5 000 余部,收获点赞数高达 4.6 亿次;作为北京猫眼文化传媒有限公司的企业抖音号,截至 2020 年 5 月,"猫眼电影"在抖音平台的粉丝关注数量接近 750 万人,短视频作品将近 5 000 部,收获点赞数达 2.3 亿次。

(二) 策划亮点

1. 定位

从定位策划亮点来看,虽然"浙江卫视""猫眼电影"在形式上都是文娱资讯类短视频,但在内容上,二者的策划定位有所差异。

"浙江卫视"首先定位于呈现浙江卫视的节目资讯,包括对电视剧、综艺、娱乐新闻等频道节目的内容宣推;其次,它还定位于浙江卫视频道的新媒体用户,为受众提供热门的文娱资讯。

而"猫眼电影"则定位于电影资讯,包括电影宣发、电影回顾、电影影星等内容的策划。同时,"猫眼电影"还定位于为喜欢电影的新媒体受众提供相关的影讯信息。

2. 选题

"浙江卫视"的短视频选题基本上以频道播出的节目内容为主,其亮点可以概括为"频道"和"热门"两个关键词。例如,综艺方面的专题包括《2020 奔跑吧》《2020 王牌对王牌》《天赐的声音》等,电视剧方面的专题包括《秋蝉》《我们在梦开始的地方》等,纪录片方面的专题包括《风味人间》等,当然还有相关的节目预告、签约影星资讯等,都与频道的热门内容紧密关联。

"猫眼电影"的短视频选题则以"新鲜的电影资讯""有趣的演员名场面""高清的电影剪辑""丰富的幕后冷知识"等为主,其亮点可概括为"影讯""幕后"两个关键词。例如,电影自身的选题,包括电影的精彩内容、创意剪辑等;电影资讯的选题,包括电影票房、新电影宣发等;电影幕后的选题，包括演员片场幕后曝光、演员采访等，都与电影及其延伸的范畴紧密相连。

3. 创意

从创意策划亮点来看，"浙江卫视"和"猫眼电影"既有共同的特点，也有各自的优势。从整体上看，不论是影视内容的重新制作，还是频道或媒体的独家采访，二者均有相关的原创自制内容，以此彰显内容主体的个性化和专业化。

从个体情况来看，"浙江卫视"的创意策划主要表现为"节目为主"和"紧扣热点"——短视频内容以频道节目为主，包括对当下频道热播的电视剧、综艺节目、纪录片等进行制作播出，同时还紧扣艺人热点，涉及艺人动态、艺人采访等内容策划。

"猫眼电影"的创意策划主要体现在"资讯为主""内容风趣"——短视频主打电影资讯，不仅有来自各电影平台渠道的宣发资讯，还有来自猫眼自采的电影资讯；在内容选取方面，短视频更加注重内容的趣味性，营造愉悦氛围，给观看者带来较为丰富、有趣的电影资讯内容。

4. 制作

"浙江卫视"和"猫眼电影"共同的制作策划亮点包括专业化、大众化两方面。首先是注重专业化制作，作为专业的影视媒体平台，二者在原创短视频资讯方面保持了一贯的专业性，其短视频生产符合专业的影视生产流程和标准；其次是注重大众化接受，坚持专业化制作的同时也关注观看者对视频的接收偏好，比如在短视频制作中，均以竖屏为主进行考量，当原素材为横屏视频时，也考虑通过加入标题、方框等元素进行竖屏的重新制作，既突出了视频主要内容，也使整体效果更加美观，尽可能给观看者提供完整的视觉体验。

在各自的特点上，"浙江卫视"短视频的制作策划更倾向于直接引用频道节目，较大程度上保留频道节目的原声和原字幕，给观看者原汁原味的内容分享；"猫眼电影"则倾向于整合创新素材，通过有趣的字幕、搞笑的表情包、轻快的音乐等与视频影像联动,给受众带来轻松愉悦的观看体验。

第三节　知识传播类

知识传播类网络短视频是指传播以自然科学、人文科学、社会科学等科学知识为主要内容的网络短视频。伴随网络短视频的不断发展,其内容制作逐渐从 UGC 模式扩展到 MCN 模式(multi-channel network,即从个体生产模式到规模化、科学化、系列化的团队生产模式),知识传播类网络短视频也由此更为丰富、专业,其知识范畴、功能等也越发多元。

与其他类别的网络短视频不同,知识传播类网络短视频主打生产知识和传播知识。知识传播类网络短视频的策划要点主要有以下三个方面:一是"有料",即知识传播类网络短视频需要具备丰富的知识内容和观点,从而为人们带来对知识的详尽解读及分享;二是有用,即知识传播类网络短视频的知识内容要具有一定的科普作用,并能激发人们对知识内涵和意蕴的深度认识与思考,从而让人们学有所获、学有所用;三是有趣,与传统说教式的知识传播不同,知识传播类网络短视频策划更要注重趣味性表达,力求通过寓教于乐的方式被更多观看者接纳。

近年来,作为适合在各种新媒体平台上播放并便于在移动状态和短时休闲状态下观看的知识内容影像——知识传播类网络短视频越来越受大众青睐,人们习惯并愿意通过这种碎片化的方式接受知识。可以说,"短"(简洁、篇幅小)、"平"(平实、实在)、"快"(直接、快捷)的特征使知识传播类短视频领域产生了一种新的文化景观。对于整个社会而言,丰富的知识内容不仅拓展了大众的知识视野、丰富了大众的知识涵养,同时也提升了整个社会的知识水平。在众多知识传播类网络短视频中,大致可分为科普知识、社会知识、人文知识、综合知识四个小类别。

一、科普知识类短视频：以《关于新冠肺炎的一切》为例
（一）案例介绍

科普知识类短视频，顾名思义，是指给大众普及自然科学知识的短片视频。在知识传播类网络短视频中，科普知识类短视频以其专业性、探索性备受观看者喜爱，特别是有趣的问题和严谨的阐述容易给人们带来丰富的崭新发现，大大满足人们的好奇心。本节选取2020年2月2日在全球受新型冠状病毒影响背景下创作的短视频《关于新冠肺炎的一切》作为研究对象，探索它在科普知识类短视频中的策划亮点，为同类别的短视频策划提供参考与借鉴。

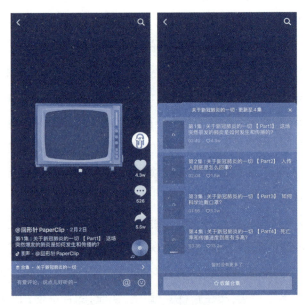

图 5-6 《关于新冠肺炎的一切》

《关于新冠肺炎的一切》是由自媒体"回形针 PaperClip"制作的短视频，共分为4集：第1集的标题为《感染》，主要内容讲述的是"这场突然暴发的肺炎是如何发生和传播的"；第2集的标题为《传播》，主要内容为"人传人到底是怎么回事"；第3集的标题为《口罩》，主要内容是"如何科学地戴口罩"；

第 4 集的标题是《勇气》,主要内容为"死亡率和传播速度到底有多高"。通过 4 集短视频的连续呈现,为人们科普了新冠肺炎的出现缘由、特征及预防方法,增强观看者对新冠肺炎的进一步理解。据制作人吴松磊介绍,此系列视频全网播放量超过 1 亿,微博播放量 8 000 万,微信阅读量 3 000 万,在看 46 万;视频发布后,回形针微信公众号涨粉 120 万,微博涨粉 160 万,B 站涨粉 40 万[①]。同时,该短视频还被《人民日报》、央视新闻等的新媒体转发,在当时引起了广泛的社会关注。

(二) 策划亮点

1. 定位

短视频《关于新冠肺炎的一切》备受关注,离不开其明确的定位。一是目标定位。该短视频定位于专业科普,区别于一般的知识传播,科普知识类短视频需要大量的专业知识作为支撑,以保证其知识的可靠性。在短视频《关于新冠肺炎的一切》中,不论是每一集中运用的新闻内容、论文资料、网页信息等,还是每一集呈现的演示解说、动画内容等都具备较强的逻辑性和严谨性。特别是在对"病毒感染原理""人与人之间传播渠道""如何正确戴口罩和预防"等内容的描述中,从专业角度为大众普及了新冠肺炎的产生、传播、预防等全过程,使更多的观看者对新冠肺炎有了更深入的了解。

二是受众定位。短视频《关于新冠肺炎的一切》定位于社会大众,即最大限度地让更多观看者对新冠肺炎增加了解,进而引起社会重视并倡导大众科学"抗疫"。由此,在内容上,该短视频通过有趣的动画和通俗的解读等对科普内容进行呈现,拉近了深奥科学与社会大众的距离;在形式上,通过前三集科普内容的铺垫,最后一集《勇气》更是进行了社会动员,从而增强了社会大众的"抗疫"信心,对社会防疫也产生了积极的影响。

---

① 《一个科普视频涨粉 320 万!回形针是怎么做到的?》,2020 年 2 月 3 日,网易新闻,https://news.163.com/20/0203/22/F4GA75H500019HUL.html,最后浏览日期:2020 年 5 月 31 日。

2. 选题

内容的好坏与选题是否精准有很大的关系,总结而言,短视频《关于新冠肺炎的一切》选题亮点有以下两个方面。

第一,选题方向基于对热点新闻和突发事件的探讨。自 2020 年新冠肺炎疫情暴发以来,该疾病的易传染性给社会带来了严重的影响。由于社会大众对新冠肺炎的认识不足,大多数人群都停留在对新冠肺炎的表面认识上,进而陷于对疫情的深深担忧和恐惧之中。因此,短视频《关于新冠肺炎的一切》针对性地选择以当时的热点新闻和突发事件为题,对新冠肺炎进行了全方位、多角度的科普阐述,使更多大众对这个疾病产生认识,了解更多有关新冠病毒的病理特征和防控措施,以减少公众对新冠肺炎疫情的恐慌。

第二,选题内容具备一定的可探索性。作为一个迅速扩散且对生命威胁极大的疾病,新冠肺炎疫情迅速蔓延,对社会造成了极大的影响。而新冠肺炎又与普通肺炎不同,它的病理更为复杂。由此,短视频《关于新冠肺炎的一切》对新冠肺炎进行了探索研究,提出问题并借助各种权威资料等作出了较为科学、完整且深入的解答,从而使该短视频具有了科学探索的意义。

3. 创意

《关于新冠肺炎的一切》在创意策划上有以下三个亮点。第一是深入性。它对"新冠肺炎"进行了问题拆分,分别从"感染""传播""口罩""勇气"四个方面探讨了关于新冠肺炎的发生、传播、预防等内容,并加入引证法、对比法等对各方面涉及的小问题进行了一一解答。比如在探讨新冠病毒的传播原理时,视频引用了多篇权威研究论文,通过参考借鉴其中的数据信息对病毒传播途径等进行了详尽分析,使观看者对病毒传播产生了较为深入的认知。

第二是丰富性。《关于新冠肺炎的一切》虽然定位于广泛的社会大众,但其信息量并没有因此而降低,反而是在兼顾社会大众接受程度的同时,通过信息密度较高的知识内容来对问题进行阐述,从而让人们在原有的知识基础上得以更广泛地理解和认识这一疾病。比如短视频在科普如何科学戴口罩时,通过坐标图等列举了不同种类型的口罩的预防效果,同时也对飞沫核的尺寸进行了探索,进而提出了阻止病毒传播的方法建议。

第三是概括性。虽然视频引用和借鉴了大量的权威论文和观点,但在呈现这些论文和观点时,创作者注重专业性知识向大众化的转换,易懂的表述和可视的呈现都体现出该短视频的概括能力。无论是具有一定深度、难度的科学概念,还是较为复杂的步骤流程,该视频在创作时都注重总结出既精准又简洁的主题和话语,从而更易于使观看者接受、理解。

4. 制作

在制作策划方面,《关于新冠肺炎的一切》有以下两方面的亮点。一是数字技术还原真实景观。该短视频结合数字技术,尝试通过动态数据图、动画以及三维建模等数字手段对科学内容等进行了最大化还原。比如第2集《传播》,短视频在阐述病毒传播机制时,通过数据信息动态图、"咳嗽"和"打喷嚏"的飞沫动画、三维细胞图等,为观看者形象地还原了新冠病毒的传播过程。

二是语言表达平实到位。与传统电视节目中专业播音的字正腔圆不同,短视频的表述语速较为明快,平实的语言和对话式的表达给观看者带来冷静和充满智慧的感受,使观看者了解新冠肺炎的同时,也拉近了该短视频与观者的距离。

二、社会知识类短视频:以抖音号"珍大户"为例

(一)案例介绍

社会知识类短视频是指以传播社会生活领域知识为主的网络短视频。在知识传播类网络短视频中,社会知识类短视频包括对政治、经济、社会等方面现象的探索研究,其知识内容覆盖社会生活的方方面面,满足了人们的日常需求。伴随社会知识类短视频的不断涌现,各种类型的社会知识内容也层出不穷,这里以抖音号"珍大户"为例,探索它作为经济知识领域短视频

的策划亮点。

2018年7月17日,抖音号"珍大户"开始通过抖音短视频平台讲解经济学知识,在开始讲解经济学的第10天便收获100万粉丝关注,截至2020年5月,其抖音短视频平台的"粉丝"量达到400余万,在"2019DOU知创作者大会"中,"珍大户"更是荣获"抖音最实用金融理论推广人"称号。与财经新闻类短视频不同,"珍大户"更注重对经济学知识的讲解——由一名有着近10年金融行业经历的从业者,利用业余时间通过短视频给人们普及经济学常识,让大众在充满趣味的氛围中了解财富知识,避免不必要的经济风险和损失。

图5-7 抖音号"珍大户"

(二)策划亮点

1. 定位

一方面,"珍大户"定位于对经济知识的普及,如推出了《理财常识课》等多集节目,为大众讲解理财产品,包括货币基金、储蓄国债等;另一方面,其定位于对泛经济类问题的答疑,如推出了针对"要不要囤粮""明星就能做好直播吗"等泛经济领域的相关问题的解答,为观看者关心的泛经济类话题予以回应。不论是经济领域中的相关知识,还是泛经济领域中的相关问题,"珍大户"都紧随大众视线,进行了科普和解析,为人们提供了专业、靠谱、到位的经济学知识内容。

2. 选题

在选题策划方面,"珍大户"的亮点主要有以下两点。一是现象解读。它紧紧围绕国内外经济热点,选取当下热门的经济现象进行解读和知识普及。例如,2020年年初,"珍大户"推出的《美股大跌的原因》《美原油价格为什么出现负值》等短视频直击时下国外的经济热点,对西方的经济热点话题进行了解读,从而让大众能在短时间内对经济热点现象有较为深入的了解,满足了大众人群对经济知识的不同需求。

二是热词解析。"珍大户"紧密关注社会动态,选取了对大众而言较为陌生的专业热词进行分析、普及,比如选取"区块链""逆回购""货币的流通速度"等话题,并进行专业、详尽的描述,为大众带来有效的经济信息,助力新经济活动的有序进行。

3. 创意

"珍大户"的创意策划亮点有以下三个方面。第一,语言亲切幽默。它摒除了说教式的知识分享,而是通过对话的方式、亲切的语言、幽默的词汇等来进行知识传播。同时,在具有一定专业难度的解析中加入了与百姓生活息息相关的元素,如通过"团体操表演"来与"区块链"进行契合讲解,从而让观看者能在熟悉、亲切和幽默的氛围中学习社会中的经济知识。

第二,内容阐述完整。"珍大户"分享的经济学相关知识内容的叙述结构较为完整,从提出问题到分析问题再到解决问题,思路清晰,对部分话题还会作相关的延伸思考。

第三,案例挖掘较广。"珍大户"通过案例来对经济知识进行挖掘与讲解,带领观看者从不同角度思考问题和学习专业知识。值得关注的是,"珍大户荐片"合集更是借助电影、电视、纪录片等影视作品来探索相关的经济知识,增加了内容的趣味性和贴近性。

4. **宣传推广**

在宣推策划方面,"珍大户"的亮点在于多平台分发和不同平台的互动讨论。一是"珍大户"的短视频在抖音短视频播出后,其认证微博进行了同步发布,其他视频媒体、网站等也有部分播出,满足了不同平台的受众需求。

二是"珍大户"通过不同媒体、网站平台开展知识分享和互动讨论,如在抖音短视频和微博等平台推送短视频后,不同平台的观看者可以通过留言、点赞、转发等进行互动;还在问答网站知乎平台上通过问答方式与其他用户进行了沟通互动,从而促进了知识的交流传播和品牌的塑造推广。

三、人文知识类短视频:以抖音号"Ethan 清醒思考""戴建业"为例

(一)案例介绍

人文知识类短视频是指以呈现人文科学知识为主的短片视频。在知识传播类网络短视频中,人文知识类短视频主要涵盖对哲学、文学、心理学、历史学、法学、艺术学、美学等学科内容的知识呈现。其中,短视频的策划以两种突出形式为主,分别是自制分享和名师讲堂。自制分享一般由个人或团队对知识进行短视频包装,通过讲解、字幕、图片结合的方式分集呈现;名师讲堂则由人文知识领域的名人名师对相关主题知识进行讲解,常常切分自网络公开课。下面以上述两种短视频形式中关注度较高的抖音号"Ethan 清醒思考"和"戴建业"(图 5-8)为例。

抖音号"Ethan 清醒思考"主打心理学、哲学等人文科学领域的知识传播。自上线以来,其短视频内容频频受到关注,2019 年 5 月 31 日,该栏目在抖音短视频平台中发布的《教你如何通过心理学15秒看穿一个人》收获了 200 余万的点赞量。截至 2020 年 5 月,"Ethan 清醒思考"在抖音短视频平台的粉丝量高达 1 000 余万,收获点赞数更高达 7 000 余万,其有趣且贴近观看

图 5-8　抖音号"Ethan 清醒思考"(左)和"戴建业"(右)

者的优质知识内容值得策划者探索。

在 2018 年年底,一条《盛唐——浪漫的要死,狂的要命》的短视频让网友们看到了华中师范大学文学院的戴建业教授,而在后继的短视频《李白·杜甫·高适三个人的旅行》中,一句"找仙人、采仙草、炼仙丹"更是备受网友们青睐,甚是广为流传。此后,戴建业教授开设了抖音个人账号,进行讲座课程的知识分享,内容以人文知识为主。截至 2020 年 5 月,该抖音号在抖音短视频平台的粉丝量将近 500 万人,收获点赞数近 1 700 万,可见该抖音号以丰富、有趣的知识内容,在碎片化时间的延续中获得了大量观看者的喜爱。

(二) 策划亮点

1. 定位

抖音号"Ethan 清醒思考"和"戴建业"均定位为讲述人文科学领域知识,只是"Ethan 清醒思考"通过内容自制的方式进行阐述,而"戴建业"则通过名师讲堂的片段内容进行呈现。

"Ethan清醒思考"的受众定位较为广阔,旨在通过短视频的知识分享,促使更多的观看者能清醒思考,提升大众的认知层次;"戴建业"的定位则更偏向于有一定学科基础的观看者,注重开发喜欢或对文学、历史学和教育学等感兴趣的受众,从而吸引更多观看者关注相关人文知识并产生热爱。

2. 选题

在选题策划方面,抖音号"Ethan清醒思考"和"戴建业"均以人文科学领域的知识为主,但二者在细分上有所区别。

"Ethan清醒思考"选取心理学、哲学等为主要知识内容,主打对概念的阐述思考,如在"心理学合集"中,通过对心理学概念的提出,为观看者讲述"破窗效应""期待效应""幸存者偏差"等心理学知识,从而使观看者了解更多的心理学知识,丰富自身对日常生活的心理学认知。

而"戴建业"则以文学、历史学、教育学为主,主打对内容的解读分享,比如在"唐风宋韵"合集中,通过对唐宋时期诗人经历和作品的描述,给观看者带来了丰富且有趣的诗词解读,也拉近了观看者与唐宋诗词的距离。

3. 创意

在创意策划方面,"Ethan清醒思考"主要表现为"理论联系实际",即通过提出概念并联系大众生活的方方面面,从而使概念不再陌生,观看者也能更容易地理解专业概念的内涵,以此能更好地解决生活难题。比如在阐述"投射效应"时,该短视频对大众的职场生活进行了分析,即人们平常被同事针对的错觉很有可能是因为对方与自己的做事方式、理念不合而产生的心理投射。因此,该短视频建议观看者在职场中学会换角度思考,这样或许会发现其实大家的关系都很好。故此,短视频通过提出概念,联系人们日常生活的经历,让观看者更能接近其意义内涵,从而为人们的生活提供一定的指导。

抖音号"戴建业"的创意策划亮点则表现为"趣味学习知识",即通过对知识内容的通俗化解读,给观看者营造有趣的学习氛围,提升了观看者对知识内容的学习和理解。比如在对诗词《将进酒·君不见》的解读中,戴建业教授将"人生得意须尽欢,莫使金樽空对月"表述为"今天爷们儿高兴,一定要喝个够,所有人的杯子都不能空着",而三杯酒下肚后,就开始亢奋——"天生我材必有用,千金散尽还复来",释义为"我有的是天才,我有的是钱,在座的各位你们只管喝酒好了"。通俗化的解读使古诗词不再难以理解,同时也给观看者在学习诗词时带来了一定的趣味,拉近了其与古典诗词的距离。

4. 制作

"Ethan 清醒思考"的制作基本上是利用简单的三维建模、动画等数字技术,并根据实际场景进行设计呈现,为观看者提供了沉浸式的视觉体验,同时,视频内容配以相关的音乐和字幕,便于观看者理解。

抖音号"戴建业"的制作则基本以常规的视频剪辑为主,并尽可能保持每一节短视频内容的完整性,同时,配合相关的图片、字幕、表情包以便于观看者理解,增加了短视频的趣味性。

四、综合知识类短视频:以《飞碟说》为例

(一) 案例介绍

综合知识类短视频,顾名思义,即指呈现泛知识内容的网络短视频。从综合知识短视频的范畴来看,其不仅包括自然科学、社会人文等知识的传播,还有对生活常识等内容的分享,涉猎范围较广,知识内容也较为丰富,是网络短视频中值得关注的一个类别。

在综合知识类短视频中,短视频节目《飞碟说》(图 5-9)备受关注,它由原创视频媒体飞碟视界传媒科技(上海)有限公司出品,是一档选取社会热点话题,并通过有趣的方式对热点知识进行分享解说的短视频节目。自2012 年 12 月 10 日上线第一期视频以来,其关注点击率不断增加,截至2020 年 5 月,全网粉丝累计接近 3 000 万。经过不断的改版升级,《飞碟说》旗下的《飞碟一分钟》《飞碟头条》《飞碟冷知识》《飞碟小视频》(《飞碟 30 秒》)等短视频栏目也收获了不少观看者的关注。

图 5-9 《飞碟说》

（二）策划亮点

1. 定位

从目标定位策划来看，短视频节目《飞碟说》定位于对综合知识普及的趣味呈现，无论是主栏目《飞碟说》，还是旗下的《飞碟一分钟》《飞碟头条》、《飞碟冷知识》、《飞碟小视频》(《飞碟 30 秒》)等，都立足于对各类信息的发掘，并通过趣味的动画方式，以"有用、有趣、有爱、有远见"的定位宗旨进行科普解说[①]。

从用户定位策划来看，短视频节目《飞碟说》定位于互联网的活跃受众群体，基本上以 18—35 岁的网络观看者为主。他们具有一定的文化水平，能较为快速地接受新知识，但由于面对社会、家庭等多方面的压力，他们更

---

① vicky：《从"爆发期"到"淘汰期"，如何抓住短视频内容营销的风口？》，2019 年 9 月 11 日，广告门，https://www.adquan.com/post-2-287322.html，最后浏览日期：2020 年 5 月 31 日。

需要在紧凑的生活节奏中轻松、愉快、精简地获取知识。特别是《飞碟说》短视频涉及的各种网络现象或网络热词等，也是针对此类受众而专门制作——低门槛、有网感、有价值观的知识内容，尽可能满足大部分网络观看者的主要需求。

2. 选题

在选题策划方面，《飞碟说》有以下两方面的亮点。第一，选题紧扣当下热点。在整体上看，《飞碟说》的选题方向基本以热点为主，为观看者传达具有即时性的相关科普知识。无论是政治法规上的知识普及，还是社会现象的知识探讨，又或是专业概念的知识解读等，都紧密地与当下热点结合。如其在2020年5月25日推出的短视频《"全力宣言书"——民法典，来了!》，正是结合了第十三届全国人民代表大会第三次会议审议表决通过了《中华人民共和国民法典（草案）》的热点，为观看者介绍了民法典的相关内容。

第二，选题承载专业知识。除了紧扣时事热点，《飞碟说》的选题还承载着一定的专业知识。该节目通过搜索、引用资料，将丰富的科学和专业内容融入时事热点，为观看者提供了具备一定知识含量的短视频内容，拓展了大众的认识视野。比如2020年网络上流传的央行数字货币DCEP在农行账户内测的照片，《飞碟说》针对这一信息相应地推出了短视频《央行数字货币DCEP是个啥？3分钟看懂》，从定义、形态、性质等方面为大众科普了央行数字货币的相关知识，体现出一定的科学研究精神。

3. 创意

在创意策划方面，《飞碟说》的亮点主要有以下两方面。一是视频形式个性、生动。《飞碟说》紧抓观看者心理，通过夸张、快节奏的动画表达，给观看者带来了与严肃知识学习迥异的视觉审美张力。这种兼具个性和趣味的表现形式彰显了该节目的独特风格——通过快速的场景变换和夸张的人物动作呈现与知识科普契合的内容。

二是视频内容精练、有趣。《飞碟说》结合网络观看者的碎片化接受方式，将冗长复杂的知识内容、数据信息等进行梳理整合，给观看者带来了精练且有趣的动画内容。比如其在旗下栏目《飞碟一分钟》的短视频《一分钟告诉你日行一万步真的健康吗?》中,通过有趣的动画内容和简洁的语言文字,对当下人们盲目追求步数的行为进行了分析,并从医学健康的角度阐述了"如何科学走路"的知识内容。

4. 制作

在制作策划方面,《飞碟说》具备较强的网感,而这种对互联网发展趋势的敏锐嗅觉使其制作策划的亮点主要表现在以下三个方面。

第一是动画制作。《飞碟说》的动画以扁平化设计为主,其特点简单、精致,以形写神,画面简单干净,能迅速突出主题。在短视频《中国 90 后压力报告》中,通过简单形状拼接出的相关人物造型反映了"90 后"的形象特征,婚恋、工作、居住、养娃等动画元素的介入烘托出当下"90 后"的现实生存环境,而动画人物的夸张表情、动作等更是对当下他们承受的竞争压力的真实写照,鲜明地彰显出主题。

第二是配音制作。《飞碟说》的配音呈现出朴实、亲切的特点,偶尔也带有调侃的语气。首先,通过平静的语气解答问题和阐述知识较为符合当下互联网受众的接受习惯;其次,加入辨识度较高的中年"猪叔"、撒娇"猫女神"等声响,体现出动画角色的人性化,表现出较强的亲切感;最后,调侃的语气也展示了该知识短视频的趣味性。

第三是音乐制作。《飞碟说》不仅有原创音乐的听觉呈现,还有对经典音乐的改编制作——在原曲调的基础上加入改编的歌词,唱出了与主题契合的情感。比如在上述短视频《中国 90 后压力报告》的结尾部分中,结合热词对网络歌曲《沙漠骆驼》进行了改编,唱出了中国"90 后"的各种心声。

第四节　文化娱乐类

文化娱乐类网络短视频,是指呈现与文化、艺术、娱乐等相关内容的网络短视频,目的是更好地满足观看者休闲、放松、娱乐的需求。由于视频艺术本身具备的审美性质以及网络用户自身的娱乐需求,当下大多数的网络短视频仍以艺术表达、娱乐消遣为主,比如通过对音乐、舞蹈等艺术内容的模仿呈现来进行艺术表达,通过人工智能、人脸识别等进行娱乐游戏,通过搞笑段子等进行剧情创作,等等。文化娱乐类网络短视频可以为网络观看者带来强烈的视觉快感和审美享受,满足观看者休闲放松的核心需求。

文化娱乐类网络短视频的策划要点主要有以下三个方面。第一是要注重趣味性,文化娱乐离不开对趣味的呈现与表达,这不仅要求内容本身要有趣味性,同时表达呈现也要风趣,从而给观看者带来愉悦的观看体验;第二是要注重审美性,文化娱乐类网络短视频策划离不开审美表达,即按照美的规律进行艺术呈现,同时也要求视频内容尽可能达到一定的审美效果;第三是注重伦理性,文化娱乐不能缺失对正向伦理道德的维系,在内容呈现上仍要重视对伦理道德的把握,从而保证正向的价值观念传播。

本节根据不同文化娱乐类网络短视频的特征,将其分为艺术类短视频、游戏类短视频和段子类短视频三个小类别。

一、 艺术类短视频: 以《第一届文物戏精大赛》为例

(一) 案例介绍

艺术类短视频,顾名思义,指的是通过有艺术性的内容进行艺术表达的网络短视频。在文化娱乐类网络短视频中,艺术类短视频种类繁多,不仅有结合书法、舞蹈、美术、音乐等传统艺术形式的艺术呈现,还有通过影视剪辑、特效等新兴艺术手法进行的艺术表达,其表现形式大多以原创、二度创作等为主。

在众多艺术类短视频中,由抖音短视频和七大博物馆联合推出的 H5 短视频《第一届文物戏精大赛》(图 5-10)尤其值得关注。该作品不仅在音乐、舞蹈等的编排上呈现出强烈的艺术特征,在剪辑上也更注重故事的完整性,通过文物来进行艺术表达,而网红人设的加持使具备网感气质的各种文物更是得到了网络受众的青睐。自 2018 年 5 月 18 日推出以来,这条时长仅 1

图 5-10 《第一届文物戏精大赛》

分 42 秒的短视频一度刷屏朋友圈,并引发了大量网友的点赞及热烈讨论,其延伸的话题更是在各大新媒体平台收获了海量观看者的关注。

（二）策划亮点

1. 定位

在目标定位方面,该短视频旨在介绍博物馆中的"文物""国宝",特别是对各博物馆中的"镇馆之宝"进行展示,并通过互联新媒体等传播媒介,让更多观看者能够认识了解这些文化瑰宝。

在表达定位方面,该短视频结合移动互联网技术,通过 H5 进行短视频的呈现与播放,而点击功能的融入更加强了网络受众与短视频的互动效果。

在受众定位方面,整体上而言,该短视频定位于移动互联网的广大受众;从细节上看,该短视频更重视对社交媒体用户的定位——通过与 H5 的技术结合以及在微信平台上的首度发布,其新奇性和趣味性激发了用户点赞和转发的热情,促进了相关热点话题的产生,同时也引发了广泛的社会关注。

2. 选题

艺术类短视频《第一届文物戏精大赛》的选题策划亮点有以下三个方面。一是选题注重时效性。《第一届文物戏精大赛》的推出,一方面,选题借势于时间热点,结合第 42 个世界博物馆日进行话题的选取与提出;另一方面,选题紧扣文化热点,随着《国家宝藏》《如果国宝会说话》等文博探索节目的兴起,底蕴深厚的博物馆文化迎来了发展契机——通过影像的呈现,博物馆中的"文物""国宝"逐渐褪去了神秘的外衣,其有趣、"有料"的姿态越来越受到青睐。

二是选题注重连续性。《第一届文物戏精大赛》在选题上突出了当下网络综艺节目惯用的"第 N 届""大赛"等字眼,给观看者留下了遐想空间和悬念,特别是在视频最后有关"下位戏精我来请""下一部戏我来导"的字幕呈现,向观看者预示该短视频还将会有第二届、第三届的策划。连续性不仅吸引了观看者的持久关注,同时也激发了他们的参与热情,从而使这个选题更具生命力。

三是选题注重趣味性。《第一届文物戏精大赛》在选题上有强烈的网感,"戏精"一词将古代文物进行了拟人化并加入了诙谐幽默的意趣,这不禁引发了观看者的好奇——"文物也成戏精了?""竟然还有戏精的比赛?"可见选题用词的妙趣横生也使选题更为引人注目。

3. 创意

该短视频的创意策划亮点具体表现为以下三点。一是静物拟人化。《第一届文物戏精大赛》通过现代摄影技术和数字技术,将中国国家博物馆、湖南省博物馆、南京博物院、山西博物院、陕西历史博物馆、广东省博物馆、浙江省博物馆七家国内知名博物馆中的唐三彩胡人、兵马俑、人面纹方鼎、说唱俑、玉三叉形器、元代龙泉窑青瓷舟形砚滴等文物进行了动画的设计表达,使原本端庄、严肃的静态文物瞬间充满生命力。如唐三彩侍女跳起了"拍灰舞",人面纹方鼎玩起了"98K 电眼"("98K"为游戏《绝地求生》中的狙击枪,很多网友将其清脆的枪声制作成卡点的音效),而"说唱俑"则开始了击鼓歌唱的即兴表演等。如此生动有趣的设计表达不仅赋予了文物更具个性的人物色彩,也更贴近网络受众的审美观念,拉近了静态文物与观者之间的距离。

二是叙事故事化。从"戏精"这一选题出发,该短视频通过"大会"的表现形式,将各种珍稀文物串联起了起来,为观看者带来了一场妙趣横生的故事会:故事内容丰富,各大文物"戏精"使出浑身解数,进行艺术表演的大比拼;剧情具有连续性,无论是由"潮州窑白釉观音立像"小姐姐开启的职场八卦,还是接收来自"98K电眼"10 000伏暴击的中国国家博物馆的陶俑,又或是在汉代天团"说唱俑"开启即兴表演后,超级报幕员"背诵木雕罗汉"的悬疑收场等。剧情之间毫无违和感,紧凑的节奏更是为观看者带来了连续不断的审美快感。

三是艺术融合化。博物馆中的文物蕴含着丰富的文化内涵,而短视频作为当下传媒艺术的一种新兴艺术形态,其本身也具有释放文化艺术的作用和功能。文物与短视频的联动正是传统艺术与新兴艺术相契合的一次尝试,这种美妙的化学反应使观看者可以在新兴的传媒艺术中观照传统雕塑艺术,同时在传统雕塑艺术的文化浸染中也感受来自新兴传媒艺术的审美愉悦。可以说,两种艺术的融合取得了相得益彰的传播和审美效果,为传统艺术或新兴艺术的传播、创作等都提供了一定的参考经验。

4. 制作

在制作策划方面,短视频《第一届文物戏精大赛》的亮点主要有以下两点。第一是动画设计精巧。该短视频注重对不同文物的特征进行挖掘,并赋予它们精湛的骨节动画表现,从而让文物"活"了起来:三星堆青铜面具的威严形象为大会揭开了序幕;婀娜多姿的唐陶俑表演出后宫嫔妃的真实写照;"说唱俑"则手挥乐器玩儿起了说唱;平日庄重严肃的兵马俑们也手舞足蹈地展现出了"中国 icon"的风采。

第二是音乐表达到位。首先,在配音上,该短视频不仅运用了"捧红"

"是时候表演真正的技术了""比心比心""受到了……暴击""么么哒"等网络热词,同时也为文物们量身打造了"我们不红,始皇不容"等热词,以此贴近网络受众的语言接受习惯。其次,在配乐上,该短视频利用当下短视频的热门 BGM(back ground music,即背景音乐)与动画相结合,呈现出炫酷有趣的视听效果,在动感中抓住了观看者的注意力。

5. 宣传推广

短视频《第一届文物戏精大赛》的宣推策划亮点具体表现为以下两个方面。第一,借助优质渠道,加强媒体联动。在 2018 年 5 月 18 日,《第一届文物戏精大赛》通过微信、抖音短视频、新浪微博等新媒体平台同步发布,其故事化的呈现和趣味性的表达很快获得了较高关注,使该短视频向外层层传播。同时,不少平台的官方媒体账号在视频发布后的第一时间进行了转发分享,引发了社会各界的关注与评论。在优质媒体渠道的加持下,促使该短视频在不同媒体之间形成了联动效应,从而覆盖更多的网络观看者,达到了一定的宣推效果。

第二,借助热门话题,引导观看者参与。在短视频《第一届文物戏精大赛》的结尾给观看者留下了"下一部戏我来导"的互动按钮,这是在抖音短视频平台上线的"♯嗯～奇妙博物馆♯"热门话题挑战,意在吸引人们走进各大博物馆与"戏精"文物们共同进行短视频创作,并邀人们一边哼唱"嗯～"一边配合打响指,拍出与博物馆文物的抖音故事。这些互动在激发观看者创作热情的同时,也大大增加了该短视频的影响力。

二、游戏类短视频:以抖音号"哎呀酋长"为例

(一)案例介绍

游戏类短视频是指以分享游戏过程、玩法、资讯、故事等内容的短片视频。在文化娱乐类网络短视频中,游戏类短视频占据了一定的市场份额,丰富的内容更是备受观看者的喜爱。这类短视频不仅涉及游戏的评测试玩、玩家的心得交流、资讯的信息共享,还有基于游戏内容的创意剧情、主播或

职业玩家的生活分享等,满足了游戏用户的需求。伴随游戏行业的不断发展,游戏类短视频更突出了其碎片化的传播特征,为观看者带来了丰富、简短、有趣的游戏内容的同时,也吸引了更多观看者进入游戏,为游戏行业赢得了更多的用户关注。

在众多游戏类短视频中,"哎呀酋长"(图 5-11)以独特的视角、多元的主题、丰富的内容等收获了众多网络用户。截至 2020 年 5 月,其在抖音短视频平台的粉丝量高达 770 余万,获得点赞数 6 600 余万,短视频内容引发了大众网友的热烈讨论及转发,在其他视频网站如哔哩哔哩、爱奇艺、优酷、腾讯视频等也均有呈现,收获了不同平台用户的支持。

图 5-11 抖音号"哎呀酋长"

(二) 策划亮点

1. 定位

"哎呀酋长"的定位策划亮点主要体现在以下三个方面。第一是精准的内容定位。它定位于游戏及其衍生内容,包括游戏资讯分享、游戏剧情揭秘、游戏试玩解说、搞笑游戏短剧等,都是与游戏内容相关的发掘和探索,为用户提供了更加丰富多元的游戏内容。

第二是有效的模式定位。它的生产定位于 PUGC 模式(professional user generated content),即专业用户生产内容模式,是由 UGC 和 PGC 模式相结合的内容生产模式。该模式不仅有 UGC 模式下用户在游戏中的素材呈现,如游戏录屏等,也有 PGC 模式下游戏的内容开发,包括游戏剧情揭秘、游戏故事策划等。二者的有机结合为观看者呈现了既真实又专业的游戏短视频内容。

第三是合理的用户定位。该短视频栏目定位于泛游戏玩家,不仅包括深度游戏玩家、专一游戏玩家,还包括部分潜在游戏玩家,通过游戏的资讯、玩法、剧情等呈现,拉近了其与游戏玩家的距离。同时,"哎呀酋长"的用户定位还力求辐射更广泛的短视频用户,并通过丰富、有趣的影像内容吸引更多目光的关注。

2. 选题

在选题策划方面,"哎呀酋长"的亮点主要表现在以下四个方面。一是探索性。它偏向于选取具备一定探索意义的主题,特别是对游戏部分剧情、隐藏关卡、结尾彩蛋等方面的深度挖掘,呈现不为人所知的游戏背景和奥秘,从而使观看者感到惊奇、震撼。比如在游戏《任天堂明星大乱斗:特别版》的结尾彩蛋中,所有角色的灵魂最终都飞向了宇宙尽头。观者通过解读得知,这原来是游戏创作者樱井政博对好友岩田聪的纪念,反讽了只关心游戏角色而不在乎游戏内涵的游戏公司和玩家,并结束了对该系列游戏续作的可能,守护了二人合作长达 30 年友谊的游戏。

二是时效性。"哎呀酋长"的选题注重时效性,善于对热门的游戏资讯、内容等进行收集、整理与阐述。比如在手游王者荣耀推出新游戏英雄"蒙恬"后,它迅速推出了一期短视频节目《这个游戏角色 身世竟如此离奇!》,给观众讲述了与该游戏英雄相关的人物传记、历史事件等,同时也介绍了该英雄在游戏中的独到之处,提升了观看者对该英雄人物的认识。

三是丰富性。从选题上看,"哎呀酋长"的选题较为丰富,不仅有游戏玩法的心得交流,也有对游戏资讯的传播分享,还有对游戏剧情的背景揭秘和对搞笑短剧的创意表达等。比如在抖音短视频中,"哎呀酋长"的合集选题就有"哎呀小剧场""游戏都市传说""第五人格剧情揭秘"等,可以说题材多元,种类丰富。

四是趣味性。从选题上看,不论是游戏玩法交流、游戏资讯分享,还是游戏背景揭秘、原创短剧的呈现等,"哎呀酋长"都注重选取较为有趣的话题进行表达。比如在其中的一个短视频《盘点被中文拯救的游戏名》中,通过对比游戏的直译名称和中文名称,从而在"无厘头"直译的反衬下突出了中文译名的精巧之处。

3. 创意

"哎呀酋长"的创意策划亮点有以下三个方面。一是观察思考的科学性。在对游戏问题进行探索论证时,它较好地结合了心理、法律、经济、伦理等学科进行相关的论述探讨,从而增进了受众对游戏的专业了解。比如在对游戏《旺达与巨像》的分享中,该短视频结合了心理学和伦理学知识,对"救爱人还是救世界"的论题进行了探讨分析。

二是内容呈现的分析性。在呈现与游戏相关的内容时,短视频通过案例对比、资料收集等方法展开了论证分析,具备一定的严谨性。比如在探讨"魂斗罗是不是超级英雄"的短视频中,通过对电影《异形》剧情的探索,结合游戏的故事剧情进行了对比分析研究,并得出外星人并非最终的坏人,魂斗罗也有"帮凶"的嫌疑。

三是表达方式的标识性。在"哎呀酋长"中,其表达方式较为专一,大多数短视频内容都以直白的表达方式为主,给观看者营造出一种严肃、庄重的氛围,并将趣味性和思想性融入其中,从而形成了"哎呀酋长"的专有特色。

4. 制作

在制作方面,其策划亮点主要体现在以下两点。一是配音拟人化。这主要体现在系列游戏解说的短视频上,即通过游戏中的角色进行拟人化配音,以此形成一种沟通氛围,从而更易于观看者接受。

二是符号趣味化。这里的符号主要指字幕和表情包的嵌入,即通过数字技术的特效处理,将具有网感意趣的字幕、表情包等与游戏内容共同呈现,给观看者营造愉悦的观看体验,避免了单一讲述的枯燥感。

5. 宣传推广

在宣推策划上,"哎呀酋长"的亮点主要表现在以下两个方面。第一,内容引起话题。通过内容产生相关的话题,以此吸引更多观看者参与话题的讨论。比如在短视频《至今无法理解 诡异的游戏设定》中,通过介绍部分游戏中离奇的游戏设定,提出了话题"你还见过哪些游戏里神秘诡异的设定",以此激发了观看者的兴趣,吸引更多人关注。

第二,寻求情感共鸣。虽然"哎呀酋长"在整体表达上较为直白,但在部分短视频结尾也进行了情感的渲染,并以此获得观者共鸣。比如在短视频《马里奥的手套是大反派》的最后,通过对成年人与游戏关系的阐述,渲染出二者之间的情感关系——"无论你多大年纪,无论你在现实生活中经历了怎样的打击,都总会有一个二次元世界在等待着你,给你温暖,替你疗伤。"如此的情感升华使大量观看者获得了心灵的净化,共鸣的力量也促使其成为网络空间中被热烈讨论的对象。

三、段子类短视频:以抖音号"papi 酱"和"陈翔六点半"为例

(一)案例介绍

"段子"本是相声艺术中的一个术语,指的是相声作品中的一节段艺术内容。如今,其意义内涵产生了延伸和拓展,人们主观地融入了一些独特的意涵,赋予其通俗化的意义,进而创造出"荤段子"、"黄段子"、"黑段子"(恐怖故事等)、"灰段子"(幽默笑话等)、"红段子"(励志短句等)等类型。步入移动互联时代,段子更是作为一种搞笑文化遍及全网,而在网络短视频中,段子类短视频更常现爆款。

段子类短视频在整体上是指生产和传播以搞笑内容为主的短片视频。在文化娱乐类网络短视频中，段子类短视频的市场占比份额相当巨大，这种承载着人们交流互动、舒缓压力、娱乐放松等需求的短视频表现手法，已经通过形形色色的段子影像融入了人们的生活，同时它也成为一种表达文化，满足了人们对文化娱乐的审美需求。

在众多段子类短视频中，本节选取抖音号"papi 酱"和"陈翔六点半"为例（图 5-12）。"papi 酱"通过变声器的形式来制作话题恶搞的原创短视频，自 2015 年上线以来，凭借"一个集美貌与才华于一身的女子"的口号，以其独特的视角和原创内容备受关注。截至 2020 年 5 月，"papi 酱"微博粉丝数量高达 3 352 万，抖音短视频的粉丝数量接近 3 500 万。同时，该系列在网络视频网站哔哩哔哩、优酷、腾讯等均有呈现，也收获了一定量的用户关注和支持。"陈翔六点半"则通过变声器形式和反转叙事的结合来进行趣味表达的原创短视频制作，在故事情节、人物塑造、叙事手法等方面都有其独特

图 5-12　抖音号"papi 酱"（左）和"陈翔六点半"（右）

的风格特征,自 2014 年更新至今,持续保持着高人气。截至 2020 年 5 月,"陈翔六点半"在抖音短视频的粉丝数量高达 4 300 余万,快手短视频的粉丝量也接近 2 000 万,其短视频内容在各大网络视频网站如腾讯视频、哔哩哔哩、爱奇艺、优酷等也均有呈现。

（二）策划亮点

1. 定位

在内容方面,二者都偏向于对内容的搞笑产出,因此,不论是"papi 酱"话题恶搞式的夸张内容表达,还是"陈翔六点半"中反转情节式的惊喜内容表达,都具备了突出的快乐元素。当然,其作品中也不乏诸如情感、科普等内容的延伸,继而以更多元的姿态展现于观看者的视野。

在受众方面,二者的初始定位人群均以青年群体为主,他们观看短视频的频率相对较高,也更易于接受和传播新鲜词汇。当然,其老少皆宜、男女皆可的内容面向的是更广阔的人群,目标是为更多的受众带来愉悦和欢乐。

2. 选题

从整体上看,"papi 酱"和"陈翔六点半"的选题策划均偏向于以热点话题为主,同时,二者立足于观看者的需求,选取了诙谐幽默、内涵丰富、易于接受的选题,给观者带来了欢乐。

从各自的选题来看,"papi 酱"的策划亮点在于贴近生活。它选取了观看者喜欢和与日常生活息息相关的主题进行趣味制作,比如涉及上班一族职场问题的《当八卦同事知道你谈恋爱了》《如何用朋友圈花式秀加班》等,涉及男女两性话题的《谈恋爱就像剧本杀》,涉及家庭关系主题的《隔代宠——来自爷爷奶奶外公外婆的双标》等,给观看者带来了亲近的感觉,从而也更容易引发共鸣。

"陈翔六点半"的选题策划亮点则在于内容的剧情化。它选取了能呈现一定戏剧张力的主题来进行幽默表达,比如阐述公交车让座是非对错的《让个座,让我惹上巨大的麻烦》《我好心让座,你为何骂我?》,再现家庭情感纠葛的《都结婚了,你还想逃避家务?》《回家遇到这种亲戚,这年太难过了!》,

呈现职场爱恨情仇的《遇到如此欺人的上司,该怎么办?》《老板不尊重你,你会怎么做?》《老板,为何你不给我发工资?》等,给观看者带来了丰富的情景体验,强烈的代入感更是触发了他们的情感共振。

两个短视频案例的主题内容也常常显示出丰富的意蕴,视频中折射出的人际关系、道德伦理等问题都值得我们所深思。段子类短视频的策划应该注意不能仅停留于"恶搞"层面,而是最好能够撩拨受众某种"若有所思"的神经。

3. 创意

从整体上来看,二者的共同创意主要表现在两个方面。一是人物设计有新意。在"papi酱"和"陈翔六点半"中,人物设计十分精巧,通过丰富的语言、表情、动作等,塑造了极具个性的人物形象,并通过故事内容的推进,将其人物特点发挥得淋漓尽致。比如在"papi酱"的短视频《当八卦同事知道你谈恋爱》中,papi酱饰演了一位"八卦同事",并将"八卦"的人物性格特征展现得淋漓尽致——"积极"打听同事女友的各种情况,并借助工作上的各种事情进行"发挥"等。如此饱满的人物塑造激发了观看者的共鸣感,让观看者在人物的纠葛中获得丰富的观看愉悦。

二是表达技巧有创意。"papi酱"和"陈翔六点半"有较为独到的创意表达技巧,不仅通过变声器的加速效果进行搞怪声音的内容表达,同时也直奔故事主题,通过加速人物动作等方式缩短叙事时间,避免了观看者的审美疲劳,从而营造出一种独特、有趣、明快的叙事氛围。

从各自的创意策划来看,"papi酱"的亮点主要表现在"一人分饰多角",即在一个短视频中,papi酱通过不同的着装打扮等来饰演不同的角色,多个角色的出现不仅给观看者带来了人物的新鲜感和趣味性,同时还能产生人际关系与情感张力,给观看者带来更真实的代入感,更好地诠释了每个视频的主题。"陈翔六点半"的亮点表现在反转剧情表达上,即通过一次或数次的情节反转,产生出乎意料的故事转折与结局,这种脱离常规逻辑和叙事轨迹的创意方式,为观众带来惊奇有趣的审美享受的同时,也赋予短视频创意表达的新理念。

4. 制作

在制作策划方面，"papi 酱"和"陈翔六点半"均有亮点。第一，精简把控短视频的篇幅时长。在移动互联时代，碎片化的信息接收模式越来越为大众所接纳，短视频正是以较短篇幅获得了大量受众的喜爱。"papi 酱"短视频的时长控制在 1—2 分钟内，这既方便了受众在碎片化时间内进行完整观看，同时也能很好地抓住观者的注意力，避免长时间观看带来的视觉疲劳。此外，"papi 酱"短视频中一些比较原始、朴素和生活化的背景也成就了该系列视频的某种特色。

第二，视听语言的精巧设计。为了更好地达到反转剧情的美学效果，"陈翔六点半"采用了一系列视听语言技巧，比如在镜头拍摄时处理好大环境与小人物的关系，在叙事剪辑中处理好情感与理智的关系，在配乐运用中处理好浓郁与淡雅的关系等，还有搞笑的台词、古怪的音效等。这些精巧的制作设计都有助于突出每一集的笑点。

第五节　生活服务类

生活服务类网络短视频，是指为人们日常生活提供便利和服务信息的网络短视频。由于短视频自身的传播属性及网络受众的日常需求，生活服务也日渐成为当下短视频生产传播的一种功能类别，如通过美食短视频的分享，让人们了解美食的具体坐标、制作方法及相关文化等；又如通过分享旅游短视频，让人们了解不同地域的文化风情、不同景点的旅游攻略及不同旅者的心得体会等。生活服务类网络短视频为人们带来了丰富的内容分享，相较于以往图文式的介绍展示，短视频以更简短、更直观的方式给大众的日常生活提供了更便捷的服务。

生活服务类网络短视频策划要点主要有以下三个方面。一是真实，即要求生活服务类网络短视频策划要建立在真实的生活场景中，从而为观看者提供切实的生活信息服务;二是有效,即要求生活服务类网络短视频策划与大众生活息息相关,并尽可能给观看者提供有效的信息服务,进而拉近与观者的距离;三是专业,即要求生活服务类网络短视频策划注重专业性,根据不同生活领域的内容进行专业探索,理顺不同生活内容中的逻辑与规则,从而更好地为受众提供服务。

由此,本节将根据不同的生活服务领域,将生活服务类网络短视频分为美食、健康、购物、旅行四个小类别,并从中选取极具代表性的短视频案例,探讨其策划亮点之所在。

一、美食类短视频: 以李子柒系列短视频为例
(一) 案例介绍

"民以食为天",从这句话就足以见得美食在人们心中的分量,因此,作为人类每天的生活必需,生活服务类网络短视频的策划少不了对美食短视频的探索。美食类短视频,是指分享美食相关内容的短片视频,具体来看,包括美食坐标、烹饪技巧、美食文化等。伴随着《舌尖上的中国》《风味人间》《寻味顺德》等美食纪录片的开播,人们更青睐于有故事、有文化、有味道的美食影像。在短视频领域中,不乏优秀的美食类短视频内容,下面以李子柒创作的系列短视频为研究对象(图5-13)。

中国内地美食短视频创作者李子柒以古风田园为主题,结合精美的构图和轻松的节奏,通过短视频的形式,艺术化地再造了人们理想中的"田园生活","生活性"很强。李子柒自2015年开始创作短视频,从美拍到微博,再到哔哩哔哩视频弹幕网站、YouTube视频网站、抖音等,其短视频逐渐形成规模,成为当下受关注度较高的美食短视频系列。截至2020年5月,其微博粉丝超过2 500万,哔哩哔哩视频弹幕网站粉丝将近600万,抖音短视频平台粉丝更是接近3 800万,而在海外短视频平台YouTube视频网站上,其订阅量超过了美国影响力最大的媒体之一CNN(美国有线电视新闻网)。在荣誉方面,2017年6月,李子柒获得新浪微博"超级红人节"十大美食红人

图 5-13 "李子柒"系列短视频

奖;2019 年 8 月,获得"超级红人节"最具人气博主奖、年度最具商业价值红人奖;2019 年 12 月,获得由《中国新闻周刊》颁发的"年度文化传播人物奖";2020 年 1 月,入选《中国妇女报》"2019 十大女星人物";2020 年 5 月,李子柒受聘担任首批中国农民丰收节推广大使等①。

---

① 参见《第二届红人节举办 雪梨 papi 酱获封最具商业价值》,2017 年 6 月 16 日,新浪娱乐,http://ent.sina.com.cn/s/m/2017-06-16/doc-ifyhfnqa4379316.shtml,最后浏览日期:2020 年 5 月 31 日;《超级红人节 2019:超红盛典【上】》,优酷视频,https://v.youku.com/v_show/id_XNDMxNjc2NDc1Ng==.html?spm=a2h0k.11417342.soresults.dselectbutton&s=ebdcebf103a443c796d5&refer=seo_operation.liuxiao.liux_0000303_3000_Qzu6ve_19042900,最后浏览日期:2020 年 5 月 31 日;《超级红人节 2019:超红盛典【下】》,优酷视频,https://v.youku.com/v_show/id_XNDMxMjYxNzg5Mg==.html?spm=a2hbt.13141534.1_2.d1_8&refer=seo_operation.liuxiao.liux_00003303_3000_Qzu6ve_19042900,最后浏览日期:2020 年 5 月 31 日;《本报编辑部评出 2019 十大女性人物》,2020 年 1 月 1 日,《中国妇女报》网站,http://paper.cnwomen.com.cn/content/2020-01/01/066278.html?sh=top,最后浏览日期:2020 年 5 月 31 日;农业农村部办公室:《袁隆平等 6 人获聘"中国农民丰收节推广大使"》,2020 年 5 月 19 日,中华人民共和国农业农村部官网,http://www.moa.gov.cn/xw/zwdt/202005/t20200519_6344621.htm,最后浏览日期:2020 年 5 月 31 日。

（二）策划亮点

1. 定位

在定位策划方面，该系列短视频主要抓住了"美食"和"中国传统文化"两个关键要素。当下不少的美食短视频作品，从美食制作到美食品尝，同质化程度较高，而李子柒却巧妙而独特地将"美食"与"中国传统文化"进行结合，定位于以中国传统文化为核心的美食类短视频创作，延伸了美食的基本范畴。通过对传统烹饪技巧、传统技术工艺、非物质文化遗产等的分享，在一日三餐、四季流转中给观看者传递了深刻的文化意蕴。

2. 选题

在选题方面，该系列短视频的亮点主要体现在以下三个方面。第一是选题的生活化。其内容偏向于对生活化主题的选取，从平民视角拉近了观看者与中国传统文化的距离。中国传统文化博大精深，但在李子柒的短视频中，更注重全网用户的广泛接受，因此在话题选取方面是将中国传统文化中的美食、工艺与节日、节气、民俗等联系在一起，通过一系列手工活动来对传统文化进行生活化的呈现和表达。比如在中国传统节日七夕节制作乞巧果，在中秋节制作月饼，在端午节编织五彩绳等；又如顺应自然时节的变化，初春酿制桃花酒，初夏腌制樱桃果酱等；再如她对染布、蜀绣、面包窑等传统工艺的制作呈现，更是让观看者感受到了丰富的文化内涵和风俗人情。

第二是选题的多元化。该系列短视频定位于"美食"和"中国传统文化"，并在选题方面由此进行了广泛延伸，呈现出多元化的特征。其中不仅有对食材生长、收获、烹饪等过程的探索，也有对中国传统节日、节气、民俗等文化的表达，同时还有对编织、染织、木作等传统手工艺活动的描述。比如通过种植小麦，李子柒从不同的角度给观众分享了其从成长到成品的全过程——通过时节变换讲述小麦播种、生长和收获的漫长过程，同时展示了制作麦芽糖、麻花、肉夹馍、凉皮、手擀面、肉包子等的方法技巧。

第三是选题的观念化。该系列短视频的选题注重传播价值观念，不仅展现了勤劳勇敢的农家女子形象，也彰显了人与自然和谐共生的道德理念。

系列作品中的每一个选题都离不开手工劳作过程,无论是对食物的采集还是烹饪,又或是对器具的制作和使用等,都由李子柒亲手完成,而每一个选题更是饱含着情感的升华,包括她与奶奶的亲情、与邻里的和睦之情、对大自然的感恩之情等,短视频都予以了充分的彰显,给受众带来了积极、正向的价值理念。

3. 创意

该系列短视频的创意策划亮点主要体现在以下两个方面。一是打造真实影像,追求想象满足。在李子柒制作的短视频中,通过对田园生活中衣食住行等细节的再现表达,给人们带来了具有强烈真实感的影像内容——晨光熹微时分,主人公便开始了一天的田园生活,播种、采摘蔬果、制作器具、烹饪佳肴等;到暮色时分,结束了一天的辛劳,李子柒与奶奶一起品尝美食后,田园生活又归于宁静。这似乎是绝大多数人梦寐以求的归宿,短视频营造出的真实感大大满足了观看者对闲适生活的想象和追求,正是这种慢节奏式的田园人生,使被城市生活压力和焦虑包围的人们得到了充分的想象性满足。

二是塑造文化符号,讲好中国故事。李子柒的系列短视频塑造了诸多与中国传统文化接轨的意象符号,不论是农家朴素的铁锅炉灶,还是古韵雅致的餐具摆件,又或是粗布麻衣的汉代服饰等,都是对传统文化的提炼与解读,并在传承创新中形成了独特的文化符号。正是这些被塑造的文化符号为观看者讲述了丰富、多维、立体的中国故事,不仅给中国观看者带来了对山水田园诗歌的美好记忆——"采菊东篱下,悠然见南山"式的田园画卷,还给外国观众带来了新奇的文化景观——中国农村生活的惬意美满、东方女性形象的勤劳质朴等,展示了中国文化深厚的精神内涵。

4. 制作

在制作策划方面,其亮点可以概括为以下两点。一是影像诗意唯美。该系列短视频制作精良,对镜头的选择、画面的构图等都十分讲究。虽然没有解说词、旁白等作为补充内容,但片中的特写镜头为观看者带来了细腻与真实的画面——李子柒带着专注的表情,用劳作的双手烹饪出了令人垂涎三尺的佳肴美味,制作出了令人赞叹的精致工艺品。而在那些远全景的镜头中,巍峨的山峰、茂密的树林、青葱的田野、袅袅的炊烟,都表现出大自然的壮丽和乡村的唯美,给人们带来心旷神怡的视觉享受。在此基础上,对称与留白式的构图,加以低明亮度和低饱和度的色彩,使整个画面也更显朴素质感,给观看者留下了诗意化的审美感受。

二是声效巧妙动人。短视频中的声音写实丰富,效果美妙动人。首先是对自然声响的展露,比如山涧的虫鸣鸟叫、制作美食时的煎炸焖炒声、邻里的相互问候等,让观看者在亲切、轻松、愉悦的氛围中感受着那份田园牧歌式的真实;其次是加入了中国风的背景音乐,由笛子、古筝、琵琶等中国传统乐器演奏而成的乐曲,悠扬美妙、意境深远,与画面内容相得益彰,不仅给人们营造了一种舒适、平和的审美氛围,同时也使观看者在乐曲流动中找到一份共鸣与向往,并沉浸于这美妙的田园风光中。

5. 宣传推广

在宣推策划方面,李子柒制作的美食类系列短视频的亮点主要表现为以下两点。一是打造独特品牌符号。当下,美食类短视频屡见不鲜,内容同质化现象越发严重,人们也逐渐走向审美疲劳。在此背景下,李子柒美食系列短视频脱颖而出,借助优质内容打造了具有个性且辨识度较高的文化符号,并以此获得了大量观看者的青睐。可以说,该系列短视频对"古风美食"的精准设定与持续坚守,使其成为视频内容同质化困境中的一股清流。加上李子柒对该垂直领域的不断深耕,她的系列短视频也由此创造了独特的品牌符号,以丰富的文化内涵传及海内外,达到了较好的对外传播效果。

二是形成多渠道传播矩阵。跨平台、多平台的传播矩阵使该系列短视频拥有了更广泛的吸引力,由最初的美拍开始,到微博的品牌打造和微信公众号的文章分享,再到哔哩哔哩视频弹幕网站、抖音短视频等不同平台的内容分发,可以说,该系列短视频正是在不断拓展中增强了影响力,特别是以优质的影像内容增加了用户黏性。该系列短视频还注重各平台间的相互关联,形成了以微博、微信为主导的,其他媒体平台为辅助的传播矩阵,进而突破信息孤岛的局限,打造出"李子柒"的独特品牌符号。此外,还要关注李子柒系列短视频强大的国际传播效果,这使其成为推动中国形象国际传播与塑造的有效尝试,备受国际传播研究领域的关注。

春生夏长,秋收冬藏。在众多美食类短视频中,李子柒的系列短视频给人们带来了亲近、舒适的视觉体验,让人们在四季交替中憧憬着那份来自田园的味道。美食不仅是为了满足生存的需求,同时也可以作为一种文化象征,体现独特的文化符号,这一点对于美食类短视频的策划而言具有重要的借鉴意义。

二、健康类短视频:以"丁香医生"为例

(一) 案例介绍

健康类短视频是指呈现与健康相关内容的网络短视频。伴随着人民生活水平的不断提高,现代工作的压力也更大、节奏也更快,人们对自己的身体健康越来越重视,健康类短视频也由此获得大众关注。具体来看,健康类短视频的内容丰富,不仅有与疾病预防相关的知识分享,还有健康养生、减肥瘦身、运动康复、母婴育儿等领域的服务内容,给人们带来了"有料"、有用且有效的健康信息,为人们的生活带来了极大的便捷。不过,当下健康类短视频虽然数量较多,但品质却良莠不齐,比如有的内容因听信传闻而缺乏科学依据,有的内容长篇大论却缺少重点。当然,在该领域的短视频中,也不乏优秀的产品和作品,下面选取"丁香医生"(图5-14)健康类短视频为研究对象,探寻其策划亮点之所在。

"丁香医生"是由丁香医生团队打造的,其内容丰富、涉猎范围广,通过对生活中人们常遇到的健康问题进行医学普及和分享,给观看者带来了专业、有趣、丰富的健康服务内容。2012年8月,"丁香医生"官方微博开通,发布了部分自制科普类短视频;2018年4月,"丁香医生"的短视频团队组建成

图 5-14 "丁香医生"系列短视频

立并入驻抖音短视频平台;截至 2020 年 5 月,"丁香医生"抖音号的粉丝累计超过 850 万,总获赞数超过 3 500 万,单条视频的最高获赞数更是接近 180 万。

(二)策划亮点

1. 定位

在定位策划方面,"丁香医生"的亮点主要表现为以下两点。一是定位于专业、有趣的医学内容。"丁香医生"主打传播专业医学知识,在确定目标受众所关心的健康问题后,通过专业医学知识对问题进行趣味回应与解答,以幽默、诙谐的方式给人们提供专业的健康服务。

二是定位于关注健康知识的青年人群体"丁香医生"通过对人群特征的筛查,发现在校学生和刚步入社会的青年人群等对于健康知识的需求占比较高,加上此类人群的传播能力较强,因此,不论是形式还是内容,该系列短视频都以年轻人为主要受众,以贴近年轻人的健康生活为主要目标。

2. 选题

"丁香医生"的选题策划亮点主要有以下两个方面。一是注重健康普及。它的选题紧扣当下健康热点，注重对健康知识进行科学普及。一方面，针对流行的有关健康的谣言进行辟谣并展开科普，比如推出"出汗真的能排毒吗""感冒要捂被子出汗吗"等选题；另一方面，针对常见的生活习惯和现象进行利弊分析，比如推出"感冒喝姜汤有啥好处""经常喝水更健康"等选题，从而给观看者提供多元、丰富的健康服务。

二是关注用户需求。"丁香医生"的选题与用户的直接需求建立联系，针对用户在健康领域的某个痛点进行解答疑惑，比如推出"一招轻松收小肚子""一招轻松改善溜肩""到底吃什么才能补血"等选题，为观看者提供科学、实用的健康服务。

3. 创意

在创意策划方面，"丁香医生"的亮点有以下两个方面。一是话题彰显媒体责任。当下不少健康类短视频基于某些利益，传递出不少健康谣言、伪科学医学命题。基于此，"丁香医生"敏锐地捕捉到了科学与伪科学的冲突，对被误以为正确的健康知识进行矫正，比如对某保健品的骗局进行抨击、对"不吃早饭会损害胆囊"进行辟谣等，从专业角度彰显出"丁香医生"作为短视频自媒体的社会责任。

二是知识体现科学实用。伴随着越来越多的人开始关注健康问题，"丁香医生"在知识分享上更重视科学性与实用性。一方面，短视频中的健康知识内容有理有据，对不同的健康问题予以科学、客观的解读，针对部分问题还引用权威的研究结果进行阐述，从而提高准确性；另一方面，有关健康知识的内容讲求有用、有效，具体表现在其短视频较好地抓住了受众的痛点，从生活实际需求出发，对人们关注的脱发、减肥、美白等问题进行讲解，切实为人们身体上的疼痛问题，诸如肩颈痛、腰痛等症状提供缓解办法。

4. 制作

在制作策划方面，"丁香医生"体现出以下两方面亮点。第一是表现形式丰富直观。"丁香医生"的健康类短视频表现形式丰富多样,不仅有课堂式的内容讲述,也有利用动画可视化信息来进行的内容呈现,还有通过剧情故事来进行表达的内容等。从整体上看,不论是课堂式、动画式还是剧情式等表现方式,对问题的探讨都以直接呈现为主,不拐弯抹角,同时也不作多余铺垫,从而避免了内容的冗余,减少了时间的消耗,适合健康信息的碎片化传播。

第二是叙事逻辑条理清晰。基于网络受众的接受习惯,"丁香医生"的短视频在内容表达上以问题为导向,通过"是什么、为什么、怎么办"的逻辑顺序为人们讲解健康问题的来龙去脉以及预防治疗方法等,并借助相关的文献资料或通过类比说明,进行科学、专业的内容分享。从整体上看,通过合理的逻辑、有效的资料以及专业的研究方法,"丁香医生"给人们带来了清晰有序的内容呈现,从而降低了人们对健康内容的接触门槛。

5. 宣传推广

"丁香医生"的宣推策划亮点主要体现在它建立了良好的互动机制。一方面,它通过微博平台、抖音、微信公众号等进行话题的提出与分享,从而吸引更多观看者转发关注;另一方面,通过与观看者的互动交流,"丁香医生"总结出大多数人感兴趣的话题,并以此作为选题来进行内容制作,吸引了更多有需求的用户。

三、购物类短视频:以"老爸评测"为例

(一) 案例介绍

购物类短视频,是指为观看者提供购物指南和服务的网络短视频。伴随短视频的快速发展,在流量的推动下,大量的商家、用户等也逐渐瞄准了这一商机——通过短视频来进行带货推广,为人们提供直观的商品预览,从而增加商品的可信任度。当下,无论是作为宣推引导还是货物介绍,购物类短视频都已在短视频平台和电商平台等流行起来,而在众多购物服务类短视频中,"老爸评测"(图 5-15)的系列短视频尤为突出,值得策划者关注。

第五章　网络短视频策划 >>>

图 5-15　"老爸评测"系列短视频

"老爸评测"是杭州老爸评测科技有限公司旗下的品牌，其短视频主要是通过对市面上人们吃穿住用的各类生活产品进行科学评测，为人们甄选出安全放心的产品，提供一定的购物参考与购物服务。创始人魏文锋于2015年开始进行产品评测，目前其短视频内容已覆盖微信公众号、有赞商城、抖音、小红书、今日头条、知乎、新浪微博、哔哩哔哩、ZAKER、快手、淘宝等平台。截至2020年5月，其抖音短视频平台粉丝量超过1500万，今日头条粉丝量接近1600万，小红书粉丝量也接近370万，新浪微博、哔哩哔哩、快手等平台粉丝量也均超过100万。它的内容倡导观看者合理购物，其创办的网上商城的逐年递增的销售额也实现了平台的"自我造血"。

（二）策划亮点

1. 定位

在定位策划方面，"老爸评测"的主要亮点就在于专一和精准。

首先是内容定位的专一。从2015年评测"包书皮"开始，该系列短视频

351

就定位于对生活产品进行科学评测,专注于对生活产品的探索,包括饮食、装修、美妆、服饰等。过程中注重通过科学的方法对生活产品进行分析,而非主观上的揣测。

其次是用户定位的精准。由"包书皮"开始,"老爸评测"积累的第一批用户以孩子的家长为主,并以此作为基础用户。伴随短视频的加入,其影响力逐渐增大,尽管不断有新的观看者加入,但"老爸评测"始终坚持为家长们服务,从而也培养了固定的消费者群体。

2. 选题

在选题策划方面,"老爸评测"的亮点主要是科普和辟谣。首先,由于大多数人对生活产品的了解仅停留于广告宣传的表面阶段,因此,"老爸评测"的系列短视频在选题上注重对生活产品特别是新兴产品进行介绍与科普,比如对棕垫(床垫)、防晒霜、防蓝光眼镜的挑选等,为人们提供了靠谱的选购知识。

其次,由于社会上流传有很多谣言,人们也常对一些"耳熟能详"的经验信以为真,因此,该系列短视频在选题上还注重对传言、谣言等进行科学辟谣,比如对"鸡翅尖真的有毒素吗""进口水果比国产好""水果太甜打药了吗"等疑问进行科学论证。

3. 创意

在创意策划上,"老爸评测"的主要亮点在于独立性和专业性。首先是独立性。与大多数的购物类短视频不同,"老爸评测"短视频的创意首先来自对评测独立性的坚守。在该系列短视频中,不论是选题还是内容,都坚决不受外界利益诱导——不接受广告投放、不发布商业软文、不妨碍公平竞争,坚守责任先行。这对商家也形成了一定的监督,从而推动某些行业的升级和完善。

其次是专业性。"老爸评测"系列短视频与第三方权威实验室进行合作,输出的实验报告具有一定的科学性;以实验室检测为基础,通过建构模拟真实场景来进行测试检验,并援引国际标准对某些产品进行分析。这些都为观看者提供了更具说服力的专业内容。

4. 制作

在制作策划方面,"老爸测评"的亮点主要表现在剧情化与趣味化两个方面。一是剧情化。"老爸测评"的短视频常常通过一些剧情设计来对内容进行铺垫,比如通过员工间的互动等来引出话题,为产品使用添加了相关背景,从而使人们更容易把握主题。

二是趣味化。"老爸测评"注重对趣味的呈现,不仅在主持人的演说中使用富有节奏感的词语和断句,同时还加入了网感强烈的字幕和表情包,从而丰富了画面的趣味性。

5. 宣传推广

除抖音平台外,"老爸测评"还借助小红书、今日头条、知乎、哔哩哔哩、微博等平台进行同步播出。同时,通过平台留言、私信等方式加强与用户互动,认真收集参与者的购物需求并开展相应的内容策划,进而将科学、靠谱的评测视频回馈给用户,以此形成了互动式的传播效果。

四、旅游类短视频:以抖音号"itsRae"和话题"# 大唐不夜城"为例

(一)案例介绍

旅游类短视频是指展示和宣传推广旅游信息的网络短视频。伴随着网络短视频的发展与普及,越来越多的人开始通过短视频来获取旅游信息,对旅游景点等进行可视化的深入了解。同时,也有越来越多的旅者通过短视频来记录和分享旅游经历,给他人带来丰富的视觉体验。目前,按照创作用户和生产内容的不同,主要分为 PUGC 旅游信息短视频和 UGC 旅游打卡短视频。其中,PUGC 旅游信息短视频是指短视频用户通过专业性和艺术性的技巧,对旅游信息进行的短视频化创作;UGC 旅游打卡短视频则指短视频用户通过自主或模仿拍摄的方式来进行旅游打卡的短视频创作,以娱乐性和趣味性带动了一批又一批旅游景点的火爆。

在众多的旅游类短视频中,以"itsRae"为代表的 PUGC 旅游信息短视频,以及以话题"♯大唐不夜城"(图 5-16)为代表的旅游打卡系列短视频较为突出。凭借《在所有和纽约有关的记忆里,我最喜欢你》两条 vlog 火爆起来的"itsRae",成为当下抖音短视频平台上的优质内容创作者,为人们提供旅游信息的动态及分享。截至 2020 年 5 月,其抖音短视频平台的粉丝量将近 1 300 万,短视频总获赞数超过 5 000 万。而以盛唐文化为背景打造的"♯大唐不夜城"系列短视频,同样受到了网友们的青睐,"驴友"纷纷通过短视频打卡的方式参与该景点的话题。截至 2020 年 5 月,该话题短视频的发布量超过 15 万个,播放次数超过 40 亿次,大唐不夜城成了当下热门的网红景点。

图 5-16 抖音号"itsRae"和"♯ 大唐不夜城"系列视频

(二) 策划亮点

1. 定位

从整体上看,二者均定位于泛旅游内容以及旅行爱好者。从各自的亮点上看,"itsRae"的定位策划亮点主要表现为个性化。一是在内容定位上,它注重对个性内容的设定,以个人旅行记录、个人经历感悟等内容表达为主。二是在受众定位上,它注重个性的张扬,定位于感性且有梦想的青年女性,进而给特定的观看者带来了强烈的联系感和代入感。

而短视频话题"♯大唐不夜城"的定位策划亮点则主要表现为大众化。一是在内容定位上,其涉及面广、可延伸性强,以"大唐""不夜城"等作为关键词进行影像内容策划,使传统与现代相结合,易于观看者接受并参与。二是在受众定位上,其呈现的短视频以满足奇观、唯美和趣味观看为主。

2. 选题

"itsRae"选题策划的亮点主要表现为多元化。它的短视频不仅给观看者带来了沿途的风景,同时还有人和故事,也不乏文化内涵的呈现。因此,在选题上,"itsRae"以多元视角进行旅行感触的表达——或是对小众景点的访问,或是对神秘之境的探寻,或是对城市故事的述说,又或是对过往生活的回味等。

"♯大唐不夜城"选题策划的亮点则主要表现为文化性和趣味性两个方面。第一是文化性,"♯大唐不夜城"以唐朝文化为背景进行打造,其选题承载着独特并丰富的文化内涵和文化韵味;第二是趣味性,该选题承载了夜生活延伸出的娱乐姿态,并以此作为关键词进行了趣味呈现,从而吸引了更多观看者的关注和参与。

3. 创意

在创意策划方面,"itsRae"的亮点主要为故事性和真实性。第一,它的系列短视频注重故事性,每一条短视频基本上都有完整的故事线,即由开端、发展、高潮、结局四个部分组成,而其中出现的例如突发事件、困难矛盾等更是凸显了戏剧张力,从而增加了短视频的感染力。第二,该系列短视频注重真实性,每个故事都是旅游生活中的真实场景,从而使观看者有较强的代入感。

"♯大唐不夜城"的创意策划亮点主要为地点性和参与性。第一,该话题的景点大唐不夜城位于古都西安,给人们还原了大唐的生活景观,衣食住行面面俱到，成为西安旅游的新地标。第二，该话题通过打卡的方式提升了观看者的参与性，比如通过拍摄各种霓虹夜景、文化活动等来进行分享，又如通过拍摄同款短视频来"比拼学习"等，充分调动了观看者的积极性，从而引爆了话题的参与度。

4. 制作

在制作策划方面，"itsRae"的亮点主要表现为快速。快速的镜头切换、陈词解说，以及"碎碎念"的感觉更像是作者在快速地翻阅一本心情日记，不仅给人们呈现了丰富、真实的旅行经历，同时也给人们带来了充实、真切的旅行感受，并以此形成了独特的表现风格。

系列短视频话题"♯大唐不夜城"的制作策划亮点主要表现为自由度和直观性。第一，由于大众的广泛参与，用户在短视频的创作上不会过多受到专业拍摄规则的束缚，从而能随心所欲地进行艺术表达。第二，大多数用户更热衷于对单个长镜头进行表达，这种方式使短视频内容呈现更为直观和真实，从而以充实、有趣的姿态吸引了更多观看者的关注和参与。

5. 宣传推广

在宣推策划方面，"itsRae"的亮点主要以粉丝宣推为主。圈层化的粉丝在获得情感共振的同时，也更乐意去分享这些旅游的真实记录，表达了他们对自己、对未来的期许。"♯大唐不夜城"的宣推策划亮点则主要表现在政企合作。2018年4月19日，抖音短视频平台与西安市旅游发展委员会、网信办等单位联合发布了"DOUTravel 计划"，通过制订文化城市助推计划、发起城市主题挑战、邀请抖音达人深度体验、打造短视频城市旅行纪录片等，进一步宣传推广西安的文化旅游资源，向全球传播优秀传统文化和美好城市文化。受此影响，西安如雨后春笋般出现了许多短视频网红打卡景点，其中著名的景点大唐不夜城更是备受游客关注，其中与"不倒翁小姐姐""石头人""画中人"等互动式的打卡活动也越来越受到人们的欢迎。可见，通过资源互换方式与政府部门加强紧密合作是当下旅游短视频创作、运营和宣推的一个重要渠道。

…

第六章 网络视频节目运营策划

作为本书的最后一章,与前述内容关注各类型网络视频节目的策划不同,在宏观层面,更关注节目播出平台即各家视频网站的运营;在中观层面,结合产品思维,从项目角度(不单单只是节目)剖解策划要义。

因此,本章从网络视频节目运营策划的现状、主体、标准和趋势四个角度,结合业界实际发展情况,展开论述。需要说明的是,网络视频节目整体业态的变动较大,本章涉及的案例、现象等可能会出现"落笔即变"的情况,这一方面多少反映出该领域的发展特性,另一方面,本章力求挖掘到行业浪潮乃至泡沫下面的静水流深之本质,"授人以鱼,不如授人以渔"。

第一节 液态的格局: 运营策划现状

在电视频道的内容产品占据主体地位的年代,视频网站只是一个新鲜朦胧、方向纷杂甚至版权模糊、尺度暧昧的分发渠道。整个节目行业的运营策划格局,虽然因卫视、地面频道的节目模式、频道编排等方面的创新而时有爆款节目、领军频道的突围,但整体上看,还是在一个相对稳定的体制化系统中运作演变着。

但从 2015 年开始，形势有了转变。视频网站不再只愿作为行业配角而存在——小打小闹的节目体量、"膻色腥"的底线挑战、盗版盗链的灰色播出作为初生期、过渡期的现象，存在的时间不久。因着市场化、资本化的强力支撑，以及广大民众的媒介使用越来越倾向互联网，有了钱、有了人，起势就有了底气，先手策略也很简单直接——借船出海、借鸡生蛋。

试看 2013 年第二季浙江卫视《中国好声音》启动前，因 2012 年第一季节目石破天惊的传播影响和商业效果，搜狐豪掷一个亿拿下其独家网络版权，提升了自身网站的流量和品牌，刺激了整个节目市场。这是典型的借势跃迁策略，也开启了各大视频网站高价购买优质卫视节目网络版权以便"弯道超车"的新篇章。

一个颇有意味的对比是，在 2020 年，字节系的西瓜视频作为后起新贵，为了对战老牌的"优爱腾芒"以及同为新锐的快手、B 站，也购买了该年度的《中国好声音》独家网络版权，以期借势跃迁。

时隔 7 年，搜狐和西瓜视频采取几乎一样的策划方式拓展平台运营空间。但不一样的是，7 年前，今日头条刚上线一年，西瓜视频（其前身为头条视频）甚至还未面世，那时搜狐左手引进优质海外剧集，右手拥有爆款版权综艺，是视频网站中的翘楚；7 年后，不但搜狐在在线视频网站的行业格局中已基本退出一线竞争，所有在线视频网站整体上的流量和影响力也受到了新兴短视频网站的强力切分。对所谓"传统视频网站"的描述也可见其中的流变、压力甚至尴尬——"由来只有新人笑""城头变幻大王旗"。在视频网站的发展历程中，这尤其残酷且现实，内里客观折射出快速流动着的社会媒介心智和用户使用习惯。

面对上述提及的所有卫视、地面频道、传统视频网站、新兴视频网站之间的混战，作为一名观众/用户，不再只是"看这个台还是看那个台（的节目）"，更是"看电视还是看网站（的节目）"，甚至"看这个网站还是看那个网站（的节目）""看节目还是看短视频""看视频还是发视频、发弹幕"——以上描述已然很纷杂，发生时间也就是在 2010 年年初至今，发展趋势由单向传播走向双向互动、由接受产品走向参与生产……但这还没有完,如果把竞争视域再放大一些,线上线下视频内容生产全领域还在经历更多的降维打击。因为当观众在使用手机、电脑、智能电视的时候,他早已变成一个泛娱乐的用户,除在线视频、短视频之外,还有手机游戏、在线音乐、在线阅读等强力竞争主体(特别是手机游戏)可供选择。

那么,从观众/用户视角转换到生产者/传播者视角,若身处其中,策划者将面对的运营局面是:一档网络视频节目不只是与另一档网络视频节目或电视节目的网络版竞争,还要跟在抖音、快手、微博、微信视频号等不断被刷出来的无数短视频竞争,更要跟若干档爆款手游、热门网文等竞争。外面的一切都汹涌而青涩,于是,竞争的不再只是"内容",而是"时间",且是"人们醒着的时间";所有的平台,不只是"内容平台",而是"时间平台"。

面对"时间",也就是面对着"存在"。但一如海德格尔在《存在与时间》里所说:"当你们用到'是'或'存在'这样的词,显然你们早就很熟悉这些词的意思,不过,虽然我们也曾以为自己是懂得的,现在却感到困惑不安。"[1]困惑不安,既是来源于观念世界里"存在的不可定义",也植根在媒介世界中业态的不稳定性,重新形塑运营策划的价值观和方法论,在笔者的从业经历中反而是一种稳态现象,而且这种重塑发生的频率越来越高。如果要用一个词来描述当下网络视频节目运营策划的格局,或许可以借用社会学家暨哲学家鲍曼的描述,那就是"液态"。

鲍曼在 21 世纪初所著的《流动的现代性》(*Liquid Modernity*)、《流动的时代》(*Liquid Times*)等书中提出:现代社会最大的特征就是液态化,现代社会已经从一种坚固、沉重、形状明确的固体状态变为流动、轻盈、千姿百态的液体状态。在他看来,现代人生活在"时间密集,空间紧缩"的环境中,时间成为衡量智慧和能力大小的最重要因素。社会由一种固态变为液态,这导致

---

[1] [德]海德格尔:《存在与时间》,陈嘉映、王庆节译,生活·读书·新知三联书店 2014 年版,第 1 页。

人们的思维方式转向"零散化",行为方式变得"非规则化"了①——行业壁垒、经验优势、用户惯性等,这些过往看似如山般稳固的因素,越来越弱化,跨界、降维、拆解、重启等如水般灵动的因素,越来越被突出。

因应液态,但又不至于泡沫化或随波逐流,在网络视频节目运营策划领域,需要什么样的大局观呢?

抽象来看,需要策划者经常"把熟悉的变成陌生的,把陌生的变成熟悉的",比如即便是"综N代"节目,也会在新一季尝试新的赛制,如果效果良好,就将其设为节目的固定模式点。

也需要策划者经常"把局部的变成整体的,再把整体的变成局部的",比如拆解流行音乐的门类和表达,从说唱、美声、电音、乐队等垂直赛道创新节目,或者在盲选、蒙面、生存游戏等节目模式点上设计节目。

还需要策划者经常"把简单的变成复杂的,把复杂的变成简单的",从简单的日常社会需求,如相亲、求职、吃喝玩乐等出发创意节目,用人设、赛制、环节、场景将其戏剧化,但最终让人记住的不仅是戏剧化的点,而是社会需求背后的人性共鸣和社会关系。

毛泽东有句很朴素的话:"情况是在不断地变化,要使自己的思想适应新的情况,就得学习。"②这句话在液态格局下有很大的价值。以笔者自身的行业经历来说,在接触到的老牌机构或新兴平台中,除了资本和技术对其发展的刚性赋能之外,"边做边学、边学边做"也是一种扎实的支撑。

这种学习,一是对标,对标全球同行业的优质企业和项目,对标中国其他行业的优质企业和项目。

二是常态化,既然液态流动,学习就是每日必须,而且从习得到落实,也要快速,理论就是实践、实践就是理论。

---

① [英]齐格蒙特·鲍曼:《流动的现代性》,欧阳景根译,上海三联书店2002年版,第1—2、7—9、277页;[英]齐格蒙特·鲍曼:《流动的现代性》,余蕾、武媛媛译,江苏人民出版社2012年版,第1—2、68、85—87页。
② 见1957年3月12日毛泽东《在中国共产党全国宣传工作会议上的讲话》。

三是结果导向,不管是老牌还是新兴的视频网站,其淘汰率相较广电机构是极高的。原因就在于它们对学习能力的评估很残酷,没有模糊地带,没有"补考",迫使策划者变成一条大河,每一寸、每一秒都在出新剔旧,"流水不腐,户枢不蠹"。

"当打"的视频网站能留下来的每一个都是一条"大河",汇聚起来才能成为大海。而从媒介平台、企业组织角度来说,面对液态格局,以下三个因素的运营策划思考是为要义。

一是人的因素,直面专才与通才的问题——先要是专才,然后具备通才。说到同一工种内的专与通,以电影导演打个比方,李安导演以《推手》《喜宴》《饮食男女》专于华人传统文化和现代世界的碰撞初立身,"很中国";后续他也能驾驭《双子杀手》《比利·林恩的中场战事》《少年派的奇幻漂流》等题材的全球表达,"很世界"。

在不同工种的通达上,马斯克则是典范,从火箭到汽车再到火车,甚至火星移民。虽然彼此之间的跨界很远,但完善的知识储备使他规避了某一领域"只缘身在此山中"的局限。而他本人的使命意识,让他在解决一个又一个领域的问题上,有着统一的价值观乃至宇宙观,这一点在视频内容的创造上也很关键。许多纪录片导演、电影摄影师、杂志特稿记者现在在网络视频节目领域成了很优秀的纪实综艺导演、真人秀摄影指导、选秀节目总编剧,是因为使命和价值观可以帮助策划者很快突破内容形态的藩篱。这种液态的流动性也为其所进入的领域制造了新的可能性,无论是表达形式上的,还是观念追求上的。

二是产品/服务的因素,如果用液态的策划观来考量视频网站运营的创新,主要集中在行业角色和使用/消费观点这两个维度。关于行业角色,这一点越来越需要双向流动甚至多向度地来界定。当然,视频内容本身足够优秀,这一在单向传播年代的至上法则,在当下依然是第一法则,"内容为王"在多渠道、碎片化的今天依然如金子一般可贵。但当受众/用户的行业主语性越来越强,作为专业生产机构/平台的恒久主语在于——策划者利用互联网思维来给受众/用户赋能。在这样的模式中,受众/用户的角色从一个单向接受者变成了一个视频内容管家,他在机构/平台提供的海量产品中作出自己的观看选择、参与选择和付费选择。

关于使用/消费观点,从不同内容类型的"准空间感"来定义,过渡到以时间来定义。网络视频节目的非线性传播特性以及同一节目不同规格产出的灵活性,都利于占有观众/用户的时间,他们可以在任何时间从头到尾地看完整期节目,可以只看自己喜欢的艺人的表演"切条",也可以看到自己喜欢的机位给到的全部画面,还可以把观看和评价之间的时间差完全消解、实时参与弹幕或点赞投票——用时间来换取更多的空间。

综上,面对液态的行业格局,其实,不管是先行者还是后来者,在日常运营策划中很难一劳永逸,挑战随时会落到每一家身上。而面对任一时间点的现状,策划者也要用液态的视角去对待,因为当你忙着去总结归纳的时候,形势可能又发生了变化,"落水狗"上岸了,"领头羊"哑火了。

但有一个方法可以帮助诸君去判断液态格局中的个体,本节也用这个方法来结尾:衡量一个人、一家公司的最终标准,不是看他或它在顺境时的表现,而是看他或它如何面对逆境。

第二节　基因与资源:　运营策划主体

丹纳的《艺术哲学》将艺术的动因归咎于种族、环境和时代,同时这三个条件自身的产生也是相互影响、相互关联的。

相对于意大利人、法国人的感性,日耳曼民族非常理性,比起外在形式,他们对本质哲理更感兴趣,这是他们在哲学上的成就比较突出的原因——种族动因。

丹纳也强调地理环境和自然气候对艺术的影响,比如希腊种族的特征是由自然环境造就的,明快的海岛风景使人活泼热情,航海或商业使人眼界开阔,思维也更加自由——环境动因。

而在不同的时代,由于当代的政治、战争、宗教、生活习惯等的巨大差异,种族的性格有时候会被放大,有时候又会被抑制。只有当外部条件符合时,杰出的艺术作品才会应运而生——时代动因[①]。

以上三动因,用在我们现今熟悉的节目内容生产领域,也很容易找到对照。比如,欧美节目模式相较东亚节目模式,会更在意刚性的规则、赛制,也会展现更多人性的残酷和阴暗(种族);东北的喜剧天赋、湖南的"霸蛮"作风和海派"向西方学习"的历时久远,也让不同地域的内容产品有不同的特性(环境);而在时代性上,韩国20世纪80年代民主化运动之后,K-POP由内至外,逐渐成为在全球有影响力的文化势能,并在电影、电视剧、流行音乐、综艺节目等领域渐次开花(时代)。

丹纳对艺术三动因的分析对网络视频节目运营策划的启发在于:即便是不同的视频网站和节目项目,在具体操作上共有一些行业套路,比如选择什么内容类型切入、使用什么样的宣推手法、如何提高会员转化率等,但因为一些开创时的原生基因、发展中的核心资源不同,各家平台之间、各个项目之间还是有一些潜在的区别。而且,越是深入这个行业,越会发现不同的主体都有自己的隐藏标签。

先从一个很显性的视角来说明基因的重要性。

以"优爱腾"为代表的在线视频网站,在面对抖音、快手等新兴短视频平台的冲击时,一直在寻找短视频内容的破局,但它们尚未培育出观众/用户在这一领域的使用惯性和黏度。而抖音、快手等,携着社会看好的趋势和流量,也在长视频领域不断布局,可是虽然有若干产品出现,但同样没有获得在这一品类中的行业声量和用户转移(以上描述,皆针对本章截稿时的情况)。

再举一个网络视频大生态内的例子。在此生态内,具有绝对话语权的

---

① [法]丹纳:《艺术哲学》,傅雷译,安徽文艺出版社1991年版,第50、54—57、63—67、76—116页。

无疑是平台性的机构,而在平台之外,还有许多内容公司作为重要的支撑。这些内容公司能够较长时间存在且有一定话语权的,可以称为"虚拟平台"。其中,有一类的基因属性是强内容生产,比如上海的灿星制作、长沙的银河酷娱、北京的观正文化等,由制作团队拓展为内容公司,在若干代表性节目项目有影响力之后,在广告营销、艺人经纪等方面开始打造更完整的链路;还有一类的基因属性是强内容营销,比如曾红火一时的蓝色火焰等,由广告招商团队起家,后关注内容制作——同样是出品节目,在观众角度看似乎没什么不同,但在具体运营策划过程中,是内容侧优先还是营销侧优先,是"做节目"的人多还是"卖节目"的人多,是先有节目创意还是先有客户需求,这些细节面向有些微妙的差别。

在 2012 年 3 月成立的字节跳动,从今日头条开始,携抖音、西瓜视频等旗下热门 App 成为内容领域的强势平台,它的势头让老牌的 BAT 也感到危机。以上基本是行业乃至社会的共识,但其中关键的是:BAT 三家分别从搜索、电商、社交起家,三足鼎立;字节跳动从内容起家,几乎能和前三家平起平坐,但它的基因不是传统意义上的内容生产,而是人工智能!字节跳动不生产内容,主要靠算法进行抓取和推送,用技术的力量"弯道超车",实现了很多有内容基因的机构想达到却没有达到的目标。

相应的基因也对应着相关的资源。无论是基因还是资源,都很难说是好基因还是坏基因,是好资源还是坏资源。但对于网络视频节目运营主体的理解和实践,从这两个维度切入是能够有效进行的。

在百度系中,爱奇艺具有相对较强的独立性,因此,在它的成长基因中,决策速度和灵活性是显著的。但也由于自身相对独立(再加上背后的百度相较阿里巴巴和腾讯体量要小),爱奇艺可借力的资源优势不明显,其企业文化"简单想,简单做"就暗含了"需要比别家快,只能靠自家做"的基因表征。

优酷自被阿里巴巴全资收购之后,后者的资本和生态是前者的资源优势,但如何更有效地打通平台、品效合一,还要逐步磨合,还有巨大的潜力。

腾讯视频是腾讯内生的视频平台,因此集团的"产品经理基因"也在视频这一块非常突出,出品的内容产品相对来说不一定速度快,但品质稳准。腾讯系整体的社交资源也是腾讯视频节目运营策划时的内部利好。

芒果 TV 的基因优势在于"全台办芒果"(湖南广播电视台),在地方政府支持、体制政策支持之外,还有购买成本和独播资源("湖南系"剧集和综艺)上的利好。2019 年上线的央视频(中央广播电视总台)、2020 年上线的 BesTV＋(上海广播电视台),这一类"国家队""地方队"的原生基因也与之类似。

短视频起家的抖音、快手和被誉为"小破站"的 B 站,分别在规格特征(视频长短)、风格特征(青年社群)上具有浓郁的原生基因属性,是与 Z 世代人(1995—2009 年出生的人)共同成长的媒介渠道,前者非常接地气,后者非常全球化。它们也不断在进行由短向长、由 UGC/PUGC 向 PGC 的视频节目策划运营的尝试。

以上的例子在新的发展阶段可能还会有变化,但回到平台、机构创立的起点去思考其基因、吃透其资源,对于网络视频节目的运营策划而言,至少找到了一个定位坐标,能够规避方向的偏差。不过,一如菲兹杰拉德在《那些忧伤的年轻人》里开篇所说的:"着眼于个人,你会发现不知不觉间已创造出一个类型;而着眼于类型,你会发现,什么也没能创造出来。"[①]基因如同类型,要明白、可参考,但也不能完全囿于其中。

从丹纳的艺术三动因到若干具体的视频业内案例,关于节目运营策划主体的基因和资源,前文已作了偏向决定论和实务经验的分析。最后,笔者尝试用结构性的梳理,帮助对网络视频节目感兴趣的读者获得更清晰的认知。

关于基因,首先,是结构。组织的层次是什么样的?组织架构图内的关

---

① [美]弗朗西斯·司各特·菲兹杰拉德:《那些忧伤的年轻人》,杨蔚译,深圳报业集团出版社 2017 年版,第 1 页。

系和主体是如何连接的？组织由几个层次组成？每一层次有多少直接下属？需要注意的是，网络视频节目的运营策划主体，因应液态的行业特性，经常会进行结构调整，以期更好地适应市场竞争。

其次，是决定权。谁决定什么？决定的过程中有多少人参与？一个人是如何失去或者得到制定决策的权威的？文化传媒类公司在人的因素上尤其重要。所以，要简单快速理解这一点，就要看领导者。

再次，是动力。每个员工都有什么样的目标、动机和职业选择？员工取得什么样的业绩才会被奖励？如何在物质上和精神上奖励员工？对于文化产品，如何用量化指标来执行管理，如何面对一些"叫好不叫座"的出品，每个运营主体在实操中都会有若干微妙的差别。

最后，是信息。衡量员工业绩好坏的标准是什么？如何调整行动？如何培训员工？预期和过程如何沟通？谁知道什么？谁又需要知道什么？信息如何从拥有者传递到需要者手中？网络视频节目的运营策划，一个关键指标就是：一个平台/项目的不同参与者共享对于平台/项目的基础理解，信息越对称，平台/项目就越好。

关于资源，首先，是有形资源。主要是指财务资源和实物资源，这是基础。多留意公开发布的公司财报，可以形成客观的认识。

其次，是无形资源。主要包括时空资源、信息资源、技术资源、品牌资源、文化资源和管理资源等。对应网络视频节目的运营策划主体而言，技术资源和文化资源尤为重要，特别是前者中的人工智能，后者中的企业使命。

最后，为了获得更多的资源，有内部培育、合作渗透和外部并购三种方式。如果从视频网络节目生产主体的打造来看，内部培育，而且是较长期的内部培育，是最好的方案。这是因为文化生产对团队拥有稳固的价值观、技能水准和较长期的磨合更为注重——毕竟不是一台机器与另一台机器之间的合作，其中人性、主观性的要素很关键。

第三节　精准的挑战：运营策划标准

毛姆曾说，"精美的文笔并非小说家必备的基本素养了，充沛的精力、丰富的想象、大胆的创造、敏锐的观察及对人性的关注、认识和同情才是"[1]。换个角度理解毛姆的话，精美的文笔、充沛的精力、丰富的想象、大胆的创造、敏锐的观察，加上对人性的关注、认识和同情，是一位好小说家、一部好小说的标准——把"文笔"替换为"制作"（包括编剧、拍摄、剪辑等），基本上也就是一位好节目制作人、一档好节目的标准了。当然，再加上昆德拉所说的"鹰的视野"和"蜘蛛网的张力"，那就更完备了。

可是，在网络视频业内，有一定经验的运营者、制作人都会有一种感觉：平台运营的升级、节目爆款的创造，各层次的成功和新发现不能事先计划，它们往往是笨手笨脚和即兴行动的结果。很多突破，"踏破铁鞋无觅处，得来全不费工夫"，用钱德勒的话来说，似乎就是"事情简单而自然，简单而自然的事往往是对的"。

到底好的节目是什么样的标准？上述两段文字，第一段强调了丰富性、积累和必然，第二段强调了简单、即兴和偶然——它们看似矛盾，在理论上说不通。不过，在网络视频节目的运营策划中，这种矛盾性却切实地并存着，并存于同一个平台、同一个节目乃至同一个人身上。所以，面对越来越需要标准化、可预测化、可复制化的网络视频业，任何一位从业者，在更多时候，是在处理内心的这种矛盾感；也需要在多次的否定之否定、屡败屡战之后，逐渐形成自己的风格，从而影响节目的风格、平台的风格。

若要归纳出一些通则，首先，真善美是判断节目的一把"老标尺"，历久却弥新。

---

[1] ［英］毛姆：《阅读是一座随身携带的避难所：毛姆读书随笔》，罗长利译，北京联合出版公司2017年版，第134—135页。

所谓"真",任何节目,不管是娱乐节目还是纪录片,都需要有足够的信息量,但信息量并不完全等于热搜。在笔者的观念中,所有泛娱乐节目中的信息传达,绝不亚于纯新闻资讯类节目,甚至因较为生动活泼的形式,效果反而更好。也因此,当前网络视频行业内优质的娱乐内容制作人,有许多是新闻专业出身,甚至很多是从新闻记者转型来的。在信息量之外,"真"还要能展示节目主体的真实状态,不管他是在唱歌、跳舞、脱口秀,还是在做游戏、猜题、完成任务等,都应该去发现、去挖掘"我口唱我心"的一面,而不是贴个标签、演个人设。

所谓"善",强调的是人的价值和标准。通过节目,触及人性,反映出"平凡人非凡的一面",或者"非凡人的平凡一面"。

所谓"美",强调的是秀的部分,包括现场视觉、背景音乐、镜头处理等多个维度,要的是"活色生香"的效果。

上述"真善美"的综合体系,策划者如果能够时时提醒自己把握好,并在节目策划、执行时尽力做到,就是在"为人民服务"。只要是真正为人民服务的企业,不管身处什么行业,"人民币都为你服务"。

为了达到"真善美"的标准,在战略和观念层面的准备有三点要义。

首先,是独立思考。在互联网上,行业全貌呈现流动的液态;内容产品也是锦绣斑斓,类型多元。外界越是缤纷,越需要内心的笃定去应对。特别是有一定从业经历的运营者、制作人,要多问问自己真正感兴趣的节目类型是什么。日本导演是枝裕和曾说:"创作时心里装着世界,就等于自己的作品被世界广泛认同了吗?当然不是。如果像这样关注和挖掘自己内在的体验与情感,就能达成某种普遍性,自然再好不过。"[①]在不同的人生阶段,在策划创意的节目时,要考虑如何放入自己独到的社会认知和个人兴趣,而非跟风模仿;自己所不擅长、不喜欢的领域是什么;如何做到"作品如其人"等问题。

---

① [日]是枝裕和:《有如走路的速度》,陈文娟译,南海出版公司2016年版,第4页。

其次,是对标先进。假设策划者做到了独立思考,但节目运营策划和生产制作从来都是一个社会系统工程,网络视频节目涉及的方方面面则更多(从大型节目的片尾字幕可见一斑)。因此,要不断吸收行业外、海外的经验、案例,要有郭德纲常说的"小学生"心态非常重要。在这一方面,切不可以对自己的行业、产品敝帚自珍,也不可有过强的民粹主义心态而漠视全球同业动态。

再次,是不忘初心。不忘初心绝对不是一成不变,刚入行乃至刚在大学里学习相关专业时的想法,再宝贵,也会有落伍、视野小的情况;不忘初心,最关键是永远不要被已知束缚,永远要有好奇心和新的兴趣方向,即便从"为人民服务"的角度来说,也需要满足人民群众不断变化着的精神文明新需求。

如果说,真善美和"为人民服务"是通则性的运营策划标准,独立思考、对标先进和不忘初心是战略和观念性的运营策划标准。那么,下文将从运营策划的流程上对相关标准的思路进行梳理。

首先,从节目起点说起:做什么,怎么做?

创意策划,一定要避免红海。同质化节目,业者做着尴尬,观众看着也费劲。于是,在避免红海之前,先要了解红海:同质化节目,一是广告客户容易识别,投放相对安全稳妥;二是不同平台对同一类型节目的"卡位"策略,即你做了一个,我也得做一个,至少可以对你进行分流,说不定还超过你。如果我完全不做,可能整个品类都是你的了。

用心做节目,问问自己到底喜欢什么(这一点前文已经提及,不再赘述)。另外,如果要对标,那么,在其他国家(特别是与本国社会经济文化接近的国家)成功的节目,在本国的成功率也较高——这就是模式的价值,也是为什么韩国综艺、剧集在中国有市场基础的根本所在。

而在做节目的过程中,特别是在策划阶段,"从 0 到 1"是常态,这是一个与孤独和失败为伍的过程,许多项目"死"在了起点。要想不做一件事、做不好一件事,是非常容易的——这句话看似很普通,但要送给所有节目运营策划的资浅业者。反过来说就是：只要做一件事、做好一件事，都是很难的，特别是从 0 到 1，而不是从 1 到 100 的事。

其次，是关于明星和素人的选择。

毛姆曾说："名人们琢磨出一种手段来应付他们遇到的人。他们戴着面具示人，面具往往令人印象深刻，而他们却很小心地隐藏起真正的自我。与声名显赫者相比，我一直更加关注无名之人，他们才常常是本来的自己，他们的出人意料、独一无二和变化无穷，都是取之不尽的素材。"[①]的确，在节目生产和传播的过程中，真正最闪光的还是素人，但素人最难处理，同时也是可遇不可求。

因此，从月亮到六便士，再到"月亮加上六便士"，一个可操作的标准是：大型网络视频节目还是需要顶级明星的支撑，但选取明星时，在流量、咖位之外，明星与节目的调性是否一致？明星与节目能否共同成长、彼此成就？这两个补充指标也分外关键，否则节目策划就沦为烧钱的"行活儿"了。而在明星和素人之间，目前节目策划时常会使用 MC（指节目中带动气氛的人）和 KOL（关键意见领袖，key opinion leader）来串联推进节目、制造节目交流场以及提供专业侧的观念和行为。

第三，是节目方案和招商方案的准备。

在确定了选什么人来做什么节目之后，形成一套方案，也是流程中的策划实际需求——好的节目方案，可以归纳成"一句明白话"。

节目中的"5 个 W 和 1 个 H"（who/when/where/why/what/how）能够针对平台和观众说明，再加上广告资源包，形成招商方案，能够针对广告客户说明。以目前视频网站还是偏向于 to B（即产品面向商业企业用户，而不向大众用户收费）的运营模式来说，广告客户青睐项目且愿意下单，是实操领域对于一个节目运营策划能否通向执行的关键。

---

① ［英］威廉·萨默塞特·毛姆：《总结：毛姆写作生活回忆》，孙戈译，译林出版社 2012 年版，第 5 页。

第四,是节目制作和运营联动。

如果前述步骤一切推进顺利,到了策划执行阶段则需要注意,虽然项目涉及工种千千重,但依然是"内容为王",要以导演(编剧)团队为核心展开推进,而导摄、后期、宣推、舞美、制片、商务等,遵循乘数效应,要达到平均线水准,至少相乘之后不要减分。

另外,在全国乃至全球范围,选择优秀的供应商合作方;在经费和时间允许下,实际拍摄之前,进行脚本推演乃至样片测试,形成一季节目的"样板房"等。这些选项也是保障。

在通则性、流程性的标准的理解和解释之后,本节在抽象层面上用"精准的挑战"对网络视频节目运营策划的标准进行一个结构性的小结。

"挑战",容易理解,它意味着行业竞争日趋激烈,平台和平台之间、项目和项目之间,挑战无处不在;"精准",则对应着粗放和"拍脑子",也对应着策略周期在变短、响应速度在变快。

"精准的挑战"之第一个维度,是需求创新性。节目是否能满足观众/用户一种新的需求,或者用新的方式解决他们的老需求。比如,《蒙面歌王》这个模式能够在全球很多国家流行起来,就是用了一个简明的新方法"蒙着脸唱着歌",四两拨千斤,满足了观众/用户对流行音乐的持续需求。

第二个维度,是品牌锐度。节目是否有清晰的价值观和个性。Z世代的恋爱观、职场观、家庭观,各平台都有可见的节目在传达着,而说唱、街舞、篮球、滑板等潮流文化节目,虽然外在形态不一,但都在试图传递人之个性。

第三个维度,是共鸣深度。节目是否能引起广泛的社会共鸣,触及心灵。心灵的共鸣不一定通过完全社会态的模拟才能达到,一首原创歌曲的传唱、一个游戏环节的努力、一段采访中的自我介绍,都可能走心。

第四个维度,是用户稀缺性。节目是否具有能为平台拉新、促活、留存用户的独特价值,这一点在当前尤为重要。因为互联网视频用户总量的提升已然趋于缓慢,甚至停滞,那么,如何通过一档节目、一部剧集提升一个垂类的用户数量,以及让已有的普通用户能够因为节目或剧集而成为付费会

员,这方面的运营策划应更为丰富、精准。

第五个维度,是品牌商业潜力。在中长期来看,节目是否在线上线下有增值开发的潜力。这一点是内容产业能否实现 to C(即面向个人用户收费的产品)开发,能否基业长青的重心。美国的迪斯尼、日本的哆啦 A 梦,都可以对标。

第四节　降维与升级： 运营策划趋势

从格局、主体到标准,前文关于网络视频节目运营策划的阐述已经可以形成一个大概的认知版图,而面向未来的行业发展,无论是平台、节目项目,还是从业者,如何更有效地认清趋势,从而界定自身的能力范围和动势走向?

先谈三点利好。其一,不可否认,中国节目业(包括各类平台、各种节目)的生产水平自 2010 年起获得快速提升。从外在看,代表性节目的品相和制作水平在整个亚洲都处于一流水准,用朴素的话来说,"不土";从内在来看,行业的分工日趋精进,这一点特别重要,一档节目的工种、流程越发系统和细化,一个工种的专业指标越发丰富和完备,比如,常见的"编导"越来越被分工更明确的"导演"和"编剧"取代。

其二,从业者的职业心态更加理性、更加本质化。所谓理性,就是行业在 2018 年左右开始"去泡沫化","半瓶子水"的机构、团队和个人越来越无法生存,能够留下的都是相对理性和扎实的业者,也具备了更强的"逆商"。所谓本质化,也是因为泡沫抹去、热钱散场,一档节目不只是靠明星、投资方、广告客户攒一攒就能投放了,节目的本质水准、专业主义的运营策划和制作执行更为重要。

其三,从观众/用户角度来看,新一代观众,特别是 Z 世代中国人,他们"看得多",中国的、欧美的、日韩的,剧集的、综艺的、动漫的、纪录的。因此,他们真的识货,也能淘货,还善于推货——只要你的节目好,还真不怕巷子深；关键是你的节目到底够不够好。

再谈三点利空。

其一，商业模式。无论是电视平台还是互联网平台，自2012年《中国好声音》大幅拓展了广告收入这一商业模式的收益至今，在节目产品领域却并没有获得实质性的突破，还是主要依赖 to B 的广告收入在支撑。在笔者看来，内容产品最良性和持续的商业模式是 to C，由观众/用户直接付费，比如电影。也因此，在中外文化传媒版块上市公司中，极少有以节目生产为核心业务的公司的身影，大部分是电影电视剧公司、游戏公司和广告营销公司等。

其二，经济走势。如果在宏观经济比较好的环境下，即便是 to B 模式也还有许多广告客户有较多的营销推广费用，可以成为节目生产的收入来源。但随着经济形势不向好，许多广告客户缩减了营销推广费用，自信息流广告、直播带货等新的可以直接量化为 KPI 的内容形态出现后，有限的费用也被各种分流出去，分配给 PGC 节目的绝对投放量和相对投放量都在减少。"巧妇难为无米之炊"，2015年前后一份漂亮的节目 PPT 或许就可能拿到1个多亿冠名费的时代已经过去；5年后的今天，所有节目运营策划、生产制作主体都有缩减预算的明显体感。

其三，国际环境。文化传媒是深受国际关系格局影响的领域，再加上行业意识形态的属性，原本可以有效交流、深度对标的渠道和方式都变得不那么便利。

诚然，面对上述的利好和利空，网络视频节目的运营策划者既不能妄自尊大，也不能妄自菲薄，一如王尔德那句名言，"我们都生活在阴沟里，但仍有人仰望星空"。自从2010年《非诚勿扰》《中国达人秀》的出现，特别是2012年的《中国好声音》横空出世，中国节目业整体获得了长足的发展，节目模式的创新、商业模式的开拓和职业模式的跨界发展都是核心表征。近期虽然有行业性的不景气和方向迷茫，但这也是每个行业都会遇到的发展性问题，这是冒险与求稳之间的斗争，而恐惧和自负才是创造力的最大抑制因素,一定不要轻易放弃创造力,让位于求稳心态。

在网络视频节目运营策划的趋势上,"降维"和"升级"是两个关键词。

首先是降维。一方面,要防止其他任何占用人类时间的行业领域和消费门类对网络视频节目的降维打击,比如游戏、社交软件、直播、网文、网漫、网络音乐等;有效防止的最好方式不是完全屏蔽和拒绝(事实上也做不到),而是寻找与上述领域、门类的跨界合作,共创共生。

另一方面,主动利用、反向利用降维思考,用远远高出原有运营策划、生产制作标准的公司、团队参与网络视频节目的实务,提升节目产品的整体品质,比如使用电影级的拍摄团队,邀请知名编剧、作家完善节目脚本,以及使用 AI 人工智能科技赋能节目创作。

其次,是升级。升级的一个表现是融合,比如,娱乐与纪实的边界在模糊,更强调真实娱乐、纪实综艺的表达,而真正意义上的大众纪录片也是生产和接受两端有共识的品类趋势——这种融合的本质是使用虚构和非虚构的手法更好地发现人性与社会性。

另一类升级的表现是,不仅就节目论节目,还要博采百家之长,从小说、电影、纪录片、音乐等艺术领域乃至社会生活其他各领域获取运营策划的灵感。一个极致案例是,虽然"The Voice"这一模式最突出的形式特征是转椅,但其本质是参考了西方管弦乐队的拉幕选拔方式(避免因看到乐手的脸而影响对音乐表达的评价)。另外,现在各种流行的选秀节目,其赛制大可不必只由导演组闭门造车,在现实生活中,职场中各种升等降级、奖惩绩效机制都可以拿来参考。

而在内里,真正的升级是一种格局和观念的升级。一方面,理解李泽厚所说的"山水画和十字架",真正理解中西文化;另一方面,吃透世界和中国的历史、地理,有格有局。

面对本书大部分的年轻读者,关于趋势这个话题,我最后想强调一下时间性和平常心。网络视频节目的运营策划工作绝不是一刹那的灵感火光,也不是有天分就能做到的。事实上,每一档看似光鲜的节目,都是靠背后无数的脏活、累活,花费了很长时间把它做成的。在很多时候,运营策划、创新开拓的过程是非常累、非常琐碎、非常普通、毫无美感的,策划者只能靠沉静状态下(而非激情)日复一日的平凡劳动去把事情做成。

到此,用一句阿里"土话"结束本章内容:今天很残酷,明天更残酷,后天很美好,但是绝大部分人是死在明天晚上,看不到后天的太阳。

>>> 后 记

这或许是关于"网络视频节目"的第一部教材性著作。本书的写作基于《电视节目策划学》的基础,并面向网络融媒体时代的视听新生态,进行了全新的组织和设计。在海量的网络视频节目中,到底怎样的作品能够独树一帜?到底怎样的作品能够收获高关注度?到底生成爆款作品的秘诀和机制有哪些?诸如此类的问题是摆在我们面前的重要课题。在回答上述问题的过程中,我们特别注意对以下三个维度的保障。

第一是分类。在划分网络视频节目时,我们综合考虑了篇幅体量、本体性质(如虚构还是非虚构)、创作方式(如纪实、表现、演绎)、创作目的,以及网络视频节目的分布等情况,力求作出相对符合网络视频节目发展现状的分类。

第二是写作。为了保证本书作为教材的统一和规范,我们反复讨论并确定了本书的基本体例和要求,坚持有统有分的思路,对每一类型的网络视频节目都进行了发展概况简述、策划要点简述,以及对典型案例的解读。而对每一类节目的典型案例解读,基本按照"定位、选题、创意、制作、宣推"的统一框架,同时也充分注意每一个类型的特点,力求保证共性和个性的统一。

后　记

第三是团队。感谢复旦大学出版社章永宏先生的热情邀约和指导,在很短的时间里,我们组成了由高校学者、业界同仁,以及青年博士后、博士组成的撰写团队。具体分工如下：

胡智锋(教育部"长江学者"特聘教授,北京电影学院党委副书记、副校长)负责全书的结构设计、内容指导、审定把关,以及本书导言和后记的撰写。

刘俊(中国传媒大学教授,《现代传播(中国传媒大学学报)》编辑部主任)负责全书统稿、增删修改,以及本书导言和后记的撰写。

陈寅(上海大学上海电影学院讲师)执笔第一章。

王昕(北京师范大学艺术与传媒学院讲师)、黄茹琦(中国电影艺术研究中心硕士研究生)执笔第二章。

雷盛廷(上海体育学院艺术学院副教授)执笔第三章。

徐梁(北京电影学院视听传媒学院讲师)执笔第四章。

何昶成(清华大学影视传播研究中心博士后)执笔第五章。

徐帆(观正文化首席内容官,曾任蓝色火焰副总裁、灿星制作研发总监)执笔第六章。

这本书面向的是对网络视频节目策划充满兴趣的读者,希望它能够成为关心、关注、喜爱、致力于网络视频节目发展的高校师生、业界人士、大众用户的有益参考书、工具书。

由于时间和能力有限,如有错漏,还请读者不吝赐教。

编者

2023 年 1 月

图书在版编目(CIP)数据

网络视频节目策划/胡智锋,刘俊主编. —上海:复旦大学出版社,2021.4(2024.12重印)
新媒体内容创作与运营实训教程
ISBN 978-7-309-15430-6

Ⅰ.①网… Ⅱ.①胡… ②刘… Ⅲ.①计算机网络-视频-节目制作-教材 Ⅳ.①G222.3

中国版本图书馆 CIP 数据核字(2020)第 234133 号

网络视频节目策划
WANGLUO SHIPIN JIEMU CEHUA
胡智锋　刘　俊　主编
责任编辑/刘　畅

复旦大学出版社有限公司出版发行
上海市国权路 579 号　邮编:200433
网址:fupnet@fudanpress.com　http://www.fudanpress.com
门市零售:86-21-65102580　团体订购:86-21-65104505
出版部电话:86-21-65642845
上海华业装璜印刷厂有限公司

开本 787 毫米×960 毫米　1/16　印张 24　字数 332 千字
2021 年 4 月第 1 版
2024 年 12 月第 1 版第 4 次印刷

ISBN 978-7-309-15430-6/G·2185
定价:58.00 元

如有印装质量问题,请向复旦大学出版社有限公司出版部调换。
版权所有　侵权必究